能源路由器系统与控制

解　大　王西田　顾承红　著

内容提要

本书从能源路由器的结构入手，从物理层、控制层和服务层逐次介绍了能源路由器装备的物理结构、设备级控制以及网络级控制的理论和技术方法，综述了能源路由器技术的基本概念和理论，详细介绍了以端口、功率变换集、独立母线为基础结构，架构能源路由器物理层的构成方法。讲述了最小系统下的能源路由器结构，给出了其能量/功率流控制的基础策略，阐述了将能源路由器应用于能源互联网的服务层控制。

本书可以作为相关研究人员、电气工程专业研究生和高年级本科生的参考书，也可以作为对新能源技术有兴趣读者的阅读资料。

图书在版编目(CIP)数据

能源路由器系统与控制/解大，王西田，顾承红著
.—上海：上海交通大学出版社，2022.6
ISBN 978-7-313-25637-9

Ⅰ.①能… Ⅱ.①解… ②王… ③顾… Ⅲ.①能源—互联网络—网络设备—研究 Ⅳ.①TK01

中国版本图书馆CIP数据核字(2021)第241616号

能源路由器系统与控制
NENGYUAN LUYOUQI XITONG YU KONGZHI

著　　者：解　大　王西田　顾承红
出版发行：上海交通大学出版社　　地　　址：上海市番禺路951号
邮政编码：200030　　电　　话：021-64071208
印　　制：当纳利(上海)信息技术有限公司　　经　　销：全国新华书店
开　　本：710 mm×1000 mm　1/16　　印　　张：13.25
字　　数：221千字
版　　次：2022年6月第1版　　印　　次：2022年6月第1次印刷
书　　号：ISBN 978-7-313-25637-9
定　　价：128.00元

前 言

能源是社会发展的核心动力之一，合理规划能源结构、发展可再生能源是当今世界可持续发展的关键问题，研究报告称，温室气体尤其是二氧化碳的超量排放将带来严重的环境灾难，世界各国政府和科研人员为此进行了不懈的努力。能源互联网的概念就是在这样一个前提下提出的。

能源互联网的概念借助了信息技术的理念，想象能源可以如信息一样，在一个开放互通的能源网络中实现流动，能源的生产者如同信息的发起者，能源的消费者如同信息的接收者，多方在这个网络中进行能源生产、消费、交互、存储和转发。在能源互联网中，各方都可以进行能源的交易，任何形式的能量都可以借助于能源网络自由流动，每个人都可以在自己的屋顶建立一个小型的太阳能发电装置，在网上出售自己的产出，每个人也可以像在市场上购买商品那样，购买自己所需要的能源。能源世界变得平面化了，这显然是一个理想的能源世界。

不论能源互联网将来的发展形态，与能源互联网有关的技术与现有的技术形态将有所不同，尽管新技术实际上都是在现有技术手段上发展起来的，但是，在能源互联网的格局下，这些原有的技术必须有所发展和融合，进化为满足能源互联网的新技术，能源路由器就是其中之一。

能源路由器同样借助了信息技术中路由器的概念，与数据路由器的功能相比，能源路由器具有设定能量流向和路径的功能，将能量从生产者连接到消费者；能源路由器应具备存储转发功能，将能量存储为所需要的形式，并在合适的时候再发送出去；同样的，能源路由器也应具有各种通信能力，具有自动控制能力，有助于构建能源互联网的网络层。由此可见，能源路由器负责协调能源互联网的运行，显然是能源互联网最为核心的装备。关于能源路由器的定义，其内涵和外延当前还有很多不同的表述和理解，甚至其名称在中英文当中都有一些歧义，Energy Router，学术界一些人士认为应该是能量路由器，因为路由的对象是能量而不是能源，Energy本意也是能量的意思，这显然是正确的说法，但是由于能源路由器这个名称的翻译已经在国内约定俗成，所以本书还是采用能源路由器作为其名称。

能源路由器的概念最早来源于苏黎世联邦理工学院提出的能源集线器(Energy Hub)的概念，历经众多学者的完善和发展，已被人们广泛接受。在研究前期，能源集线器或能源路由器只是作为一种概念存在，研究者主要关注于理论研究，较多地集中于多能量的协调和优化。例如，针对一幢楼宇、一个园区，以能源路由器的概念将其协调控制并优化运行，很少涉及具体的装备，或者说，早期的研究者并没有将能源路由器作为一种实际的物理装备来看待，更多的是一种理念，一种虚拟的、不成形的结构。

随着技术的进步，人们发现，或许实际上构造出一种真实的物理装备更加有利于工程实践，能源路由器才开始受到工业界的关注。研究者和制造商根据各自对能源路由器的理解，目前已有大量的工业级产品问世并在现场得到了应用，这些极大地促进了能源路由器技术的进步。

通常的能源路由器装备，应具有路由、储能、能量变换、控制与通信等几个显著的功能，因此最简单的能源路由器结构至少应该具备三个端口、三个能量/功率变换器、以及一组内部母线，这也是当前最为常见的能源路由器产品结构。但是，如果追求能源路由器的本质特征，即为能源高效使用、开放互通、平面化的能源互联网提供服务，能源路由器仅具备最为基础的功能就有所欠缺了。

本书从能源路由器的结构入手，从物理层、控制层和服务层依次讨论了能源路由器装备的物理结构、设备级控制以及网络级控制的理论和技术方法，本书共有4章。第1章简要综述了能源路由器技术的基本概念和理论；第2章详细研究了以端口、功率变换集、独立母线为基础结构，架构能源路由器物理层的构成方法；第3章讲述了最小系统的能源路由器结构，给出了其能量/功率流控制的基础策略；第4章讨论了将能源路由器应用于能源互联网的服务层控制。

本书所述原理是作者所在科研组研究能源路由器技术的基础原理，对能源路由器装备设计具有一般指导性。本书可供相关研究人员、电气工程专业研究生和高年级本科生参考，也可以作为有兴趣的读者关于新能源技术的阅读资料。

本书的许多研究成果是由作者所指导的上海交通大学的研究生共同工作所取得的，其中，研究生陈爱康、张露青、立梓辰、陈洋、王晨磊、陈东进行了大量的工作，本书写作过程中，上海交通大学电气工程系的领导和同事给予了大力支持，作者谨表示衷心感谢。特别感谢上海交通大学机动学院翁一武教授和上海电机学院张延迟教授对本项目和本书写作的大力支持及提出的宝贵建议。

本书的绪论由解大、王西田和顾承红共同撰写，第 2 章和第 3 章由解大撰写，4.1 节由解大和顾承红撰写，4.2 节和 4.3 节由解大撰写，全书由解大和顾承红进行统稿。

本书有关的研究工作得到了上海市科委科技创新计划“多能形式的能源路由器关键技术研究与示范”项目(项目编号：18DZ1203700)、上海市科委科技创新计划“老港固废综合利用基地能源互联网数据集成和网络应用技术”项目(项目编号：16DZ1202800)的资助，本书能源路由器装备的测试得到了费赖电气(上海)有限公司等生产单位的帮助，在此一并深表感谢。

在本书的编写过程中，作者虽然对体系的安排、素材的取舍、文字的描述尽了努力，但由于作者的水平所限，缺点在所难免，恳请读者给予批评和指正。

著　者

2021 年 10 月于上海交通大学

目 录

第1章 绪论 1

1.1 全面可持续发展的挑战 1

1.1.1 世界经济和能源发展现状 1

1.1.2 可持续发展面临的挑战 4

1.2 能源互联网 6

1.2.1 能源互联网的发展理念 6

1.2.2 能源互联网的发展历程 8

1.2.3 能源互联网的基本架构 11

1.3 能源路由器概述 13

1.3.1 能源路由器的概念 13

1.3.2 能源路由器的功能与结构 14

1.3.3 能源路由器的主要设备 19

第2章 能源路由器的物理层架构 22

2.1 以电能为核心的能源路由器的物理层架构 22

2.2 能源路由器的功率变换集 24

2.2.1 双向 DC/DC 功率变换电路 24

2.2.2 双向 AC/DC 功率变换电路 28

2.2.3 模块化多电平变换器 32
2.2.4 固态变压器 51
2.2.5 驱动电源 56
2.3 能源路由器的端口管理控制 61
2.3.1 能源路由器源侧端口 62
2.3.2 能源路由器负荷侧端口 70
2.3.3 能源路由器储能侧端口 71
2.4 能源路由器的独立母线系统 72
2.4.1 能源路由器内部独立母线 72
2.4.2 母线与母线间的关系 76
2.4.3 端口与母线的关系 79
2.4.4 基于可靠性评估的能源路由器拓扑设计 80
2.4.5 基于图论拓扑的能量路由策略 86

第3章 能源路由器的能量管理与控制层 89

3.1 能源路由器最小系统与广义能量 89
3.1.1 多能形式能源路由器的最小系统 89
3.1.2 能源路由器的广义能量 91
3.1.3 能源端口的能量流关系 91
3.1.4 能量转换模块的能量流 93
3.1.5 储能接入端口的能量流 96
3.1.6 输能设备 98
3.2 能源路由器运行工况集 99
3.2.1 运行工况划分标准 99
3.2.2 运行工况集 100
3.2.3 能流路径与基础运行模式 105
3.3 能源路由器运行控制策略 112
3.3.1 能源路由器能量流稳定判别 112
3.3.2 能源路由器控制算法流程 113
3.3.3 能源路由器能流运行模式控制 115

3.4 能源路由器信息能量协同控制 125
3.4.1 能源路由器的信息分层和交互 125
3.4.2 能源路由器的基本运行调度 127
3.4.3 能源路由器的经济运行 131

第4章 能源路由器的服务层 134

4.1 园区级能源路由器服务层设计 134
4.1.1 园区定位 135
4.1.2 园区级能源系统模型 139
4.1.3 园区级能源路由器服务层规划模型 144
4.1.4 固废基地的示例分析 148
4.2 区域能源广域网能源路由器服务层设计 157
4.2.1 虚拟能源路由器的概念 157
4.2.2 区域能源广域网能源路由器规划模型 158
4.2.3 多能源路由器的协同分析 165
4.3 城市物质-能源网络规划设计 171
4.3.1 可持续发展城市的物质-能量生态系统 171
4.3.2 评估指标体系 176
4.3.3 可持续发展分析 180

参考文献 188

第1章 绪论

可持续发展是当今世界人类文明发展进步的根本要求。人们需要安全充足的食物、洁净的空气和水、可持续的能源和生产资源；人们希望享有健康、优美的生活环境，接受优质公平的教育；人们要求消除贫困、歧视、不平等和暴力。可持续发展是经济、社会、环境协调发展，是开放、联动、包容发展，实现可持续发展目标是全球的共同事业。工业革命以来，人类经济社会发展过度依赖化石能源，而能源的大量消耗带来资源紧张、环境污染、气候变化、发展不平衡等突出问题，已经成为影响和制约人类可持续发展的重大挑战。

1.1 全面可持续发展的挑战

1.1.1 世界经济和能源发展现状

1. 世界人口持续增加

至2020年，全球人口总数已增长至约77.9亿人。2010—2020年，全球人口年均增速约为1.1%。亚洲人口基数最大，劳动力充足。2020年，亚洲人口总数超过46亿人，占全球人口总数的59.5%。全球14个人口超过1亿人的国家中有7个位于亚洲，分别是中国、印度、印度尼西亚、巴基斯坦、孟加拉国、日本和菲律宾。非洲人口众多且青年人口比例远超其他区域，2020年0～14岁人口占总人口的40.3%，远超其他地区，人口增长动力充足。预计到2030年，全球近1/2劳动力人口增长将来自撒哈拉以南非洲。全球各大洲人口情况如图1-1所示[①]。

① 数据来源：联合国.Population, Surface Area, Density. http://data.un.org[2020-09].

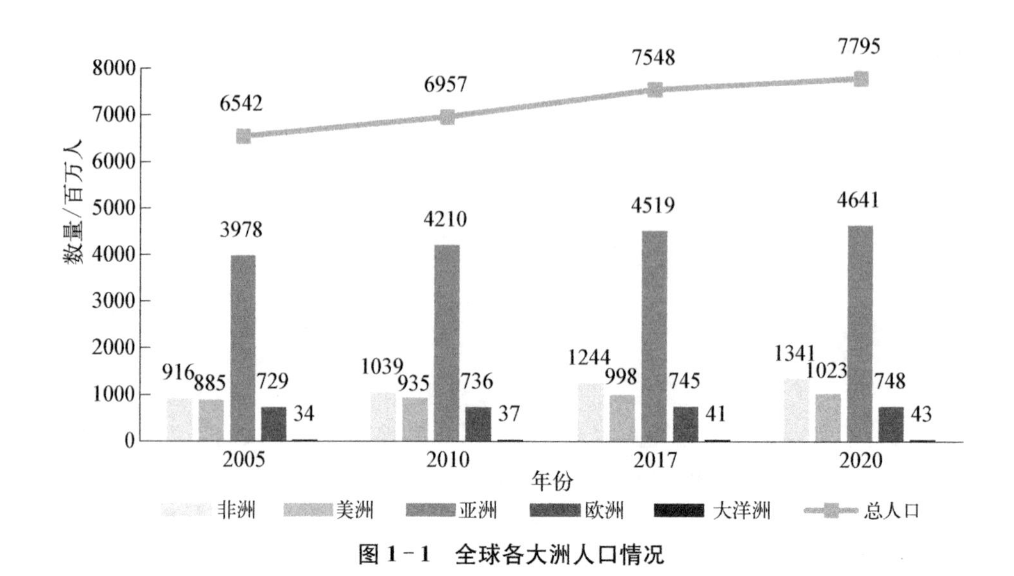

图 1-1　全球各大洲人口情况

2. 世界经济总体保持增长态势

2000—2019 年，全球国内生产总值（gross domestic product，GDP）从 33.6 万亿美元增至 87.7 万亿美元，人均 GDP 从 5 500 美元增至 1.14 万美元。全球金融危机、欧洲债务危机之后，全球经济继续深度调整，发达国家经济增长整体低迷，发展中国家经济呈现平稳增长态势，尽管新冠肺炎疫情对全球经济产生中长期深刻影响，但稳中向前的趋势仍不会改变。

截至 2019 年，亚洲 GDP 约为 30 万亿美元，约占世界经济总量的 1/3，2000—2019 年，年均增速达 7.1%，远高于世界平均水平；其中，中国达到 14.28 万亿美元，其次是日本和印度，分别为 5.8 万亿美元、2.8 万亿美元。欧洲经济增长缓慢，但发展程度较高，2019 年，欧洲 GDP 为 22 万亿美元，人均 GDP 约为3.8 万美元。非洲 2019 年 GDP 约为 2.3 万亿美元，占世界总量的 2.7%。以美国为首的北美洲总体经济发展水平较高，2019 年 GDP 约为 23.1 万亿美元，占世界总量的 27%，人均 GDP 约为 6.3 万美元，是全球人均 GDP 最高的大洲①。

3. 能源发展

全球能源生产量持续增长。2000—2018 年，全球的能源生产量从 100 亿吨标准煤增长到 144 亿吨标准煤，年均增长 2.0%。2018 年，煤炭、石油、天然气生产量分别达到 38 亿吨标准煤、45 亿吨标准煤、33 亿吨标准煤。2000—2018 年

① 数据来源：The World Bank | Data[Online]. https://data.worldbank.org.

全球能源生产情况如图 1－2 所示[①]。

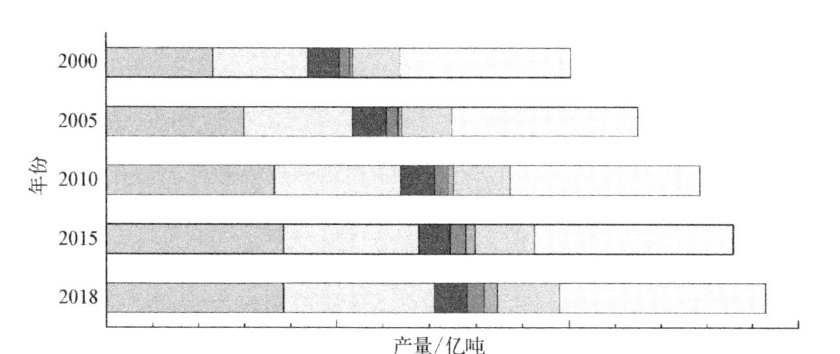

图 1－2　2000—2018 年全球能源生产情况

能源消费总量持续增长，各行业用能需求均有所上升。2000—2018 年，受世界人口增长、工业化、城镇化等诸多因素拉动，全球一次能源消费量从 70 亿吨标准煤增长到 99 亿吨标准煤，年均增长 1.9%。各行业中，工业、运输业、商业和公共服务能源消费量增长最为迅速，分别上升 51.7%、47.3%和 45.7%。2018 年运输业、工业、居民能源消费量最大，分别达 28.9 亿吨标准煤、28.3 亿吨标准煤、21 亿吨标准煤[②]。

终端能源消费总量持续增长，终端电能比重不断上升，2000—2018 年，终端能源中电能消费量增长最为迅速，增长幅度达 76%。石油在能源终端消费中所占比重最大，2000—2018 年由 31 亿吨标准煤增长至 45 亿吨标准煤，年均增长 2.1%。

4. 电力发展

电力需求持续稳步增长。2000—2018 年，全球用电量由 14 万亿 kW·h 增长至 24.7 万亿 kW·h，年均增速为 3.2%；人均用电量由 2.3 MW·h 增长至 3.3 MW·h。亚太地区用电量占比由 2000 年的 27%提升至 2018 年的 47%，北美洲、欧洲用电量占比分别由 32%、24%降低至 20%、16%。亚太地区人均用电量由 2000 年的 1.1 MW·h 稳步增长至 2018 年的 2.8 MW·h，中国人均用电量从 2000 年的 1 MW·h 快速增长至 2018 年的 4.9 MW·h[①]。

---

① 数据来源：Statistical Review of World Energy (2020|69th edition). https://www.bp.com/en/global/corporate/energy-economics/statistical-review-of-world-energy.

② 数据来源：IEA. World Energy Balances 2020 Edition. https://www.iea.org/data-and-statistics/data-product/world-energy-balances#energy-balances.

电源装机容量持续增长，火电在电源结构中占主导地位。2000—2018 年，全球总发电量不断上升，煤电由 6 万亿 kW·h 增长至 10 万亿 kW·h，年均增长 2.9%。可再生能源发电占比由 16%增长至 23%，增长最为显著；燃油机组发电比重不断减小，由 8%降至 3%，下降明显。风电、光伏发电在 2018 年分别达到 1.2 万亿 kW·h 和 0.55 万亿 kW·h，较 2000 年分别增长约 40 倍和 690 倍①。

全球电网规模不断扩大，部分区域已实现互联大电网，20 世纪中期以来，相继形成了北美互联电网、欧洲互联电网、俄罗斯-波罗的海互联电网等跨国互联大电网，建成了 330 kV 及以上的超高压交直流输电系统。交直流电网电压等级不断提高，中国已建成世界上最高电压等级(±1 100 kV)的直流输电工程。亚洲电网包括海湾地区互联电网等区域性互联电网，以及中国、日本、韩国、印度等国家电网。欧洲电网包括欧洲大陆、北欧、波罗的海、英国、爱尔兰五个同步电网，此外还有冰岛和塞浦路斯等独立电网。北美洲已形成北美东部电网、北美西部电网、美国得克萨斯州电网、加拿大魁北克电网和墨西哥电网五大同步电网，其中北美东部电网电源装机容量超过 8 亿 kW，是世界上最大的同步电网。

1.1.2 可持续发展面临的挑战

1. 资源紧缺

不合理的资源生产和消费方式导致全球能源资源、水资源、土地资源紧缺。能源资源方面，过去 50 年，全球化石能源累计总产量近 5 500 亿吨标准煤。按目前开发强度，全球已探明剩余煤炭、石油和天然气储量分别只能开采 130 年、48 年和 49 年，如图 1-3 所示。水资源方面，世界资源研究所发布的报告称，当前全球 1/4 的人口正面临“水资源极度紧缺”危机，并且气候变化导致的干旱情况正不断加剧。土地资源方面，由于工业化、城镇化、气候变化等因素的影响，全球土壤状

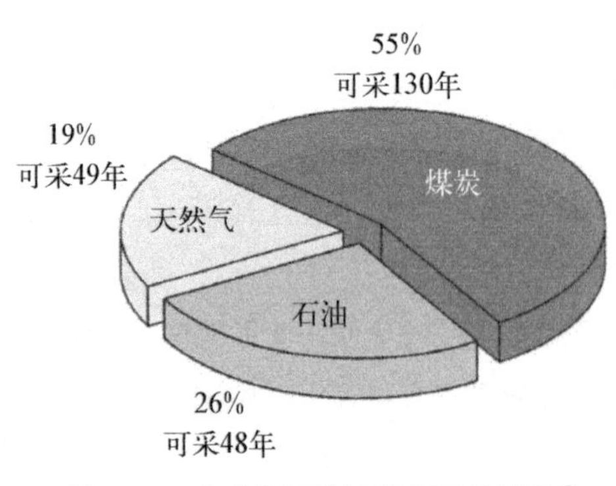

图 1-3 全球化石能源剩余可采储量②

---

① 数据来源：中国国家统计局[Online]. http://www.stats.gov.cn.

② 数据来源：联合国粮农组织[Online]. http://www.fao.org/statistics.

况迅速恶化，具体表现为耕地面积普遍减少，森林面积逐年减少。

联合国粮食及农业组织2020年报告显示，目前世界大多数国家的土壤状况属于一般、较差或很差，并且许多地方的土壤状况正在恶化。过去30年间，由于人口增长和农业扩张，全球森林面积显著减少，森林覆盖率下降。全球森林面积占土地总面积的比例已经从2000年的31.9%降至2020年的31.2%，现在全球森林面积约为41亿hm^2，也意味着“全球森林面积净减少了近1亿hm^2”。

2. 气候变化

自工业革命以来，大气温室气体浓度持续攀升，为近80万年以来的最高水平，2017年全球平均气温已经比工业革命前高约11℃。国际灾害数据库统计显示，1980年以来全球各类灾害发生频次不断增加，其中各类天气气候灾害频次显著增加。联合国政府间气候变化专门委员会报告进一步指出，1950年以来，全球极端高温普遍升高，南欧、西非干旱程度加剧，许多区域呈现出“旱的越旱，涝的越涝”趋势。气候变化导致全球灾害损失显著上升，近十年来全球每年由天气气候灾害造成的经济损失高达500亿美元，死亡人数达22万人，2017年经济损失总额达到创纪录的3 200亿美元。

应对气候变化，亟须系统、可操作、可复制的全球性减排方案来增强各国减排力度。1971—2016年，全球化石能源燃烧产生的二氧化碳排放量从139亿吨/年增长到323亿吨/年，年均增速为1.9%。自1992年《联合国气候变化框架公约》签订实施以来，国际社会在气候变化的科学认知和政治共识上日益增强，先后达成了《京都议定书》《巴黎协定》等协议，在减缓、适应、资金、技术、能力建设、透明度等领域积极探索实施路径。截至2020年8月，197个缔约方均签署或批准了《巴黎协定》，其中190个缔约方批准或接受了《巴黎协定》。但是，联合国有关研究显示，《巴黎协定》框架下国家自主贡献所承诺的全球2030年减排总和仅为实现《巴黎协定》2℃目标所需减排量的1/3左右，各国政府仍需进一步提升政治决心，开展更加务实的行动。

3. 环境污染

全球生态环境受到人类活动的影响，自工业革命以来，全球空气污染、土地荒漠化、水资源短缺等问题层出不穷。空气方面，细颗粒物、氮氧化物等污染物的排放，造成酸雨、雾霾、臭氧层破坏等严重的空气污染问题，每年约有700万人因空气污染死亡，占全球总死亡人数的1/9，是造成人类死亡的第四大原因。土地方面，全球荒漠化土地面积约为3 600万km^2，占陆地总面积的1/4，影响了全球16%的农业土地，每年农作物损失估计为420亿美元，造成可利用土地面积大量减少，土壤生产力降低，严重威胁人类的生产和生活。水资源方面，全球可供人类使用的淡水资源仅占全球水量的0.4%，约有20亿人口处于缺水状态①。

可持续发展面临着资源紧缺、气候变化、环境污染、发展不平衡等诸多挑战。这些问题相互交织、相互影响，能源发展方式的不合理是引发可持续发展问题的关键因素。需要统筹全球经济发展、资源开发和环境保护，建立稳定可靠、清洁低碳、经济高效的现代能源体系，形成全球联动、各国协调、成果共享、清洁绿色的发展格局，实现经济、社会、环境协调可持续发展。

1.2 能源互联网

应对可持续发展挑战，关键是要以清洁发展为核心，开辟一条以清洁能源发展推动可持续发展的科学道路。随着现代科学技术的发展，世界各国不断进行新能源的探索，电网内新能源的渗透率与利用率越来越高，但新能源的大规模发展和推广也受到了新能源(如风能、太阳能等)分布过于分散、随机性程度高、能量转化效率低和使用成本偏高等一系列问题的制约。为构建新能源大规模推广应用的理论体系，智能电网、坚强智能电网、智能配电网、微网、智能微电网等概念先后受到学者的广泛关注。

2008年，美国国家科学基金(National Science Foundation, NSF)项目未来可再生电力能源传输与管理系统明确提出了能源互联网这一学术概念，指出能源互联网是一种构建在可再生能源发电和分布式储能装置基础上的新型电网结构，是智能电网的发展方向。能源互联网是能源生产清洁化、配置广域化、消费电气化的重要平台，是新一代以"清洁能源为主导、电为中心、互联互通、共建共商"为宗旨的现代能源体系，为推动能源转型、加快清洁发展提供了重要依据，开辟了绿色、低碳、可持续发展的创新道路。

1.2.1 能源互联网的发展理念

2016年2月，国家发改委、能源局、工信部印发了《关于推进"互联网+"智

① 数据来源：The World Bank | Data[Online]. https://data.worldbank.org; IEA. World Energy Balances 2020 Edition. https://www.iea.org/data-and-statistics/data-product/world-energy-balances#energy-balances.

慧能源发展的指导意见》，指出能源互联网是一种互联网与能源生产、传输、存储、消费以及能源市场深度融合的能源产业发展新形态，具有设备智能、多能协同、信息对称、供需分散、系统扁平、交易开放等主要特征。能源互联网将互联网理念引入传统能源网，通过全球及区域电力互联与能源信息融合，实现不同区域多类型新能源的跨区消纳、能量控制及信息实时共享，提高能源综合开发利用效率，最大限度地消纳可再生能源。能源互联网的主要发展方向、核心要求及主要特征可概括如下。

1. 发展方向

(1) 清洁替代：能源开发实施清洁替代，水能、太阳能、风能等清洁能源替代化石能源；能源消费实施电能替代，以电代煤、以电代油、以电代气、以电代柴。

(2) 效率提高：提高电气化水平和能源效率，增大电能在终端能源消费中的比重，在保障用能需求的前提下降低能源消费量。

(3) 清洁转化：通过电力将二氧化碳、水等物质转化为氢气、甲醇等燃料和原材料，破解资源困局，满足人类永续发展需求。

2. 核心要求

(1) 以清洁能源为主导，以电能为中心：化石能源网络逐渐退出使用，未来的能源系统是以电力系统为中心的多能源系统。以电网为平台，将各类一次能源高效输送到各类终端用户。

(2) 互联互通：清洁能源的分布不均衡，决定了其能源开发布局需要优化配置。通过多能源的开放互联、能源市场与交易平台的开放互联、各类参与者的开放互联，实现能源生产、配置和贸易的互联互通。

(3) 共建共享：建设能源互联网对世界各国都具有积极的意义，也是一项宏大的系统工程，需要凝聚各方智慧和力量，通力合作，共同建设。还要通过共享机制，形成有效的能源市场和良好的创新创业环境，让所有人共享发展成果。

3. 主要特征

(1) 接入大量各类分布式可再生能源，支撑高渗透可再生能源的接入与消纳。

(2) 实现多种能源开发互联，优势互补，实现多种能源的综合开发利用，同时源网荷储高度协调，拥有开发自由的自组织网络架构。

(3) 发电、储能、负荷即插即用，自主接入，是对等、扁平、能量信息双向流动的能源共享网络。

(4) 能源信息深度融合,通过打破传统能源系统内部的信息壁垒,促进价值发现和高度市场化。

(5) 能源的生产、传输、消费智能化,万物互联,支撑能源互联网多源大数据分析,支撑能源互联网市场、金融及周边衍生品发展,是广泛创新、高速发展的系统。

1.2.2 能源互联网的发展历程

随着以新能源、分布式电源、储能技术等为核心的能源技术的快速发展,为了应对未来可再生能源的规模化利用,各国都在积极探索和实践能源互联网战略。

1. 美国

1) 智能电网

2001 年,美国能源部提出了综合能源系统发展计划以促进多能源系统的发展应用;2007 年 12 月,美国颁布了《能源独立和安全法》(Energy Independence and Security Act, EISA),明确提出了开展综合能源规划的必要性,同时,在 2007—2012 年追加了 6.5 亿美元的专项研究经费来支持综合能源系统的研究和实施。在美国前总统奥巴马的第一任期,将智能电网列入美国的国家战略,以智能电网建设为先导推动能源互联网建设,实现国家能源系统的根本性改造,提高综合能源利用效率。2008 年 8 月,美国科罗拉多州的波尔得完成了智能电网的首期工程,波尔得的每户家庭通过智能电表与电力公司实现双向通信。消费者不仅可以直观地了解即时电价、错开用电时间和合理利用电价的峰谷不同阶段,还可以优先使用风电和太阳能等清洁能源。此外,许多美国大型企业也都积极加入美国智能电网建设中,IBM 公司将自己的软件和服务器应用到智能电网系统之中,对区域智能电网建设提供服务,思科公司主攻连接计量器、转化器、数字化电站、发电厂之间的网络系统,通用公司生产计量器和部分相关软件等。

2) FREEDM 项目

2008 年,美国政府开始资助由北卡罗来纳州立大学提出的未来可再生电力能源传输与管理系统(future renewable electric energy delivery and management systems, FREEDM)项目,每年仅官方资助经费就高达 1 800 万美元,此外还联合了其他若干知名大学和跨国企业进行共同研究。FREEDM 由美国提出并根据能源路由器的概念进行了原型实现。以固态变压器(solid state transformer, SST)作为能源路由器的核心,通过远程可控的快速智能开关,实现微电网和线路的智能通断,并加之能量管理系统保持能量的平衡。通信单元采用 ZigBee、Ethernet 和

WLAN三种模式实现能源路由器间与内部的数据交互。FREEDM是多技术融合的产物，固态变压器为实现与信息网络融合奠定了基础，市场经济模型的建立加快了市场化步伐。其中，固态变压器实现了四象限功率流控制，使得分布电站变得即插即用，并同时保证了电网中用户储能及负载的增加不会相互影响；系统设计的激励策略确保了绿色能源的最大化利用，大幅提升了整个系统的能源利用率。

3）里夫金

2011年，美国学者杰里米·里夫金在《第三次工业革命》一书中指出：第三次工业革命的标志将是互联网与可再生能源结合而形成的能源互联网（Energy Internet），它是实现能源分布式供应的一种有效模式。从优化运行角度看，保证能源生产和传输过程中信息流高效传输的通道是引导和控制分布式能源生产单元操作的关键，获取能源需求和供给信息，并实施合理调配策略，能够实现能源的高效流动，用户参与提供有用信息，引导能源优化调度，并支撑个性化能源消费。能源互联网旨在利用信息技术和能源技术实现以可再生能源为主的能源供给和应用。因此，能源互联网是信息流、能源流、控制流三者的高度融合，可保证能源使用更为可靠、经济和便捷，支持智能供应和个性化利用等功能。

2. 欧洲

1）综合能源系统与电力互联

欧洲是最早提出综合能源系统概念并且进行综合能源系统建设的地区。在欧盟第五框架（FP5）中，已经将多能互补协同的研究放在重要位置，例如，在分布式发电运输和能源（distributed generation transport and energy，DG TREN）项目中，综合考虑了综合能源协同优化和交通运输清洁化的问题，以保证经济性和环境友好性。在欧盟第六框架（FP6）和第七框架（FP7）中，相继实施了Microgrids and More Microgrids（FP6）、Trans-European Networks（FP7）、Intelligent Energy（FP7）等一大批具有国际影响力和重大意义的综合能源相关项目。同时，欧盟委员会还力求结束国家间能源隔离及消除能源瓶颈，建立能源内部市场，致力于创建一个完全集成、颇具竞争力、统一的泛欧洲电力市场，走进欧洲能源互联新时代。欧洲各国根据自身的痛点和需求开展了大量的研究工作。英国针对分布式可再生能源和电网的协同交互及智能电网中的集中式能源和分布式能源交互问题开展了深入研究；德国从2011年开始，每年追加3亿欧元作为综合能源系统的研究经费，近年来在多能协同优化、可再生能源利用、能效提升及能源供应安全方面开展了大量深入的研究。

2）德国 E-Energy

E-Energy 系统是德国联邦环境部（BMU）与联邦经济技术部（BMWI）共同推出的一个创新技术促进项目，该项目是建立在信息和通信技术（information communications technology，ICT）与智能电网基础上的未来能源系统。E-Energy 系统充分利用信息网络与通信技术将能源网络中各个部分进行数字化连通，并进行智能控制与监测。通过网络信息，可以实现家用电器、发电单元与电网之间的信息交互，从而使得电网更加智能化。同时，E-Energy 也是德国绿色 IT 先锋行动计划的组成部分。绿色 IT 先锋行动计划总共投资 1.4 亿欧元，包括智能发电、智能电网、智能消费和智能储能四个方面。德国前总理默克尔曾针对该系统表示："从发电厂的发电到用户的各个环节，均能够提供智能支持。" E-Energy 的目标不仅是通过供电系统的数字联网保证稳定高效供电，还要通过现代信息和通信技术优化能源供应系统，通过充分利用现代通信和信息技术成果，从最初的输配电过程中的自动化技术，扩展到电力产业全流程，实现智能化、信息化、分级化互动管理，使电网向着更加智能化的方向发展。

3. 日本

日本是亚洲地区最早开展综合能源系统研究的国家。2009 年 9 月日本便将构建覆盖全国的综合能源系统作为实现其 2020 年、2030 年和 2050 年温室气体减排目标的途径。日本新能源产业的技术综合开发机构（The New Energy and Industrial Technology Development Organization，NEDO）在 2011 年 4 月发起成立日本智能社区（Japan Smart Community Alliance，JSCA），以实现智能社区的目标。Tokyo Gas 公司则提出更为超前的综合能源系统解决方案，在传统综合供能系统的基础上，建设了覆盖全社会的氢能供应网络。日本研究人员在互联网的基础上建立了"数字电网"，将较大的同步电网分解成非同步、自治并相互连接的单个电力局部网络。各个局部网络通过数字电网路由器（digital grid router，DGR）进行能量调度、分配与网络连接。2011 年，日本研制了"马克一号"数字路由器。该路由器能够提供多组可以进行 AC/DC/AC 变换的电力电子变换接口，并且该接口可以根据不同的需求与电网频率的改变做出合适的调节。2013 年 5 月，该项目由日本数字电网联盟在肯尼亚进行了现场实验。东京都港区 VPEC 公司建立了一个不需要通过联网，仅通过电力系统自身来传递信息的能源系统。

4. 中国

我国自 1993 年撤销能源部后，各类能源间难以得到统一协调的调度，在一定程度上限制了我国综合能源系统的发展。近年来大量化石能源的使用制约了我国经济、能源、环境的协调发展，因此综合能源系统的研究成为提高能源利用效率、实现节能减排的必然选择。为了加强对能源行业的集中调度管理，应对能源紧缺和环境污染等问题，我国在 2008 年批准并建立了国家能源局，在 2010 年国务院成立了国家能源委员会，进一步推进能源领域协同合作，加快综合能源体系的构建。国家能源委员会负责研究拟订国家能源发展战略，审议能源安全和能源发展中的重大问题，统筹协调国内能源开发和能源国际合作的重大事项。

2012 年 8 月 18 日与 2013 年 9 月 25 日，中国科学院分别在长沙与北京举办了能源互联网论坛，并将会议论文刊登在《中国科学：信息科学》的可再生能源互联网专题上。2013 年 12 月，中国电力科学院举办了主题为“智能电网承载和推动第三次工业革命”的研究会议。2014 年 6 月，中国电力科学研究院启动了名为“能源互联网技术架构研究”的项目，旨在解决构建能源互联网的前瞻性基础技术问题。2014 年，习近平总书记在中央财经领导小组第七次会议上提出推动能源供给革命，建立多元供应体系[①]；2015 年，国家能源局印发了《关于推进新能源微电网示范项目建设的指导意见》，明确提出推进新能源微电网示范工程建设；2016 年国家发改委、能源局、工信部发布了《关于推进“互联网＋”智慧能源发展的指导意见》，鼓励开展各类能源互联网应用试点示范；2016 年，《国家“十三五”规划纲要》指出：积极构建智慧能源系统，适应分布式能源发展、用户多元化需求，提高电网与发电侧、需求侧交互响应能力；2017 年，国家能源局发布了《关于公布首批“互联网＋”智慧能源（能源互联网）示范项目的通知》，公布了开展能源互联网 9 大类的 55 个试点项目。同时，中国政府与包括新加坡、德国政府在内的相关机构共同合作，建设了各类生态文明城市，积极推广综合能源利用技术，构建清洁、安全、高效、可持续的综合能源供应系统和服务体系。

1.2.3　能源互联网的基本架构

能源互联网的基本架构如图 1－4 所示，大致可分为下层能源系统和上层互联网两层：前者指开放互联的现代能源系统，后者指信息系统，是互联网在能源系统中的融入。能源互联网体现了互联网与电网融合发展的趋势，“融合”将在价值实现过程中发挥关键作用。

---

① 资料源于 https://www.guancha.cn/economy/2014_06_14_237627.shtml.

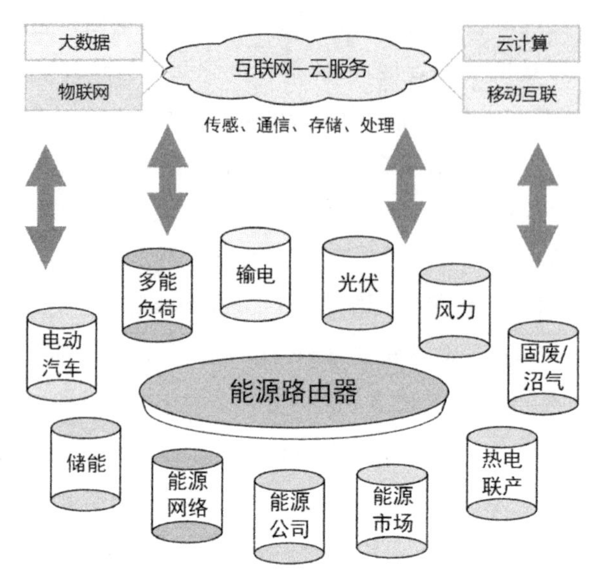

图 1-4　能源互联网的基本架构

1. 多能源的开放互联与融合

能源互联网利用其高效性和可控性，促进多种清洁能源及化石能源以电力为介质进行有机融合，实现能源集中与分散并存的高效开发、优化配置和有效利用。能源互联网打破了传统能源系统中电、气、热等不同能源行业的壁垒，实现了电、热、冷、气、交通等多能源综合利用，并接入风能、太阳能、潮汐能、地热能、生物质能等多种可再生能源，形成开放互联的综合能源系统，显著提高了可再生能源消纳水平，并平抑其波动，使可再生能源得到充分利用。

2. 信息与能源融合

能源互联网充分利用先进的信息通信技术、信息物理融合技术以及电力电子控制技术，大幅提高电力系统的可控性和可观性，实现不同位置、不同设备、不同信息的实时广域感知和互联，在已有专网传输的基础上，新增开放传输系统，在不影响安全的前提下实现信息的最大化共享，提高系统的感知、控制和响应能力。通过将电力系统的物理实体数字化，利用信息系统、计算资源的高效率和低成本来提高物理系统的运行效率，同时可以建立实时反映电力成本和供需关系的交互媒介，推动发展方式从原有计划、粗放、保守向市场、集约、高效的方向转变。

3. 多元业务融合

能源互联网允许大量产消者参与和多边对接，为能源的自由交易和众筹金融提供平台，可产生新的商业模式和新业态。在互联网理念渗透下，能源互联网将在信息与物理融合的实体之上，形成连接消费者、生产者、制造商、运维商等各方，通过业务融合和商业模式创新持续满足用户需求、不断创造新需求的服务平台层。用户选择性和扩展性的价值诉求将在这里实现，从根本上实现源、网、荷、储的深度互动，推动产业链发展，实现能源与交通、制造、信息、城市管理等领域的协同发展。

1.3 能源路由器概述

能源互联网的目的在于构造一个全面的能源供、输、配、用优化体系，使得能源像信息互联网中的信息传输一样，任何独立的能源主体都能够自由接入和转换。具体来说，它是希望将现阶段相互独立的电、热、气、交通等不同形式的能源系统耦合为集成的能源系统（multiple energy systems，MES），通过多种能源间的互济互补，提升能源利用效率，增加能源系统中可再生能源消纳比例，降低能源供应成本。能源路由器作为多能源系统中不同形式能量载体之间的交互和分配界面，是控制能源互联网中能量流和信息流交互的关键枢纽，是能源互联网的核心装备。

1.3.1 能源路由器的概念

能源路由器最初的原型是由苏黎世联邦理工学院（Swiss Federal Institute of Technology Zurich）研究团队提出的能源枢纽（energy hub，又称为能源集线器），此设备可以将多种能源转换、传输和存储，在多种能源设备接入端口之间建立连接。能源路由器（energy router）作为能源互联网的关键设备，拥有类似互联网中的路由器的功能，是一个可以控制能源互联网中能量和信息交互的核心设备，具有如下特点：

（1）具有良好的通信功能，进行数据和能量交换时能够保证即时性和稳定性。

（2）由多种传统设备和新型分布式电源装置组成。

（3）有统一的能量管理单元，可智能控制各种设备，管理交直流混合配用电。

（4）能源架构为全柔性，能够保证电网和设备的运行稳定性。

能源路由器一般由能源转化设备和储能设备构成，是实现多种能源形式之间相互转化、传输分配和存储的结构单元。在多能源系统中，能源路由器是不同形式能量的传输系统交互界面和耦合节点。在输入端流入不同形式的能量，包括一次能源或二次能源，在输出端将它转换成满足用户不同需要的能量形式，如电能、热能、氢能、压缩空气等。各类能源由能源路由器进行管理并提供给用户。

能源路由器可以理解为多能源系统中一个广义的多端口网络节点，如图1-5所示，能源路由器的端口分为输入、输出和储能三种，输入侧部分主要为各分布式电源中流入的不同形式的能量，储能侧主要为包含电、热、气形式的储能器件，输出侧一部分为供给各种负荷不同形式的能量，另一部分是与能源网的双向交互端口，既可以吸收能量维持系统运行，也可以输出能量响应能源网需求。图1-5中，I为输入能源路由器的能源，S表示能源路由器与储能装置的交互，L表示经过能源路由器后供给负荷的部分，P为能源路由器与能源网的交互。

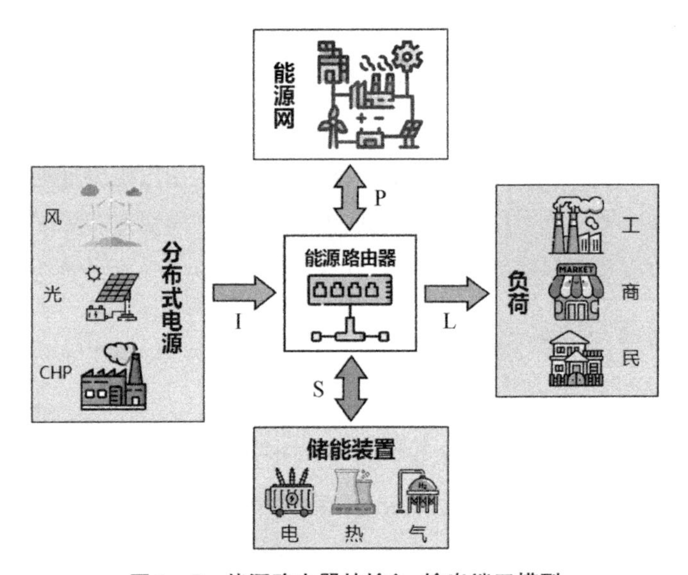

图1-5 能源路由器的输入-输出端口模型

1.3.2 能源路由器的功能与结构

1. 能源路由器的功能

能源互联网以电力为核心，针对35 kV/110 kV电压等级以下的配电网。从能源发展方向来看，能源互联网旨在实现可再生能源的高效利用、满足日益增长的能源需求和减少能源利用过程中对环境造成的破坏，分布式能源供应和共享是其主要特征。而能源互联网中需要能源路由器作为关键核心设备，用以实现能源互联网中多种形式能量的协调管理、可再生分布式能源的高效利用以及保障电网的安全可靠运行。同时,能源路由器还要保障能源与能源的合理流动,让恰当的能源流向恰当的地方,使能量损耗最小,减少能源浪费,并且减少支出。保证能源流的适时流动要求能源路由器必须能够感知负荷和能源供应变化,具备改变能量流动方向和数量的功能。

从能源调度形式来看,传统电网采用集中式能量分配与调度方法,能量只能从电网到用户单向流动。而在能源互联网中,能源能够以对等的形式在市场上自由对等地交易,用户既是能源消费者又是能源的供应者,通过个体间的交互沟通逐步去中心化。能源路由器是能源互联网的能源生产、消费、传输基础设施的端口,从而实现不同能源载体的输入、输出、转换及存储。在互联网概念里,路由器起到信息的再传输和再分配作用;能源路由器概念上与此相同,在能源互联网架构里,它也能够起到对能源的再分配和再传输作用。在未来的能源互联网中,能源路由器就是将交直流电网、高低压电网这些不同的电网以及其他能源网连接在一起,同时又能对能量进行控制的关键核心设备。

从用户使用体验来看,采用能源路由器之后,用户可以根据当前的能源供应形势调整自己的能源使用策略,同时能源互联网会搜集不同用户的能源使用数据,从中计算出相应的能源使用规律,制定最佳使用策略并反馈给用户,供用户选择。每一个能源路由器连接的用户不仅仅是能源消耗者,也是能源生产者。因此能源路由器能根据用户自身能量需求的变化,及时从外网进行能源交流。每个用户都是先满足自身的用能需求,若发电发热大于所需,即可储能或者通过能源路由器对外出售;若是发电发热不足以满足自身的用能需求,则要通过能源路由器购入能源,保障能源的供给平衡。面对不同的能源,能源路由器还要有多种能源端口,如电能、热能、气能等。以电力能源为例,承担局域能源单元与骨干网络互联的能源路由器,能够实现骨干高压能源流到低压适用的能源流的变压调节、交流能源和直流能源的相互转换。

图1-6描述了能源互联网和能源路由器的关系,可以看出,能源路由器在能源互联网中扮演着重要角色,是多种能源相互转化的中心。

围绕清洁能源接入、电能与多种能源融合和信息物理融合等能源互联网特征,能源路由器所需实现的基本功能包含电能变换、电能路由、信息交互、分布式能源接入、能量管理、能源质量控制、信息安全与保护等。

(1) 电能变换与电能路由:能源路由器应含有三个或以上的电能端口,具备交直流电能形式变换,调整幅值、相位、频率等电气参数的能力;能够在三个或以上

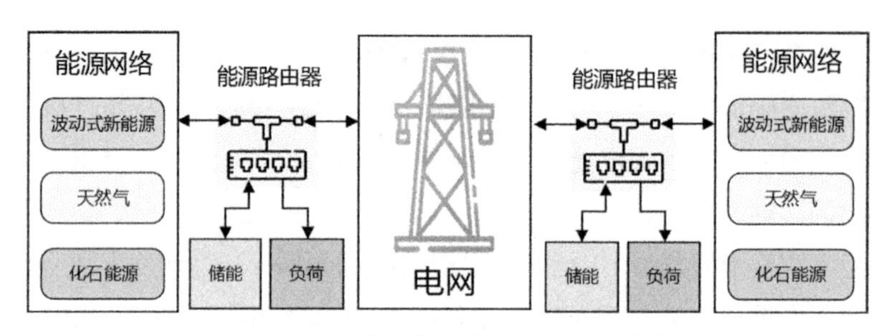

图 1-6　能源路由器在能源互联网中的作用

的电能端口之间,根据外部指令或依据实际工况进行电能的传输分配和路径选择。

(2) 信息交互、安全与保护：能源路由器应具备一次设备与二次设备之间、各能量端口之间、能源路由器之间、上层管理系统之间的双向信息交互功能,保证信息交互的可靠性和安全性;应具备安全运行能力,应具备内、外部故障感知、故障隔离和自保护功能,能够与电力系统继电保护转置配合。

(3) 分布式能源接入与能量管理：能源路由器具备分布式能源、储能和负荷等接入和管理功能,以及并网运行、离网运行和孤岛运行能力;以多端口、多类型能量的转换和优化配置为目标,维持各端口能量供需平衡,通过各端口的协调控制和功率分配,实现能源路由器及其系统的安全、可靠、绿色和高效运行;应具备电能质量控制和治理能力。

扩展功能包含多能源接入功能、即插即用、自愈、需求侧管理功能以及参与电力市场功能。

(1) 多能源接入功能与即插即用：能源路由器具有电、冷、热、燃气等多能源接入的能量端口,允许多种形式能量与电能的相互转换和输入输出;具备通用的标准化接口和互操作性,能对接插设备的类型、参数和当前运行状态进行自动识别和管理,接入后可自动融入上层能量管理系统,实现双向信息交互和运行状态调整。

(2) 自愈：能源路由器可具备一定的自检、故障容错和系统恢复能力,根据故障状态和类型进行自主辨识和诊断,实现自我修复。

(3) 需求侧管理功能与参与电力市场功能：能源路由器可支持用户个性化能源使用策略及用户与能源互联网交互,根据用户的实际设备拥有种类和数量,以及能源使用偏好,制订相应的能源使用计划,实现多种能源形式的需求响应;可实现能源路由器与调度中心的实时双向信息交互,参与电力市场交易,通过提供辅助服务来提高用户经济性,同时提高电力系统运行的可靠性和稳定性。

相较于传统的能量供应系统，能源路由器充分考虑了各种形式能源的互济与互补，通过多种形式能源间的协同优化，产生协同效应，提高能量系统的性能。其价值具体体现在以下几方面。

(1) 提高能源的综合利用效率。能源路由器对多能源系统的耦合有利于能量的梯级利用，如可以充分利用气/电转换过程中的余热来制热或制冷，从而提高能源利用效率。

(2) 增加系统的可靠性。负载所需能量不再依靠单一的能量供应系统，当其中一种能源的生产传输途径出现中断或故障时，能够利用能量集线器的其他途径进行补充，提高供能可靠性。

(3) 提升系统消费侧运行的灵活性，有助于随机波动的新能源在多能源系统内的消纳与利用。各种形式的能源载体互济、互补，一方面大大提高了能源利用率，另一方面平抑了负荷或新能源出力的波动性。

(4) 提高系统的经济性。能源路由器增加了从能源供应侧到消费侧的能量流通路，增加了系统的自由度，有助于系统结构和运行方式的优化。例如，在用电高峰阶段，能源供给商能够利用燃料电池发电，利用热系统的能源供应进行制冷，不但缓解了用电压力，而且降低了用户的用能价格。

2. 能源路由器的结构

基于能源路由器的功能，它应该是由若干能量传输、转换和存储设备有机结合而成的。从这个角度讲，当前很多设施都可以被视为能源路由器的模型，如交通能源系统(如火车、轮船、飞机)、工厂(如炼钢厂、化工厂)、商业建筑群(如机场、医院、商业街)、常规发电机组(如热电联供机组、含抽蓄的水电站)、一个地区甚至一个国家的能源系统等。因此，一个能源路由器的具体结构，即它包含的能量转化设备，存储设备的种类、数量、容量，各个设备的具体运行方式和连接方式，能量流的控制方法等，是由具体的外界条件和设计期望决定的。

苏黎世联邦理工学院提出的典型电氮气能源集线器的结构模型如图 1-7 所示。其中包含废材气化设备、甲烷转化设备和热电联供设备，期望将废材中的生物质能转化为合成天然气(synthetic natural gas, SNG)和热能，转化的天然气既可以送入主干输气网中直接供应给气负荷，又可以通过热电联供设备转化为电能，作为分布式能源送入配电网中。在整个转化过程中产生的废热可以被当地的区域热力网络吸收以提高能源利用效率。能源集线器的输入端还需要提

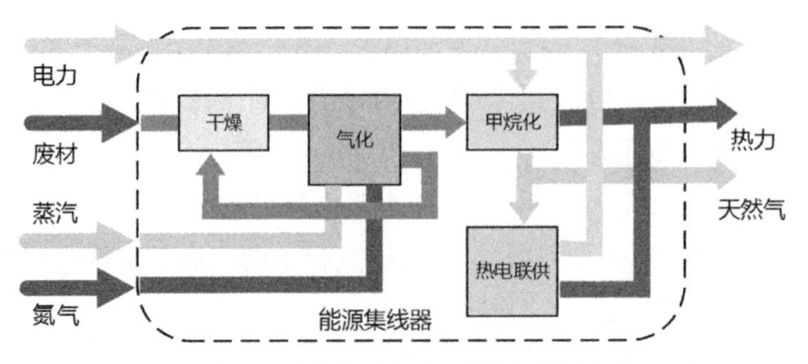

图 1-7　电氮气能源集线器的结构模型

供氮气和蒸汽，以保证废材气化过程的顺利进行。由此可见，该能源集线器耦合了电、热、气三个能源网络，完成了不同形式能源的转化。

前述美国北卡罗来纳州立大学提出的 FREEDM 如图 1-8 所示，其以固态变压器作为能源路由器的核心，分布式能源及负载按照电压需求接入固态变压器母线，固态变压器再与电网连接，就可以实现分布式能源的接入，然后通过能量管理单元对整个系统进行能量管理。

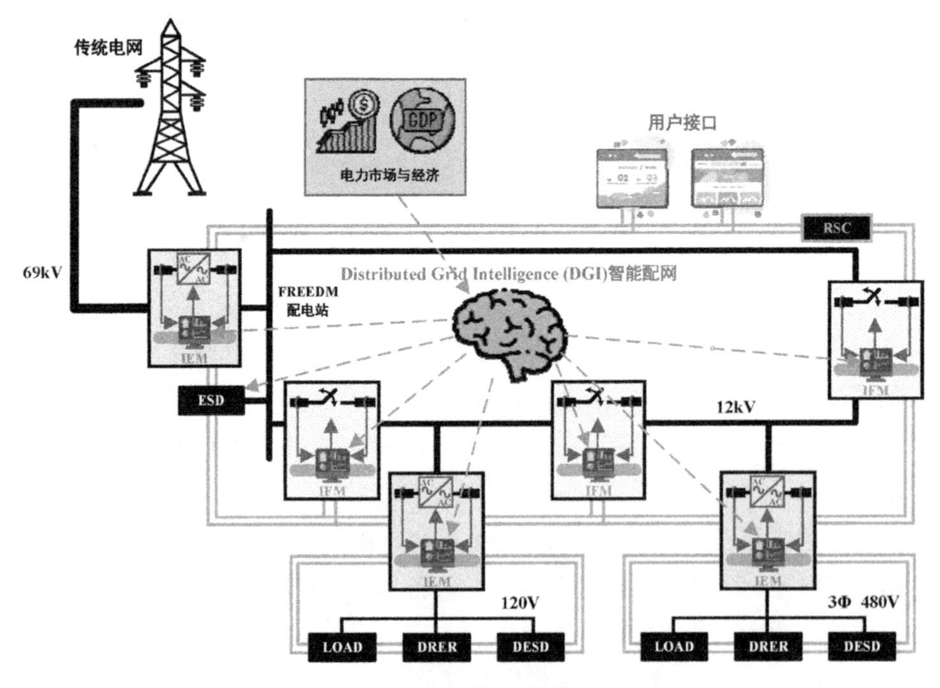

图 1-8　FREEDM 整体结构

IEM—智能能量管理；IFM—智能设施管理；ESD—能源储存装置；DESD—分布式能源储存装置；LOAD—负荷；DRER—分析式可再生能源；RSC—可靠安全的通信

1.3.3 能源路由器的主要设备

能源路由器内部的基本组成设备主要分为三大类。

(1) 能量转化设备：实现一次能源向能量的转换，以及不同形式二次能源之间的转化，如热电联供机组、电动机、蒸汽和燃气轮机、电解池和锅炉等。

(2) 能量传输设备：为用户传输不同形式的能量，如能量母线、电缆、供热管网、燃料输送管网、能量无线发射和接收设备等。

(3) 能量存储设备：实现能量的存储，如储气罐、电池、储热装置等。总体来说，电储能的效率高、响应快，但由于经济性约束，难以直接大规模存储；储气和储热的容量大，但响应较慢且运行损耗大。

能量传输和转化设备为能量的空间协调提供了技术手段，能量存储设备则可以从时间上优化能量的生产、传输和使用。以下对主要的能量转化设备进行介绍。

1. CHP/CCHP 系统

天然气热电联供/天然气冷热电联供(combined heat and power/combined cooling heating and power, CHP/CCHP)系统能够连接电力网、天然气网和供热/冷管网，利用燃气轮机、燃气内燃机等设备使天然气燃烧后获得高温烟气，将天然气中的生物质能转化为热能和机械能，将其用于发电，并利用余热在冬季供暖或在夏季供冷，同时还充分利用排气热量提供生活热水。这种能量的梯级利用使 CHP/CCHP 系统的燃料利用效率能够达到 80%以上(部分机组可达 90%以上)。随着分布式发电的不断发展，CHP/CCHP 系统也在向着中型化、小型化发展。

2. P2G 系统

可再生能源发电技术(power to gas, P2G)系统是实现电能到气体能量转化的核心设备，也是多能源系统实现气体储能的关键设备。P2G 系统将电能用于电解水制氢，产生的氢气可以存储为燃料电池的能源，也可以经碳化之后转化为甲烷，其作为天然气的主要成分可以泵入天然气管网，实现由电到气的能量转化。P2G 系统的制气过程分为电力制氢和氢气甲烷化反应两步。电力制氢的必要设备是电解池。氢气甲烷化反应是将二氧化碳和氢气反应生成甲烷，所以一般将 P2G 系统建在工厂或者发电厂附近，并需要二氧化碳的捕获设备，便于二氧化碳的获得。

3. 燃料电池

燃料电池(fuel cell)是一种将存在于燃料与氧化剂中的化学能直接转化为电能的发电装置。虽然也称为"电池",但实质上它不像蓄电池一样"储电",而是一个"发电厂",将化学能转化为电能。考虑到转化过程的余热可以被利用,所以从多能源系统的角度讲,燃料电池将气体能源转化为电能和热能,耦合了电、热、气三个能源系统。燃料电池将氢气的化学能直接转换为电能,不需要进行燃烧,没有转动部件,能量转换率高,相比内燃机的燃烧作用,不会产生大量废气与废热,转化效率更高,排放物也只有水,不会对环境温度造成影响。

4. 热泵和制冷装置

热泵(heat pump)是一种将低位热源的热能转移到高位热源的装置,它与制冷系统的工作原理是一致的。其工作时先使低温、低压液态制冷剂在蒸发器里吸热,并气化成低压蒸气;然后制冷剂气体在压缩机内被压缩成高温、高压的蒸气,该高温、高压制冷剂在冷凝器内放出热量,冷却凝结成高压液体,再经节流元件节流成最初的低温、低压液态制冷剂,如此完成一个循环。从热量流动的角度看,这一个循环就是制冷剂吸收蒸发器物质的热量,并将其带给冷凝器的物质,对蒸发器来说就是制冷(失去热量),对冷凝器来说就是热泵(得到热量)。CHP与热泵(制冷装置)结合就可以在夏季供冷,实现冷热电联供(CCHP)。

能源路由器中设备之间的具体连接方式由能源路由器设计时期望的能量流(简称能流)方向和各设备的具体功能所决定。例如,一种能源路由器的设备集成方式如图 1-9 所示。

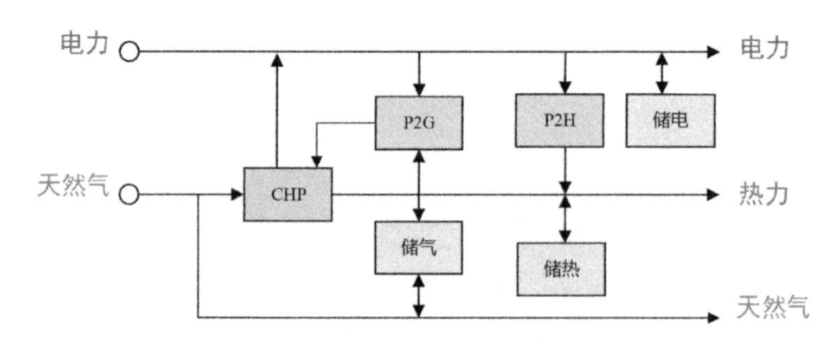

图 1-9　能源路由器的设备集成方式

图 1-9 所示的能源路由器输入端连接至电力网和天然气网,在能源路由器内部,CHP 设备和电转热(power to heat, P2H)的输入端直接与能源路由器的天然气输入端相连。CHP 设备的功能是消耗气体,发出电能和热能,其有两

个输出端口，一个与电力网(电缆)连接，另一个与热力网络连接。P2H设备的输入端和电缆相连，输出端接入热力网。能量存储设备，如储热设备(heat storage)，输入、输出端均和热力网相连。上例能源路由器的输出端除电、气的输出端口外，还有热能的输出端口。从宏观角度看，这个结构简单的能源路由器实现了电、气、热系统的耦合。

从上面的分析可以看出，设备之间的连接由具体能流方向和各设备的具体功能所决定。即使同样的设备，不同的能流方向设计也会导致设备之间的连接不同。此外，可以发现，能量转化设备的输入、输出端口分别连接至不同的能量系统，而能量存储设备的输入、输出端口连接在同一个能量系统中。除此之外，能源路由器的智能化还需要信息物理系统集成。能源路由器中每个设备以及各个能源路由器之间，都需要通过构建双向通信系统，实现设备参数和不同能量的控制。

第2章 能源路由器的物理层架构

本章重点讲述能源路由器的物理结构，从能源路由器的端口、内部母线、各类功率变换器等基础结构入手，描述能源路由器的拓扑构成。本章是其后章节中能源路由器实施控制、协同以及应用的基础。

2.1 以电能为核心的能源路由器的物理层架构

作为能源互联网中分布协调自治的核心设备，能源路由器需具备多能网络内部设备的即插即用、能量集中管理、电力电子变压、潮流控制、电能质量治理、用户侧需求响应、风险评估预警及信息聚合服务等功能，是一种集成融合了信息技术与电力电子变换技术、实现分布式能源的高效利用和传输的能源装备。其中，电力电子变换技术使能源路由器为各种类型的分布式电源、储能设备、多能耦合设备和新型负载提供所需的电能端口形式，包括各种电压、电流量的直流或交流形式等；同时，由于电力电子装置的高可控性，能源网络内各节点的能量流方向和大小可按用户所需精确地控制，为电力市场化的实现提供技术基础。信息技术使能源路由器实现智能化，能源互联网在其控制下实行自律运行，上层能源调度中心只需向能源路由器发送较长时间尺度的优化运行参数，即可实现全网的优化运行。

电能是能源路由器的核心，这可以从以下两个方面进行说明。首先，从能源自身特点的角度来讲，所有的一次能源以及清洁高效二次能源都可以转化为电能，各种终端能源消费也都可以用电能替代，以电为中心是能源发展的大趋势，可以充分满足未来能源需要；其次，从能源应用需求的角度来讲，电能要求时刻的功率平衡，拥有最短的时间尺度，这也要求能源路由器架构必须以电能路由器为核心。基于以上的原因,我们可以认为能源路由器是以电能为核心的、可实现多种能源形式交互的装备。

因此,能源路由器的核心电能部分可作为电力局域网与电力主干网的交互端口,一方面负责局域网内部各个设备的运行和能量管理,同时接收上层电力调度中心的指令并上传局域网的运行状态。一个典型的能源路由器电能部分的信息物理融合架构如图 2-1(a)所示。

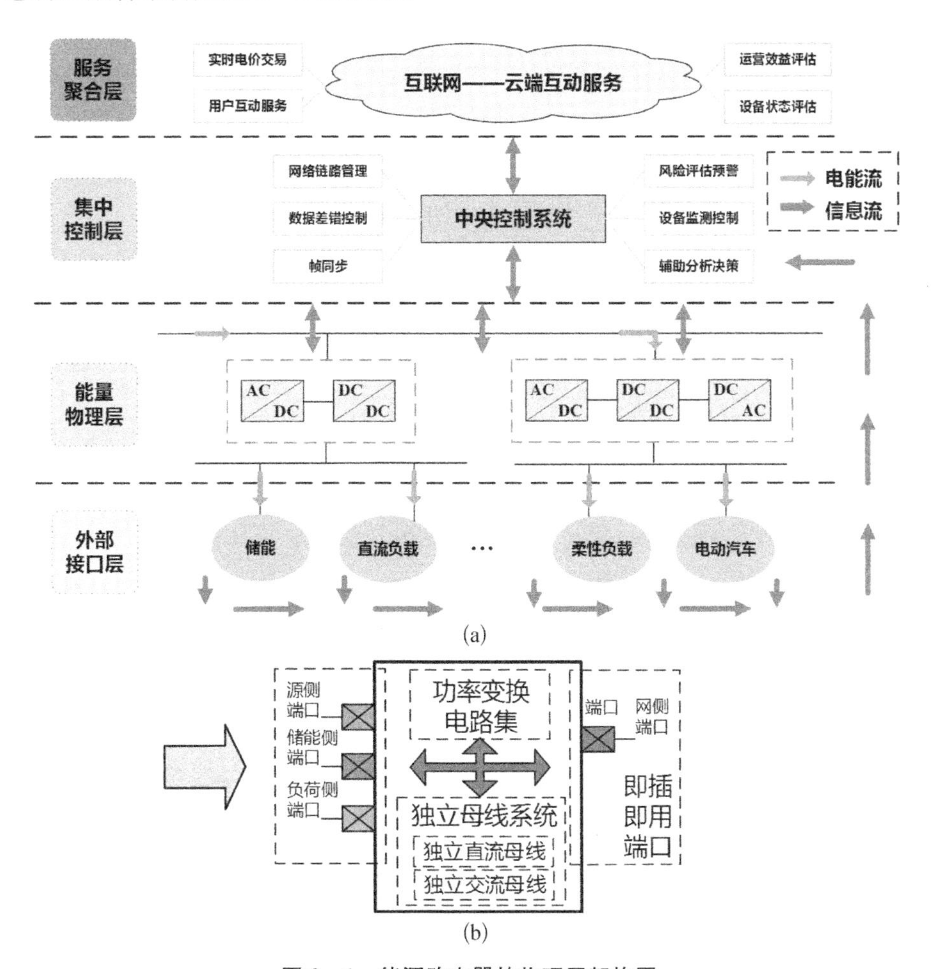

图 2-1　能源路由器的物理层架构图

(a) 能源路由器电能部分的信息物理融合架构;(b) 能源路由器结构组成图

对外,可以将能源路由器看作一个“黑箱”,各能源以电能接口形式连入能源路由器,不用关注系统内部能源之间复杂的耦合关系,而只需关注这个系统中能量的输入和输出,基础架构的外部表现为即插即用形式的端口。对内,能源路由器内部物理层基础架构是以电能网络为核心，各个端口通过功率变换电路集在不同的工作模式下进行组合与连接，实现能源路由器对接口能量的统一发送、存储与转发；同时，能源路由器通过内部母线将各个端口分支回路连接在一起，实现电能的汇集、分配与传送。因此，图 2－1(a)可以抽象为图 2－1(b)所示的组成能源路由器的端口、母线、功率变换集等结构示意图。

在能源路由器内部，由各种并网设备和用电设备共同构成电能路由系统，它的主要特点是各个电能端口之间通过开放的能源路由器内部独立母线系统进行电能互联。假设各部分并网设备按照各自设定的目标执行，如光伏、风电按照最大发电功率执行，储能则根据需求进行移峰填谷或者与常规发电机组联合进行快速调频，那么，通过端口信息采集和传输装置实现各自部分与能源路由器信息的交互，能源路由器就拥有了各部分设备的控制权限。例如，通过它的电网侧端口，能源路由器就能够利用储能对调频、调峰需求较大的主干电网进行补偿，实现电能双向流动路由。

2.2　能源路由器的功率变换集

如前所述，各种分布式能源以及能量转化设备以电能的形式通过即插即用端口连入能源路由器，在能源路由器内部，各端口通过与之匹配的内部母线相连形成互联互通的能源路由器内部拓扑结构。能源路由器通过独立母线扩展和互联至不同的端口，通过储能实现对能量的时空转化，通过功率变换集内的电力最终实现端口与母线、母线与母线的相连。功率变换电路包括 DC 与 DC、AC 与 DC 间的变换电路两种类型，分别起到直流电能与直流电能间变换、交流电能与直流电能间变换的作用，以及电压的变换作用。能源路由器内部的功率变换电路以及端口电路通过通信系统采集能源路由器内部及各端口能源的信息，融合各种信息来产生控制信号，实现对能源路由器能量流动方向的控制与调节，这也要求在开放互联的能源路由器中，多数端口应具有双向功率流动的特性。

2.2.1　双向 DC/DC 功率变换电路

在能源路由器内部，根据双向 DC/DC 变换器(BDC)是否含有变压器可分为两类：非隔离型与隔离型。非隔离型 BDC 有双向 Buck/Boost 变换器、双向

Cuk 变换器和双向 Zeta-Sepic 变换器。隔离型双向 DC/DC 变换器又可按传统隔离型分为双向正激变换器、双向反激变换器、双向推挽变换器、双向半桥变换器和双向全桥变换器五种类型。

能源路由器中的 DC/DC 功率变换电路可以作为直流能源的端口电路（如太阳能光伏发电），也可以作为内部不同直流电压母线的连接和变换电路，或作为直流负载的控制端口电路。

1. 非隔离型双向 DC/DC 变换器

1）双向 Buck/Boost 变换器

双向 Buck/Boost 变换器是在单向 Buck 或 Boost 变换器基础上构成的，即在原功率管两端反并联一只功率管，根据功率管的位置不同，Buck/Boost 电路具有很多种形式，图 2－2(a)和(b)给出了其中两种常见形式。Buck/Boost 电路有三种工作模式：Boost 模式、Buck 模式、交替工作模式，如图 2－2(c)所示。双向 Buck/Boost 变换器拓扑结构和控制策略相对简单，所需器件少，转换效率高，但由于变换器固有结构的限制，输入输出电压转换比较小，因此，只适用于小功率、无须电气隔离的场合。

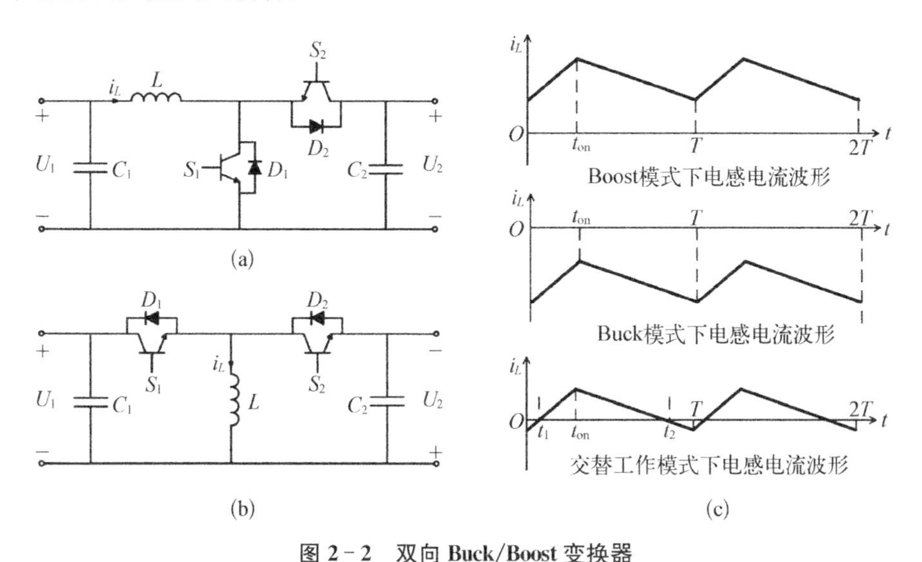

图 2－2　双向 Buck/Boost 变换器

(a) 电路形式 1；(b) 电路形式 2；(c) 电路运行方式

2）双向 Cuk 变换器

双向 Cuk 变换器是在单向 Cuk 变换器原功率管 S_1 上反并联一个二极管 D_1、在原二极管 D_2 上反并联一个功率管 S_2 后构成的，其拓扑结构如图 2－3 所示，它也有三种工作模式：正向传输模式、反向传输模式和交替工作模式。交替工作模式时，在一个开关周期内，功率管和二极管依次流过电流，平均能量传输方向取决于 i_{L_1} 和 i_{L_2} 的平均值，若平均值为正则传输方向是从 U_1 侧到 U_2 侧，若平均值为负则传输方向相反。双向 Cuk 变换器的输入和输出端均有电感元件，能减小电流纹波，但其拓扑结构中没有前向通路，能量只能先通过电容 C_3 再传输到负载，因此增加了电路的复杂程度，能量传输效率低，不宜在大功率场合应用。

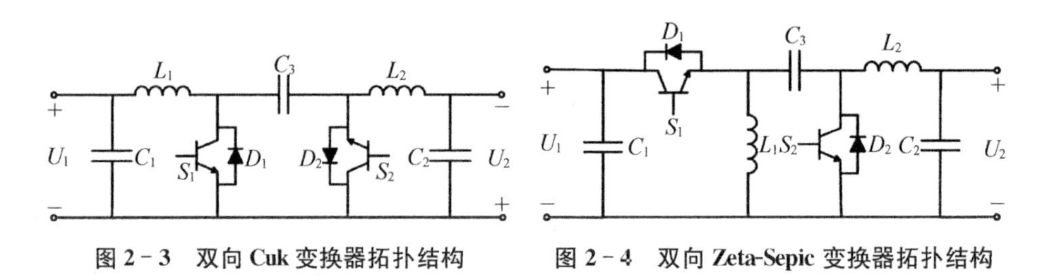

图 2-3 双向 Cuk 变换器拓扑结构　　图 2-4 双向 Zeta-Sepic 变换器拓扑结构

3）双向 Zeta-Sepic 变换器

单向 Zeta-Sepic 变换器输入与输出的极性相同，由于 Zeta 构成的 BDC 拓扑结构与 Sepic 构成的 BDC 完全相同，故称为双向 Zeta-Sepic 变换器，其拓扑结构如图 2-4 所示，正向传输时等同于 Zeta 变换器，反向传输时等同于 Sepic 变换器，与双向 Cuk 变换器一样，在交替工作模式中，能量传输方向由两个电感的平均电流决定。双向 Zeta-Sepic 变换器的拓扑结构相对复杂，能量传输效率较低，适用于小功率场合。

2. 隔离型双向 DC/DC 变换器

1）双向正激变换器

双向正激变换器是在单向正激变换器一次侧功率管两端并联二极管，在二次侧两个二极管两端分别并联功率管后构成的，拓扑结构如图 2-5 所示，可工作在正向传输、反向传输和交替工作模式下，在该拓扑结构中 S_1、S_2 及 S_3 均工作在脉宽调制（pulse width modulation，PWM）控制模式下，S_1、S_2 同时导通和关断，并与 S_3 互补工作。

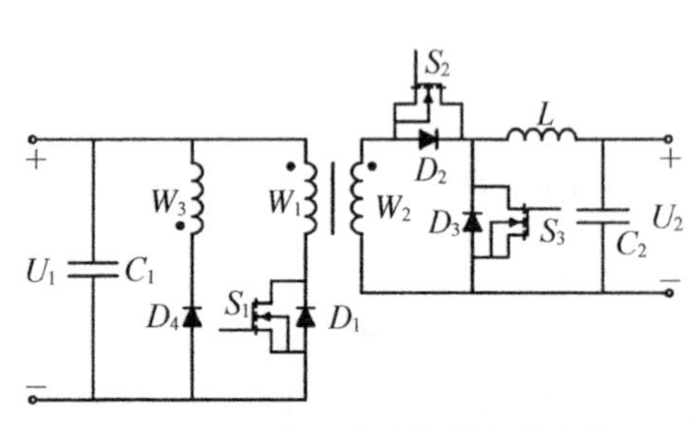

图 2-5 双向正激变换器拓扑结构

在单向正激变换器中，电流可工作在连续或断续状态下，而在双向正激变换器中，电流下降到零后便会形成反向电流，因此在交替工作模式中不存在电流断续工作状态。双向正激变换器工作原理简单，其控制和驱动电路易于设计，适用于中小功率场合，但所用的变压器处于单向励磁状态，利用率较低。

2）双向反激变换器

双向反激变换器是在单向反激变换器一次侧功率管上反并联一个二极管，在二次侧二极管上反并联一个功率管后构成的，拓扑结构如图 2-6 所示，可工作在正向传输、反向传输和交替工作模式下，与双向正激变换器一样，在交替工作模式下也不存在电流断续模式。双向反激变换器具有电气隔离、拓扑结构简单、成本低、双向传输等优点，适合于小功率场合，但相比于双向正激变换器，其变压器既要储能，又要实现电气隔离，因此功率器件可能承受较大的电压、电流应力，且变压器漏感上的能量不能通过线圈传输到二次侧，这些能量产生的电流可能会与功率管电容发生谐振，产生电压尖刺，威胁功率管的安全。

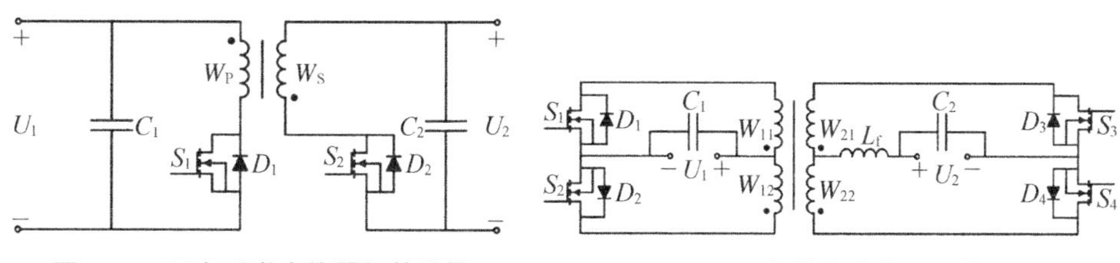

图 2-6　双向反激变换器拓扑结构　　**图 2-7　双向推挽变换器拓扑结构**

3）双向推挽变换器

在单向推挽变换器二次侧二极管两端分别反并联功率管就构成图 2-7 所示的双向推挽变换器，它能实现能量的双向传输和电感电流的交替工作。双向推挽变换器的变压器存在漏感，功率管承受较大的电压和电流应力，不适用在环境恶劣的高压场所，但其功率等级较双向反激变换器高一些。

4）双向半桥变换器

在半桥变换器二次侧两个二极管上分别反并联功率管就构成了双向半桥变换器，如图 2-8 所示，也有三种工作模式，功率管均工作在 PWM 控制模式下，并采用移相控制，S_1、S_2 和 S_3、S_4 的驱动信号互补并留有死区区间，在一个周期内，双向半桥变换器共有 12 个工作模态。由于交替工作模式控制复杂，因此在实际场合中不常应用此工作模式。双向半桥变换器的优点是拓扑结构简单，所需元器件较少，适用于中小功率场合，并能通过移相控制在不需要辅助元器件的

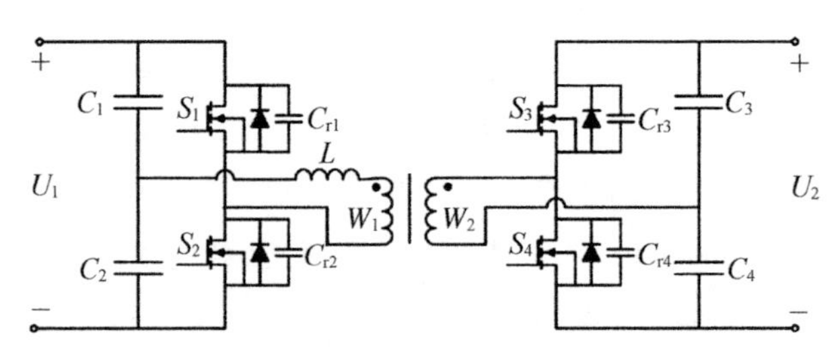

图 2-8　双向半桥变换器拓扑结构

情况下，实现所有开关器件的零电压开通，在一定程度上减少了开关损耗；但该拓扑所用的变压器处于单向励磁状态，变压器利用率较低，且变换器是在移相控制模式下，因此不适用于调压范围较大的场合。

5）双向全桥变换器

在单向全桥变换器二次侧四个二极管上反并联四个功率管就构成了双向全桥变换器，如图 2-9 所示，这是最为常见的变换电路形式。较之双向半桥变换器，双向全桥变换器结构复杂，所需器件较多，增加了产品的体积和设计成本，但功率器件的电压、电流应力较小，适用于功率等级较高的场合，若在双向全桥变换电路中加入箝位电路，则可保证功率管全部工作在软开关状态。

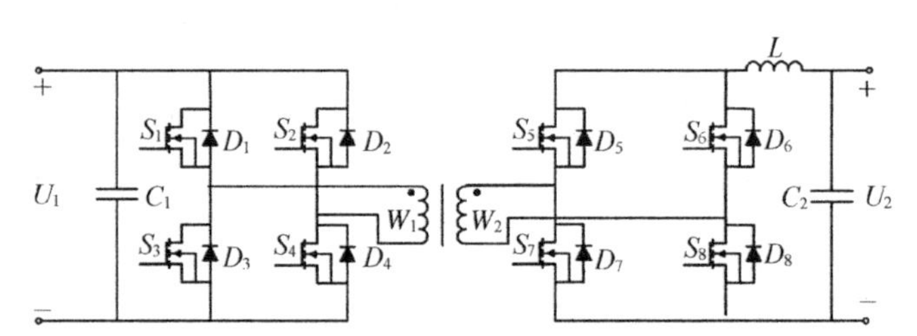

图 2-9　双向全桥变换器拓扑结构

2.2.2　双向 AC/DC 功率变换电路

在能源路由器中，交/直流变换电路可以作为分布式电源电力电子装置与能源路由器的端口电路（如风力发电），也可作为电网与能源路由器的端口电路，以及能源路由器内部的交/直流变换电路。由于能源路由器要求实现对能量的精细控制，能源路由器内部交/直流变换电路以利用电压型场效应管（V-groove metal-oxide semiconductor，VMOS）、双极性晶体管（insulated gate bipolar transistor，IGBT）等大功率开关器件构成的 PWM 控制型电路为主。同时，将 PWM 控制型电路应用于能源路由器内部的功率变换电路还具有下述优点。

(1) 由于PWM控制型电路具有谐波补偿功能,网侧的电流波形可以保证为正弦波。

(2) 从电路结构来看,PWM控制型电路具有电能双向传输的功能。当网侧向负载传输电能时,电路工作在整流状态。当电路向网侧反馈电能时,电路工作在有源逆变状态。

(3) 电网侧的功率因数接近于1(即单位功率因数)。当PWM控制型电路工作在整流状态时,网侧的电压和电流同相,为正阻特性。当PWM控制型电路工作在有源逆变状态时,网侧的电压与电流反向,为负阻特性。另外,网侧的电流和功率因数是可控的。

(4) PWM控制型电路的工作频率较高,可以实现输出电压的快速调节。

1. PWM控制型电路的原理

图2-10给出了PWM控制型电路理想模型。在不考虑开关损耗下,由输入输出平衡关系得

$$U_i i_s = U_{dc} i_{dc} \tag{2-1}$$

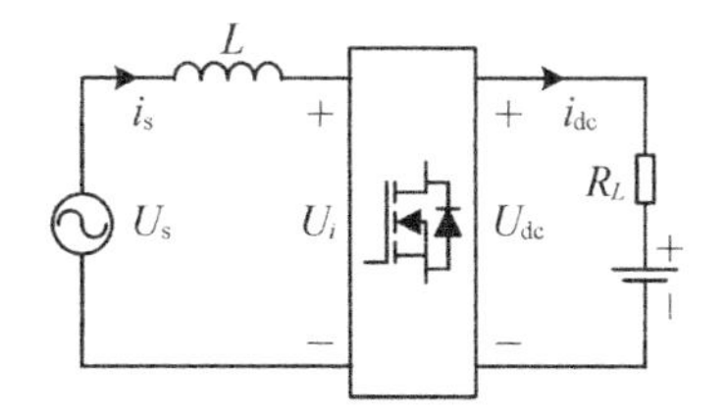

图2-10　PWM控制型电路模型

式(2-1)表明,通过改变输入侧电流,可以控制输出电压,在四象限简化模型中存在功率平衡公式:

$$p_{ac} = p_{dc} + \Delta p \tag{2-2}$$

式中,p_{ac}为交流侧瞬时功率;p_{dc}为直流侧瞬时功率;Δp 为双向功率变换模块变换器产生的瞬时功率。在传统变流器中,由于没有储能元件,所以不会存储能量,因此在任意时刻交流侧瞬时功率与直流侧瞬时功率平衡,即 $\Delta p=0$。由于双向功率变换模块电路的各个子模块中包含电容元件,电容承担瞬时功率,可以保证直流侧功率输出更加稳定。

虽然双向功率变换模块具有储能特性,交/直流侧瞬时功率可以不平衡,但双向功率变换模块变换器产生的瞬时功率 Δp 在一个周期内的积分为0,因此不会影响输入输出侧能量的传输。也就是说,双向功率变换模块作为整个系统的前端变换器,实际上仍可作为一个交/直流侧可控的四象限变换器,实现能量的双向流动。由交流端口电压与桥臂电压之间的关系,得到如图2-11所示的模型。若将所有变量均用向量表示,由等效电路图可知存

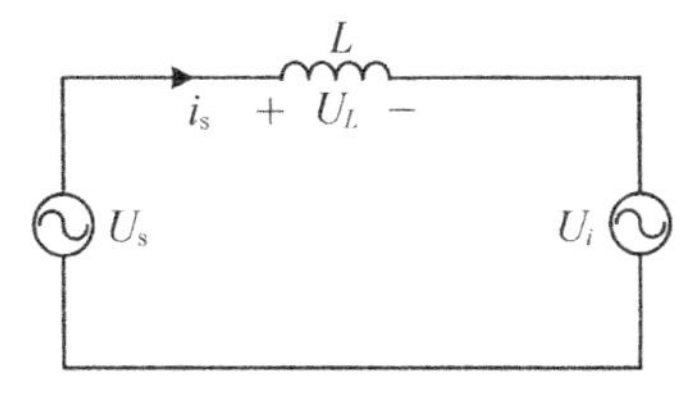

图2-11　PWM控制型电路四象限简化模型

在以下关系式：

$$\boldsymbol{U}_{\mathrm{s}}=\boldsymbol{U}_{L}+\boldsymbol{U}_{i} \tag{2-3}$$

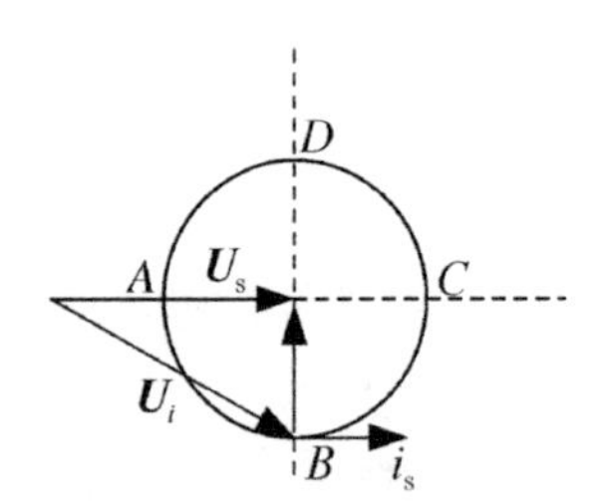

图 2-12　四象限向量图

以网侧电动势为参考向量，假设网侧电流幅值不变，则电感电压 $\boldsymbol{U}_L$ 大小不变，此时 PWM 控制型电路的交流电压矢量端点的运动轨迹构成了一个以 $\boldsymbol{U}_L$ 大小为半径的圆，假设在电路呈现稳态的情况下，其向量关系如图 2-12 所示。

A、B、C、D 分别代表纯感性、正阻性、纯容性以及负阻性运行工作点，其中四种运行状态的向量图如图 2-13 所示。当 $\boldsymbol{U}_i$ 端点在弧线 AB 上运动时，双向功率变换模块处于整流状态，此时双向功率变换模块从交流电网吸收有功功率及感性无功功率，电能通过双向功率变换模块传输至直流母线。当 $\boldsymbol{U}_i$ 端点在弧线 BC 上运动时，双向功率变换模块仍然处于整流状态，此时双向功率变换模块从交流电网吸收有功功率以及容性无功功率，电能通过双向功率变换模块传输至直流母线。当 $\boldsymbol{U}_i$ 端点在弧线 DA 上运动时，双向功率变换模块处于有源逆变状态，此时双向功率变换模块向电网反馈有功功率以及容性无功功率，电能通过双向功率变换模块反馈至电网侧。当 $\boldsymbol{U}_i$ 端点在弧线 DC 上运动时，双向功率变换模块仍然运行在有源逆变状态，此时双向功率变换模块向电网反馈有功功率以及感性无功功率，电能通过双向功率变换模块反馈至电网侧。

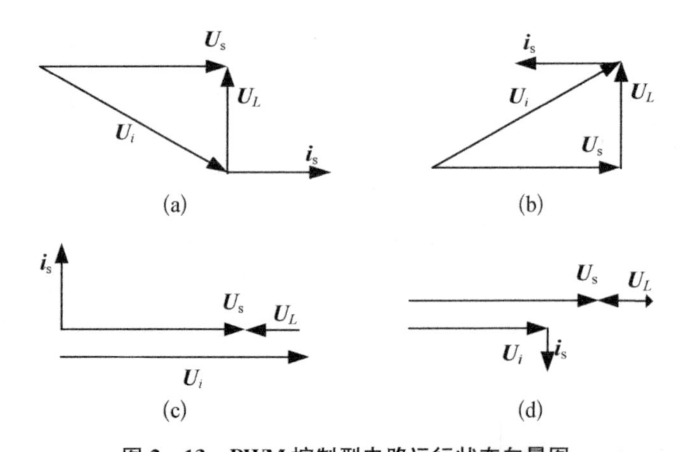

图 2-13　PWM 控制型电路运行状态向量图

(a) 正阻性；(b) 负阻性；(c) 纯容性；(d) 纯感性向量图

2. 典型 PWM 控制型 AC/DC 变换电路集

1）单相电压型全桥式电路

单相电压型全桥式电路的主电路如图 2－14 所示，图中的 U_{AC} 为电网电压，L 为网侧电感，桥路中四个桥臂为四只全控型功率开关器件 $V_1 \sim V_4$，这里用 IGBT 表示，也可以用 VMOS 等表示，$V_{11} \sim V_{41}$ 分别为 $V_1 \sim V_4$ 的反并联二极管；C 为储能电容器，负载上的能量由 C 充放电维持。

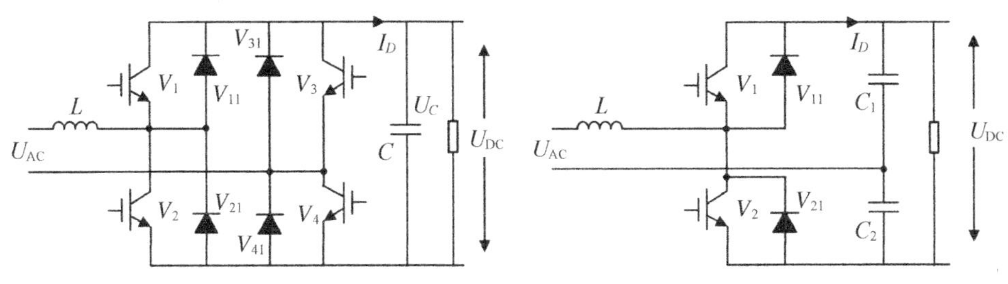

图 2－14　单相电压型全桥式电路　　图 2－15　单相电压型半桥式电路

2）单相电压型半桥式电路

单相电压型半桥式电路的主电路如图 2－15 所示。其中，V_1、V_{11} 和 V_2、V_{21} 为两个导电臂，另两个导电臂由分压电容器 C_1 和 C_2 所取代。C_1 和 C_2 的容量应足够大，且 $C_1 = C_2$。当导电臂的开关频率足够高时，电流 I_D 中的基波和谐波分量被 C_1 和 C_2 滤掉，直流侧则只含有直流分量。

3）单相电流型桥式电路

单相电流型桥式电路与单相电压型全桥式电路相比主要有以下不同：在交流一侧，有 LCR 二阶滤波环节，其中 R 是电感 L 的直流电阻，它的主要作用是滤掉交流侧的电流谐波；在直流一侧，用大电感量的储能电感 L 取代储能电容 C，当开关频率较高时，可认为在 PWM 周期内，输出直流电流 I_D 不变；在电压型电路中，二极管 $V_{11} \sim V_{41}$ 分别与 $V_1 \sim V_4$ 并联，而在电流型电路中，$V_{11} \sim V_{41}$ 分别与 $V_1 \sim V_4$ 串联，其目的是提高 IGBT 的反向阻断能力。

4）三相电压型桥式电路

在三相整流电路中，最常用的是三相桥式电路。三相电压型桥式电路的主电路相当于三个独立的单向电压型半桥式电路主电路的组合，其工作原理与单相电压型半桥式电路相似。

5）三相电流型桥式电路

三相电流型桥式电路与单相电流型桥式电路原理相同，在此不再赘述。

2.2.3 模块化多电平变换器

基于级联结构的模块化多电平变换器（modular multilevel converter，MMC）是将一定数量的子模块级联而成的功率变换器，电容并联在每一个子模块两端，电容电压独立控制，能够实现电容电压的稳定与能量的双向流动。同时，在高电压、大功率场合中，可以通过增加级联的子模块数目改变MMC的电压等级，所以，MMC能够适用于高压直流输电、无功补偿等对电压和功率要求较高的场合。另外，MMC子模块数量较多，输出可以无限逼近正弦波，输出波形质量较好，省去了额外的高频滤波设备，节省了空间和经济成本。

基于级联结构的MMC控制方法简单，容易实现，基于模块化的思想拥有极大的灵活性与拓展性，这些特点与能源路由器具备多种类、多形式接口的性能要求相契合。此外，相比于二极管箝位式和飞跨电容箝位式多电平变流器等其他多电平模块，基于级联结构的MMC还有着诸多优点。

（1）采用单元子模块化的结构，使这个系统的电路结构更为简单，提高了系统的可靠性，有利于系统变更、扩容及维修等。

（2）系统采用公共直流母线设计，可适应高压输电场合，同时兼容分布式发电。直流线路比交流线路结构简单，供配电性能更可靠，减少了电力电子设备的使用，降低了开关损耗，同时运行时系统电阻性损耗也相对较低。

（3）子模块串联的电路结构使双向功率变换模块可以有多电平输出，可以有效降低开关管的开关频率，减少开关损耗，电平电压的阶跃性较小，输出电压谐波含量低，电路输出更稳定。

（4）电路各模块间一般采用单独的电源供电，模块间相互形成隔离，电路消除了电容电压不平衡问题，输出更为可靠。

因此，基于级联结构的MMC在能源路由器功率变换电路中拥有广泛的应用前景。

1. MMC的结构与特点

MMC常见的子模块拓扑（功率变换基本单元）主要有两种：半桥式结构与全桥式结构。相比于传统半桥式结构，全桥式结构虽然增加了整体的构成成本，但全桥式结构具有良好的自均压能力和电流通流能力，在电能传输领域，相比于传统的排序均压，其控制系统的设计相对简单，也能有效提高整个系统的运行可靠性和稳定性。MMC 电路能够进行 DC/AC 或 AC/DC 变换，也能够实现 DC/DC 变换，即能量能够实现双向流动。全桥式结构的基本功率单元如图2-16所示。

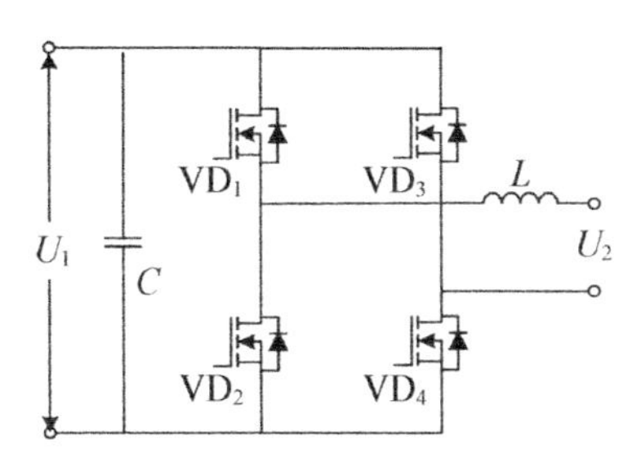

图 2-16　全桥式基本功率单元结构

最基本的级联式多电平变流器以具有独立直流电源的三电平全桥变流器为基本功率单元进行直接串联叠加。可以根据各种电压等级的具体需要，扩展到所需数量的三电平全桥变流器串联；或根据功率大小的具体需要，将满足电压要求的变流器串联组进行并联。具有代表性的上述串并联的多电平变流器典型电路如图 2-17 所示。

在图 2-17(a)串联拓扑组合结构中，N 个基本功率单元级联，通过控制其 $4N$ 个开关管的工作状态，可以将直流电逆变为 $2N+1$ 个电平的交流电；当其中一个子模块始终工作在旁路状态下时，输出电平数就会减少 2 个，此时 $N-1$ 个模块仍可正常运行。在功率需求较大的情况下，一组串联组合拓扑结构无法满足功率需求，可采用并联组合拓扑结构来增加输出功率。从图 2-17(b) 中可以看出，若每个单元的输出电流相等，则总输出电流为每个单元电流的 N 倍。

从图 2-17 中还可以看出，基本功率单元的串联数量取决于输入电压等级，而由于级联式多电平变流器的各个模块可以独立进行四象限运行，因此，可对并联的基本功率单元进行组合，从而满足能源路由器输出端口形式与种类的定制化需求。

2. 基本功率单元的工作原理

1) 工作模式

通过对基本功率单元的不同串并联组合，可以产生出不同电平数、不同特性、不同结构形式的多种多电平变换电路，而任何一种多电平变换电路都是基于图 2-16 所示的基本功率单元工作原理而实现的。基本功率单元一共有三种工作状态，分别是投入、切除和闭锁，子模块为全桥结构时，根据子模块电流的方向和四个开关管的开关状态，对应 6 种工作模式，工作状态及工作模式对应情况如表 2-1 所示，即工作状态与工作模式对应情况如下。

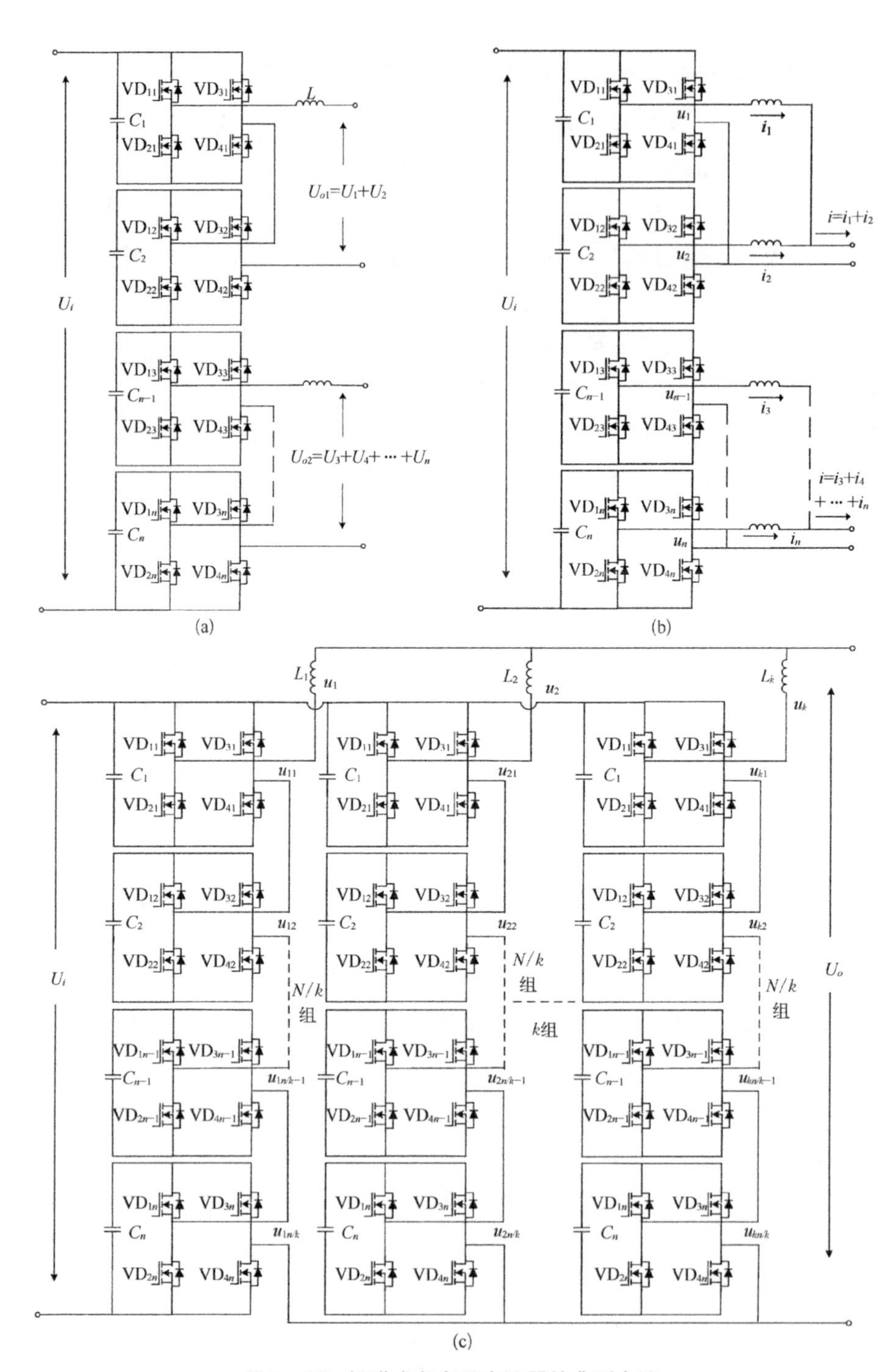

图 2-17　级联式多电平变流器的典型电路

(a) 串联组合拓扑；(b) 并联组合拓扑；(c) 串-并联组合拓扑

表 2-1　工作状态与工作模式对应表

闭锁状态	投入状态	切除状态
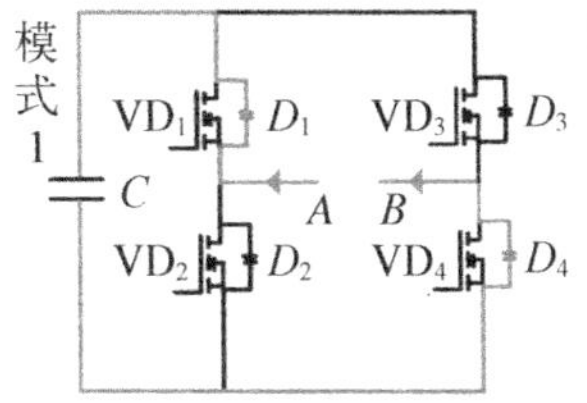 模式1 VD_1 D_1 VD_3 D_3 C A B VD_2 D_2 VD_4 D_4	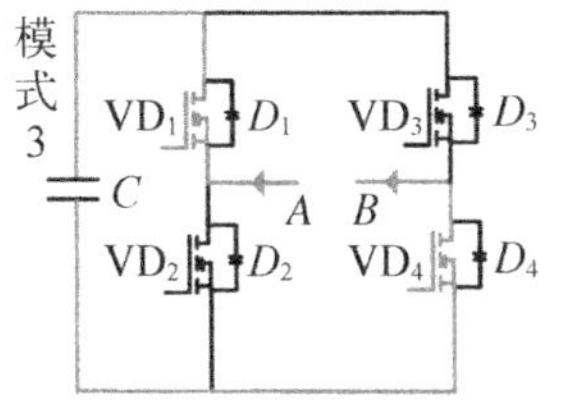 模式3 VD_1 D_1 VD_3 D_3 C A B VD_2 D_2 VD_4 D_4	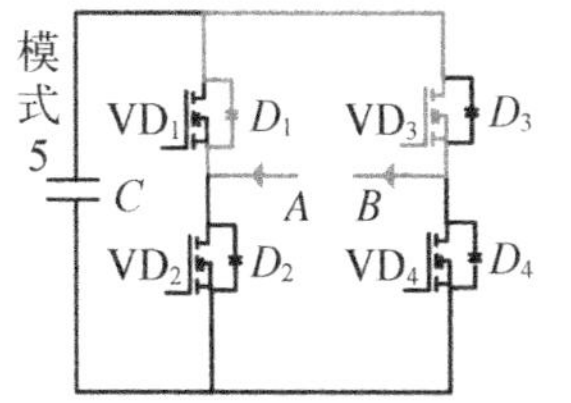 模式5 VD_1 D_1 VD_3 D_3 C A B VD_2 D_2 VD_4 D_4
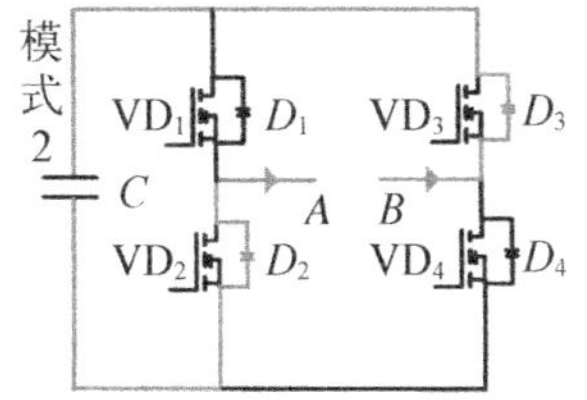 模式2 VD_1 D_1 VD_3 D_3 C A B VD_2 D_2 VD_4 D_4	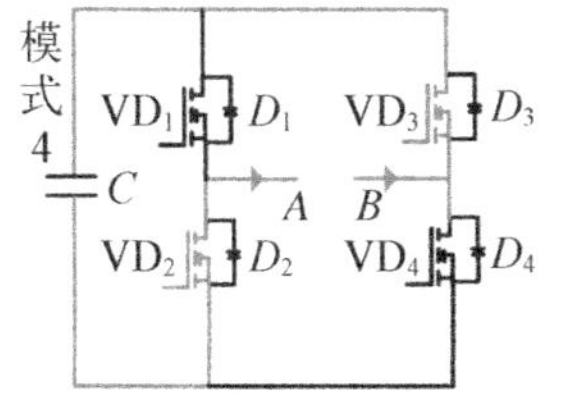 模式4 VD_1 D_1 VD_3 D_3 C A B VD_2 D_2 VD_4 D_4	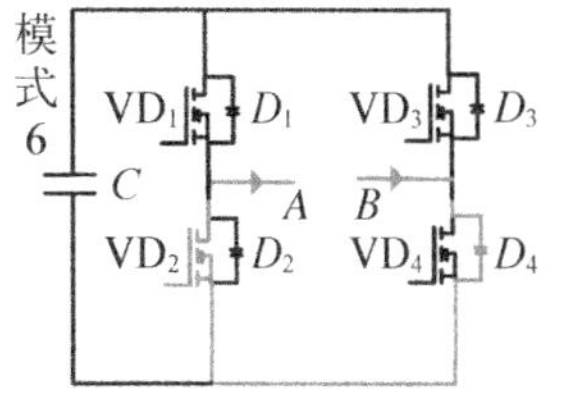 模式6 VD_1 D_1 VD_3 D_3 C A B VD_2 D_2 VD_4 D_4

(1) 闭锁状态：当为模式1时，VD_1、VD_2、VD_3以及VD_4都处于关断状态，电流从A流向B，D_1与D_4导通，电流经过D_1和D_4向电容器充电，电容电压不断增大；当为模式2时，VD_1、VD_2、VD_3以及VD_4都处于关断状态，电流从B流向A，D_2和D_3导通，电流经过D_2和D_3向电容器充电。

(2) 投入状态：当为模式3时，电路呈现正投入状态，VD_1和VD_4处于导通状态，VD_2以及VD_3处于截止状态，电流从A流向B，D_2和D_3承受反向电压而处于关断状态，电流经过VD_1和VD_4向电容器充电。当为模式4时，电路呈现负投入状态，VD_2和VD_3处于导通状态，VD_1以及VD_4处于截止状态，电流从B流向A，D_1和D_4承受反向电压而处于关断状态，电流经过VD_2和VD_3使电容器放电。

(3) 切除状态：当为模式5时，VD_3处于导通状态而VD_1、VD_2和VD_4处于截止状态，电流从A流向B，D_2承受反向电压而处于关断状态，电流经过VD_1将电容器旁路。当为模式6时，VD_2导通而VD_1、VD_3、VD_4关断，电流从B流向A，D_1承受反向电压处于关断状态，电流经过VD_2将电容器旁路。

基本功率单元运行方式具体情况如表2-2所示，正常运行时，闭锁状态不作为考虑重点，投入和切除两种工作状态时，同一侧桥臂开关管互补导通，不允许两个开关管同时导通，这样会造成贯穿短路。投入状态时，电路向电容充电，输出电压为电容电压，正投入状态电路呈现正电压，负投入状态电路呈现负电压,切除状态时,电路将电容旁路,输出电压为零。通过对子模块开关管的控制,控制子模块的工作状态及输出电压,最终实现对双向功率变换模块运行方式的控制。

表2-2 工作状态表

模式	1	2	3	4	5	6
状态	闭锁	闭锁	投入	投入	切除	切除
VD_1	×	×	√	×	×	×
VD_2	×	×	×	√	×	√
VD_3	×	×	×	√	√	×
VD_4	×	×	√	×	×	×
D_1	√	×	×	×	√	×
D_2	×	√	×	×	×	×
D_3	×	√	×	×	×	×
D_4	√	×	×	×	×	√
电流方向	A 到 B	B 到 A	A 到 B	B 到 A	A 到 B	B 到 A
USM	U_C	U_C	U_C	$-U_C$	0	0
说明	电容充电	电容充电	电容充电	电容放电	旁路	旁路

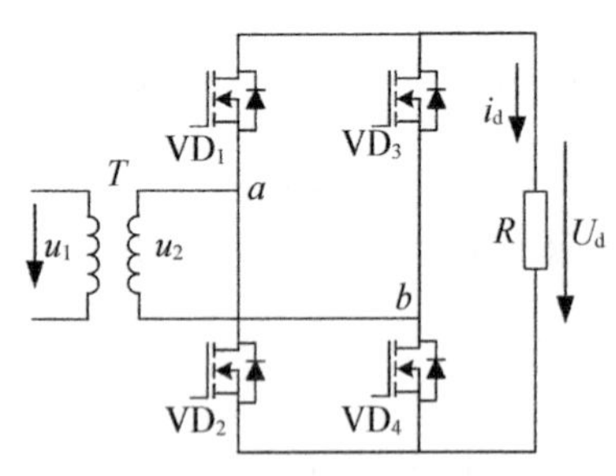

图2-18 基本功率单元整流原理

2)基本功率单元整流控制原理

如图2-18所示,在单相桥式全控整流电路中,开关管 VD_1 和 VD_4 组成一对桥臂,VD_2 和 VD_3 组成另一对桥臂。在 u_2 正半周(即 a 点电位高于 b 点电位),若4个开关管均不导通,负载电流 i_d 为零,U_d 也为零,VD_1、VD_4 串联承受电压 u_2,设 VD_1 和 VD_4 的漏电阻相等,则各承受 u_2 的1/2。若在触发角 α 处给 VD_1 和 VD_4 加触发电平,VD_1 和 VD_4 即导通,电流从电源 a 端经 VD_1、R、VT4 流回电源 b 端。当 u_2 过零时,流经开关管的电流也降到零,VD_1 和 VD_4 关断。

在 u_2 负半周,仍在触发角处触发 VD_2 和 VD_3,VD_2 和 VD_3 导通,电流从电源 b 端流出,经 VD_3、R、VD_2 流回电源 a 端。到 u_2 过零时,电流又降为零,VD_2 和 VD_3 关断。此后又是 VD_1 和 VD_4 导通,如此循环地工作下去,整流电压 U_d

如图 2－19 所示。功率管承受的最大正向电压和反向电压分别为 $\sqrt{2}U_d/2$ 和 $\sqrt{2}U_d$。

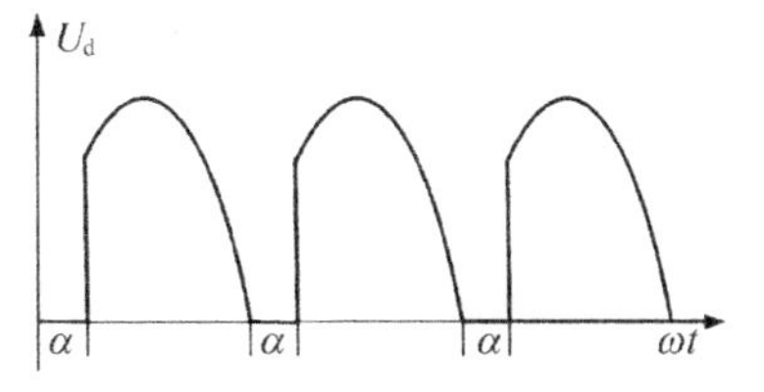

图 2－19　基本功率单元整流输出电压波形

由于在交流电源的正负半周都有整流输出电流流过负载，故称为全波整流。在 u_2 一个周期内，整流电压波形脉动 2 次，脉动次数多于半波整流电路，该电路属于双脉波整流电路。变压器二次绕组中，正负两个半周的电流方向相反且波形对称，平均值为零，即直流分量为零，不存在变压器直流磁化问题，变压器绕组的利用率也高。

整流电压平均值为

$$U_d = \frac{1}{\pi}\int_{\alpha}^{\pi}\sqrt{2}U_2\sin\omega t d(\omega t) = 0.9U_2\,\frac{1+\cos\alpha}{2} \tag{2-4}$$

$\alpha = 0°$ 时，$U_d = 0.9U_2$，$\alpha = 180°$ 时，$U_d = 0$。可见触发角的移相范围为 0°～180°。

向负载输出的直流电流平均值为

$$I_d = \frac{U_d}{R} = 0.9\,\frac{U_2}{R}\,\frac{1+\cos\alpha}{2} \tag{2-5}$$

开关管 VD_1、VD_4 和 VD_2、VD_3 轮流导通，流过开关管的电流平均值只有输出直流电流平均值的 1/2，即

$$I_{avg} = \frac{1}{2}I_d = 0.45\,\frac{U_2}{R}\,\frac{1+\cos\alpha}{2} \tag{2-6}$$

3）基本功率单元逆变控制原理

如图 2－20 所示，基本功率单元电路采用半桥式两电平基本单元并联组成，其中左侧电路半桥式两电平逆变器的输出电压为 U_A，右侧输出电压为 U_B，左右两端桥臂都采用正弦脉冲宽度调制（sinusoidal pulse width modulation，SPWM）方式控制，载波采用双极性三角波，左桥臂三角载波为 U_1，初相位 $\alpha_1 = 0°$，右桥臂三角载波为 U_2，初相位 $\alpha_2 = \alpha_1 + \pi$，左右桥臂都采用同一个正弦调制波 U_s 进行控制，这就使得左右桥臂输出电压 U_A、U_B 具有大小相等、相位相反的基波，将基波叠加就可以产生 SPWM 输出。

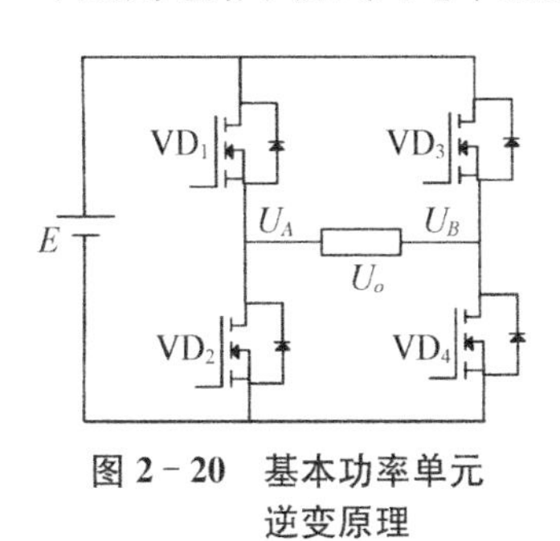

图 2－20　基本功率单元逆变原理

SPWM控制方式可以采用同步式,也可以采用非同步式。在用于非同步时,调制波各周期内的脉冲模式没有重复性,因而不能以调制波角频率为基准,而应以三角波角频率为基准,考察其边频带谐波分布情况,即采用双重傅里叶级数分析法。为了分析方便,将三角波用两个分段线性函数来表示,对于三角波 U_1,其数学表达式为

$$U_1=\begin{cases}-(\omega_c t+\alpha_1-2\pi k-2\pi)\dfrac{2U_c}{\pi}-U_c, \\ \qquad 2\pi k+\pi\leqslant\omega_c t\leqslant 2\pi k+2\pi \\ (\omega_c t+\alpha_1-2\pi k)\dfrac{2U_c}{\pi}-U_c, \\ \qquad 2\pi k\leqslant\omega_c t\leqslant 2\pi k+\pi\end{cases};k=0,\ 1,\ \cdots \tag{2-7}$$

正弦调制波的方程为

$$u_s=U_s\sin\omega_s t \tag{2-8}$$

令调制度 $M=(U_s/U_c)\leqslant 1$,载波比 $F=(\omega_c/\omega_s)\gg 1$,二阶 SPWM 的采样点在 $u_s=u_1$ 处。在采样点 a' 处有

$$U_s\sin\omega_s t=-(\omega_c t+\alpha_1-2\pi k-2\pi)\frac{2U_c}{\pi}-U_c \tag{2-9}$$

设 $X=\omega_c t$, $Y=\omega_s t$, 则可以求得

$$X=2\pi(k+1)-\alpha_1-\frac{\pi}{2}(1+M\sin Y) \tag{2-10}$$

在采样点 b' 处有

$$X=2\pi k-\alpha_1+\frac{\pi}{2}(1+M\sin Y) \tag{2-11}$$

直流电源为 E,则二阶 SPWM 波电压 U_A 的时间函数为

$$u_A(X,\ Y)=\begin{cases}E/2 & 2\pi(k+1)-\alpha_1-\dfrac{\pi}{2}(1+M\sin Y)\leqslant X \\ & \quad <2\pi k-\alpha_1+\dfrac{\pi}{2}(1+M\sin Y) \\ -E/2 & 2\pi k-\alpha_1+\dfrac{\pi}{2}(1+M\sin Y)\leqslant X \\ & \quad <2\pi(k+1)-\alpha_1-\dfrac{\pi}{2}(1+M\sin Y)\end{cases} \tag{2-12}$$

假定U_A的双重傅里叶级数表示式为

$$
\begin{aligned}
u_A(X,Y) = & \frac{A_{00}}{2} + \sum_{n=1}^{\infty}(A_{0n}\cos nX + B_{0n}\sin nY) \\
& + \sum_{m=1}^{\infty}(A_{0m}\cos mX + B_{m0}\sin mY) \\
& + \sum_{m=1}^{\infty}\sum_{n=\pm 1}^{\pm\infty}[A_{mn}\cos(mX+nY) + B_{mn}\sin(mX+nY)]
\end{aligned} \tag{2-13}
$$

$$
A_{mn} + \mathrm{j}B_{mn} = \frac{2}{(2\pi)^2}\int_{-\pi}^{\pi}\int_{-\pi}^{\pi} u_a(X,Y)\mathrm{e}^{\mathrm{j}(mX+nY)}\mathrm{d}X\mathrm{d}Y \tag{2-14}
$$

展开得

$$
\begin{aligned}
A_{mn} + \mathrm{j}B_{mn} = & -\frac{E}{(2\pi)^2}\int_{-\pi}^{\pi}\int_{2\pi(k-\frac{1}{2})+\alpha_1}^{2\pi(k+1)-\alpha_1-\frac{\pi}{2}(1+M\sin Y)} \mathrm{e}^{\mathrm{j}(mX+nY)}\mathrm{d}X\mathrm{d}Y \\
& + \frac{E}{(2\pi)^2}\int_{-\pi}^{\pi}\int_{2\pi(k+1)-\alpha_1-\frac{\pi}{2}(1+M\sin Y)}^{2\pi k-\alpha_1-\frac{\pi}{2}(1+M\sin Y)} \mathrm{e}^{\mathrm{j}(mX+nY)}\mathrm{d}X\mathrm{d}Y \\
& - \frac{E}{(2\pi)^2}\int_{-\pi}^{\pi}\int_{2\pi k-\alpha_1+\frac{\pi}{2}(1+M\sin Y)}^{2\pi\left(k+\frac{1}{2}\right)+\alpha_1} \mathrm{e}^{\mathrm{j}(mX+nY)}\mathrm{d}X\mathrm{d}Y \\
= & \frac{\mathrm{j}E}{m\pi^2}\int_{-\pi}^{\pi}\left[\mathrm{e}^{\left(\mathrm{j}\frac{m\pi}{2}+\frac{mM\pi}{2}\sin Y\right)} - \mathrm{e}^{\left(-\mathrm{j}\frac{m\pi}{2}+\frac{mM\pi}{2}\sin Y\right)}\right]\mathrm{e}^{-\mathrm{j}m\alpha_1}\mathrm{e}^{\mathrm{j}\frac{1}{Y}}\mathrm{d}Y
\end{aligned} \tag{2-15}
$$

由贝塞尔函数和$(-1)^n = \mathrm{e}^{\mathrm{j}n\pi}$，可得

$$
\begin{cases}
\dfrac{1}{2\pi}\displaystyle\int_{-\pi}^{\pi}\mathrm{e}^{\mathrm{j}\frac{mM\pi}{2}\sin Y}\mathrm{e}^{\mathrm{j}nY}\mathrm{d}Y = \mathrm{e}^{\mathrm{j}n\pi}J_n\left(\dfrac{mM\pi}{2}\right) \\
\dfrac{1}{2\pi}\displaystyle\int_{-\pi}^{\pi}\mathrm{e}^{-\mathrm{j}\frac{mM\pi}{2}\sin Y}\mathrm{e}^{\mathrm{j}nY}\mathrm{d}Y = J_n\left(\dfrac{mM\pi}{2}\right)
\end{cases} \tag{2-16}
$$

式中，J_n为n阶贝塞尔函数，它可以采用泰勒展开求得。将这两个结果代入式(2-15)得

$$
A_{mn} + \mathrm{j}B_{mn} = \frac{2E}{m\pi}J_n\left(\frac{mM\pi}{2}\right)\sin\left(\frac{m+n}{2}\pi\right)\mathrm{e}^{-\mathrm{j}m\alpha_1}\left(\cos\frac{n\pi}{2} + \mathrm{j}\sin\frac{n\pi}{2}\right) \tag{2-17}
$$

进一步推导并化简，最终可得到 u_A 的双重傅里叶级数的表达式：

$$u_A = M\frac{E}{2}\sin\omega_s t + \frac{2E}{\pi}\sum_{m=1,3,5,\cdots}^{\infty}\frac{J_0\left(\frac{mM\pi}{2}\right)}{m}\sin\frac{m\pi}{2}e^{-jm\alpha_1}\cos(mF\omega_s t)$$
$$+\frac{2E}{\pi}\sum_{m=1}^{\infty}\sum_{n=\pm1,\pm2,\cdots}^{\infty}\frac{J_0\left(\frac{mM\pi}{2}\right)}{m}\sin\left(\frac{m+n}{2}\pi\right)e^{-jm\alpha_1}$$
$$\cos\left[(mF+n)\omega_s t-\frac{n\pi}{2}\right] \tag{2-18}$$

SPWM 全桥右桥臂的三角波 U_2 的初相角 $\alpha_2=\alpha_1+180°$，其数学表达式为

$$U_2=\begin{cases}-(\omega_c t+\alpha_2-2\pi k-2\pi)\dfrac{2U_c}{\pi}-U_c, & 2\pi k+\pi\leqslant\omega_c t\leqslant 2\pi k+2\pi\\ \omega_c t+\alpha_2-2\pi k-U_c, & 2\pi k\leqslant\omega_c t\leqslant 2\pi k+\pi\end{cases} \tag{2-19}$$

与上面推导 u_A 的方法相同，可以得到 u_B 的双重傅里叶级数表达式：

$$u_B=-M\frac{E}{2}\sin\omega_s t+\frac{2E}{\pi}\sum_{m=1,3,5,\cdots}^{\infty}\frac{J_0\left(\frac{mM\pi}{2}\right)}{m}\sin\frac{m\pi}{2}e^{-jm\alpha_1}\cos(mF\omega_s t)$$
$$+\frac{2E}{\pi}\sum_{m=1}^{\infty}\sum_{n=\pm1,\pm2,\cdots}^{\infty}\frac{J_0\left(\frac{mM\pi}{2}\right)}{m}\sin\left(\frac{m-n}{2}\pi\right)e^{-jm\alpha_1}$$
$$\cos\left[(mF+n)\omega_s t-\frac{n\pi}{2}\right] \tag{2-20}$$

可得 SPWM 全桥的输出电压 u_o：

$$u_o=u_A-u_B=ME\sin\omega_s t+\frac{2E}{\pi}\sum_{m=1}^{\infty}\sum_{n=\pm1,\pm2,\cdots}^{\infty}\frac{J_n\left(\frac{mM\pi}{2}\right)}{m}$$
$$\left[\sin\left(\frac{m+n}{2}\pi\right)-\sin\left(\frac{m-n}{2}\pi\right)\right]e^{-jm\alpha_1}$$
$$\cos\left[(mF+n)\omega_s t-\frac{n\pi}{2}\right] \tag{2-21}$$

可以证明，对式(2-21)进行三角变换，可以将全桥电路的双极性三角波两电平 SPWM 调制方式变换成为全桥单极性三角波三电平 SPWM 调制方式。

3. 级联式模块化多电平变流器逆变控制

图 2-17(a)中所示的 N 个全桥模块串联叠加组成的多电平逆变器电路，可采用直接串联叠加方式获得 SPWM 的多电平输出，并消除输出电压中 $2NF\pm1$ 以下的低次谐波位低次载波谐波及其上下边频谐波。各全桥模块的三角载波的初相位 $\alpha'=2\alpha$(α' 是单极性三角载波的初相位角度，α 是双极性三角载波的初相位角度)应依次超前 $2\pi/N$ (相当于双极性三角载波依次超前 π/N)，若用单极性三角波作为载波，则第一个全桥模块的三角载波初相位 $\alpha_1'=0°$，第二个全桥模块的三角载波的初相位 $\alpha_2'=(2-1)\times2\pi/N$，第三个全桥模块的三角载波的初相位 $\alpha_3'=(3-1)\times2\pi/N$，第 N 个全桥模块的三角载波的初相位 $\alpha_N'=(N-1)\times2\pi/N$。所有的全桥基本模块用同一个调制波信号，输出最终叠加为 U_o。图 2-21 为 $N=2$ 时 SPWM 全桥逆变调制工作原理。

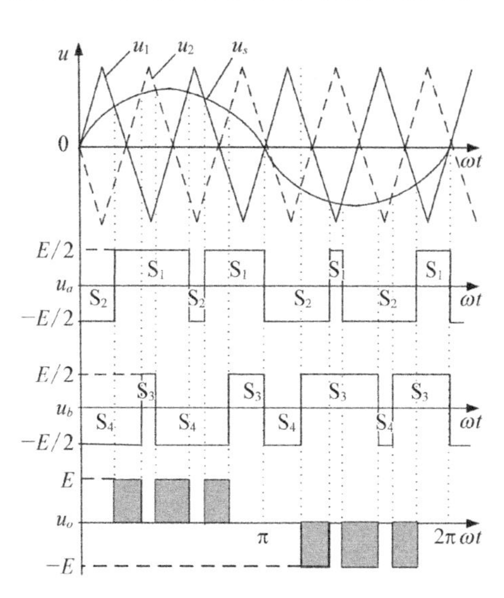

图 2-21　SPWM 全桥逆变调制工作原理

$$u_1=ME\sin\omega_s t+\frac{2E}{\pi}\sum_{m'=1}^{\pm\infty}\sum_{n=\pm1,\pm2,\cdots}^{\pm\infty}\frac{J_n\left(\frac{m'M\pi}{2}\right)}{m'}\cos m'\pi\mathrm{e}^{-\mathrm{j}m'_0}\times\sin(m'F+n)\omega_s t \tag{2-22}$$

$$u_2=ME\sin\omega_s t+\frac{2E}{\pi}\sum_{m'=1}^{\pm\infty}\sum_{n=\pm1,\pm2,\cdots}^{\pm\infty}\frac{J_n\left(\frac{m'M\pi}{2}\right)}{m'}\cos m'\pi\mathrm{e}^{-\mathrm{j}m'(2-1)\frac{2\pi}{N}}\times\sin(m'F+n)\omega_s t \tag{2-23}$$

$$u_N=ME\sin\omega_s t+\frac{2E}{\pi}\sum_{m'=1}^{\pm\infty}\sum_{n=\pm1,\pm2,\cdots}^{\pm\infty}\frac{J_n\left(\frac{m'M\pi}{2}\right)}{m'}\cos m'\pi\mathrm{e}^{-\mathrm{j}m'(N-1)\frac{2\pi}{N}}\times\sin(m'F+n)\omega_s t \tag{2-24}$$

由于 $u_1 \sim u_N$ 具有相同的基波电压，同时对于 $e^{-jm'_0} + e^{-jm'_0(2-1)\frac{2\pi}{N}} + \cdots + e^{-jm'_0(N-1)\frac{2\pi}{N}}$ 而言，当 m' 为 kN 时，结果等于 N；当 m' 不等于 kN 时，结果为零，所以输出电压 u_o 等于：

$$u_o = NME\sin\omega_s t + \frac{2E}{\pi}\sum_{m'=N,\,2N,\,\cdots}^{\pm\infty}\sum_{n=\pm1,\,\pm2,\,\cdots}^{\pm\infty}\frac{J_n(m'M\pi)}{m'}\cos m'\pi\times\sin[(m'F+n)\omega_s t] \tag{2-25}$$

从式(2-25)可知，N 个全桥模块串联叠加可以消除 $2NF\pm1$ 次以下的低次谐波、$m'=N$ 次以下的载波谐波及其上下边频谐波，同时，基波输出电压的幅值增大 N 倍。如图 2-17(c)所示的串-并联级联结构集合了串联与并联的优点，可以增大输出电压与输出功率，同时并消除输出电压中 $2NF\pm1$ 次以下的低次谐波、低次载波谐波及其上下边频谐波。虽然 $u_1 \sim u_k$ 的基波电压相同，但瞬时值不同，因此需要平衡电抗器进行并联。

由节点电压法可知：

$$\left(\frac{1}{X_{L1}}+\frac{1}{X_{L2}}+\frac{1}{X_{L3}}+\cdots+\frac{1}{X_{LN}}\right)u_o = \frac{u_1}{X_{L1}}+\frac{u_2}{X_{L2}}+\frac{u_3}{X_{L3}}+\cdots+\frac{u_N}{X_{LN}} \tag{2-26}$$

$$u_o = \left(\frac{u_1}{X_{L1}}+\frac{u_2}{X_{L2}}+\frac{u_3}{X_{L3}}+\cdots+\frac{u_N}{X_{LN}}\right)\Big/\left(\frac{1}{X_{L1}}+\frac{1}{X_{L2}}+\frac{1}{X_{L3}}+\cdots+\frac{1}{X_{LN}}\right) \tag{2-27}$$

选取 $X_{L1}=X_{L2}=X_{L3}=\cdots=X_{LN}$，则

$$u_o = \frac{(u_1+u_2+u_3+\cdots+u_k)/X}{k/X} = \frac{u_1+u_2+u_3+\cdots+u_k}{k} = \frac{u_{11}+u_{12}+u_{13}+\cdots+u_{kN}}{k} \tag{2-28}$$

$$u_o = \frac{N}{k}ME\sin\omega_s t + \frac{2NE}{\pi}\sum_{m'=N,\,2N,\,\cdots}^{\pm\infty}\sum_{n=\pm1,\,\pm2,\,\cdots}^{\pm\infty}\frac{J_n(m'M\pi)}{m'}\cos m'\pi\times\sin[(m'F+n)\omega_s t] \tag{2-29}$$

根据式(2－29),N 个全桥基本模块的串-并联结构可以增大输出电流与输出电压,可以消除输出电压中 $2NF \pm 1$ 次以下的低次谐波,可以消除 $m' = N$ 次以下的载波谐波及其上下边频谐波,可以使输出电压增大 N/k 倍,输出电流增大 k 倍。

4. 级联式模块化多电平变流器整流原理

如图 2－22 所示的功率变换电路组合拓扑具有中压直流(medium voltage DC, MVDC)、低压直流(low voltage DC, LVDC)和中/高压交流(medium/high voltage AC, MVAC/HVAC)三个端口,包含多组 IGBT/MOSFET 开关组、辅助电感 L 以及高频变压器。基本功率单元采用级联结构,输入侧可以有效支撑直流电压,并联的输出侧有利于实现大功率低压配电网的接入。

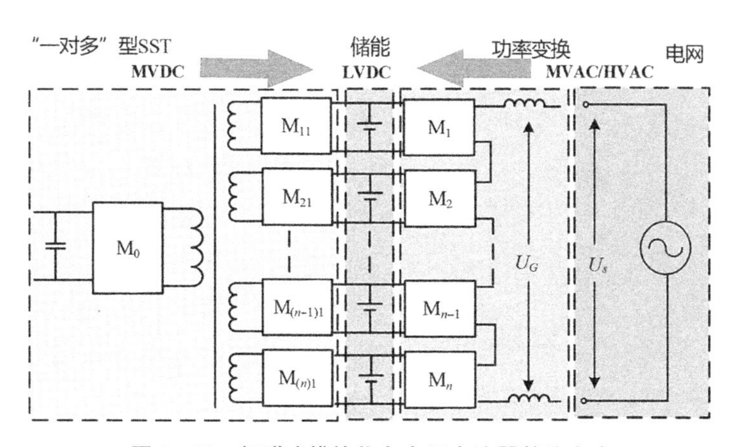

图 2－22　级联式模块化多电平变流器整流方式

"一对多"型 SST 将一路中压直流输入变为多路低压直流输出,SST 副边 M_{11}、M_{21}、…、$M_{(n)1}$ 可以采取不同的控制策略进行控制,对各自相连的储能侧端口进行充电。由于 M_{11}、M_{21}、…、$M_{(n)1}$ 各模块独立控制,因此,当功率从 MVDC 经 LVDC 流向 MVAC/HVAC 时易实现电容电压的均压控制。

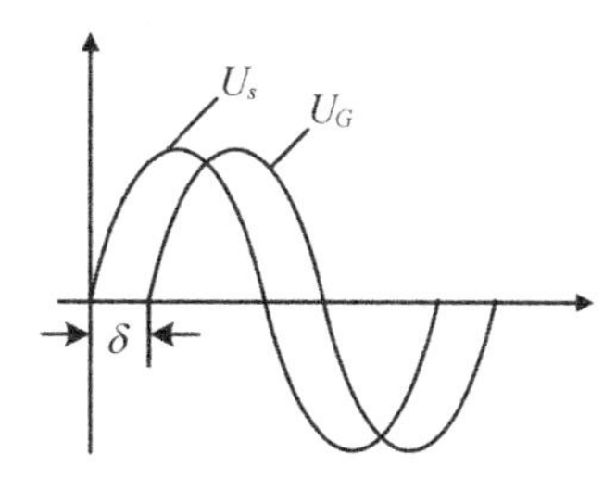

图 2－23　整流状态下功率变换电路电压与电网电压的关系

图 2－23 描述了从交流侧向储能侧整流充电的功率控制,其中 U_G 为功率变换电路侧的输出电压,U_s 为电网侧的输出电压,当 $\delta > 0$ 时,电网侧作为电源向储能充电,充电功率 P 为

$$P=\frac{U_G U_s}{X_L}\sin\delta \tag{2-30}$$

显然，式(2-30)中的U_s与X_L是常数，控制功率变换电路侧U_G和相角，即可实现网侧端口对级联式功率模块化变流器的恒功率充电。

5. 多电平变流器电容电压平衡策略

目前常用的MMC调制方法可以划分为两大类：脉宽调制技术和阶梯波调制技术。当电平数较低时，采用PWM技术能够明显改善低电平换流器的输出特性，但随着电平数的增加，过于复杂的控制系统及由高频调制方式导致的过大的损耗使该种技术不再适用。最近电平控制技术作为阶梯波调制技术的一种，其原理为使用最接近的电压电平瞬时逼近调制波。最近电平控制(nearest level cantrd, NLC)实现简单，当电平数足够高时，能够在较低开关频率下跟踪调制电压，尤其适合于大功率应用场合，其具有开关频率低、损耗小的优点。NLC调制技术原理如图2-24所示，随着正弦调制波升高，下桥臂投入的子模块逐步增加，而上桥臂将投入的子模块相应减少，使相单元的输出电压随着正弦调制波而变化。

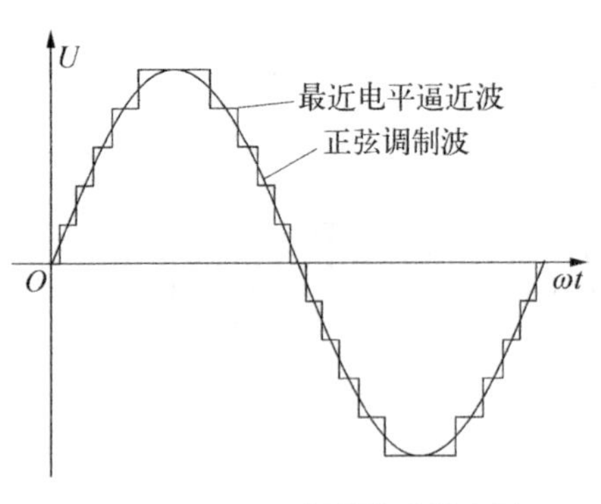

图2-24 NLC调制技术原理图

1) 基于冒泡原理的电压均衡控制

对于级联结构的MMC，如何保证各子模块悬浮电容器的电压均衡是MMC控制系统设计需要考虑的主要问题之一。当MMC应用于高压领域时，需采用较低开关频率的NLC，而适用于该调制技术的电压均衡控制大多需要对电容电压排序。排序运算占用了大量控制系统的计算资源，加重了控制器的负担。有一些研究对传统的电压均衡控制方法进行了改进，通过分别对投入和退出状态的子模块排序来完成最值寻找，并根据电流方向及投入电平数变化来改变最值电容器的运行状态，维持桥臂整体的电压均衡。该类方法虽然将电压排序限定在了两个分块内，相比算法对桥臂内所有子模块排序在一定程度上降低了计算量，但减小的幅度有限。

对于投入子模块数变化量为n_{diff}的控制，其需要改变运行状态的对象是最值子模块，因此只需计算得出投入或者退出子模块中n_{diff}个最值子模块即可。

如果采用冒泡比较，n_{diff}次运算就可达到要求，相比于全排序，这极大地减小了运算量。对于采用最近电平控制的 MMC 系统，为了降低系统谐波含量，需要提高控制器的控制频率，使 MMC 中的各子模块得到充分利用。此时投入电平将以较小的幅度变化。如果每个控制周期内对投入状态和退出状态的子模块分别冒泡寻找最值，则仅需较少次运算即可完成。在此利用冒泡原理的基础上设计了一种无须对电容电压进行全排序的快速均衡控制策略。该策略实现过程如图 2-25 所示。各种工况下提出电压均衡控制的具体方法详述如下。

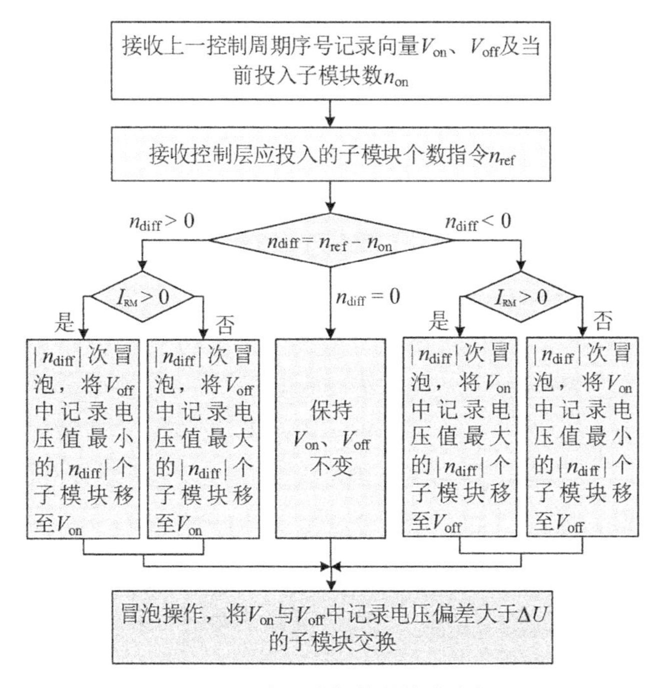

图 2-25 电压均衡控制策略流程图

(1) 创建子模块序号记录向量 V_{on}及 V_{off}，分别记录投入子模块序号及退出子模块序号，设定投入与退出子模块间允许最大电压偏差 ΔU。对序号记录向量 V_{on}及 V_{off}进行保存，前一控制周期 V_{on}及 V_{off}的最后计算值将作为下一周期 V_{on}及 V_{off}计算的初始值。

(2) 定义冒泡规则如下：当桥臂电流大于零时，对 V_{on}记录的子模块序号按电容电压从尾部开始进行降序冒泡，即将投入状态电压值最大的子模块序号移至 V_{on}的头部；对 V_{off}记录的子模块按电容电压从尾部开始进行升序冒泡，即将退出状态电压值最小的子模块序号移至 V_{off}的头部。当桥臂电流小于零时，对

V_{on}记录的子模块按电容电压从尾部开始进行升序冒泡，即将投入状态电压值最小的子模块序号移至V_{on}的头部；对V_{off}记录的子模块按电容电压从尾部开始进行降序冒泡，即将退出状态电压值最大的子模块序号移至V_{off}的头部。

(3) 接收上一控制周期计算得到的序号记录向量V_{on}、V_{off}及当前投入子模块数n_{on}。

(4) 由电平调制策略计算需要投入子模块数n_{ref}，则投入子模块数变化量$n_{diff}=n_{ref}-n_{on}$。当n_{diff}等于0，即投入电平数不变时保持现有的V_{on}及V_{off}不变。当n_{diff}不等于0时，对投入和退出子模块组进行$|n_{diff}|$次冒泡运算（$|\ |$为绝对值运算符）。当n_{diff}小于0时，即退出部分已投入的子模块，将冒泡运算后V_{on}中记录的前n_{diff}个子模块序号逆序移至V_{off}的尾部，V_{on}中记录元素依次上移。当n_{diff}大于0时，即要投入更多的子模块，将V_{off}中记录的前n_{diff}个子模块序号逆序移至V_{on}的尾部，V_{off}中记录元素依次上移。当$n_{diff}>0$时的调整示意图如图2-26所示，其中i'表示V_{on}中位置i存储的子模块序号；相应的i''表示V_{off}中位置i存储的子模块序号。由步骤(2)可知，无论桥臂电流大于0或者小于0，冒泡操作均是将需要改变状态的子模块移至序号记录向量的前列，因此投入子模块数调整时无须再次对桥臂电流进行讨论。

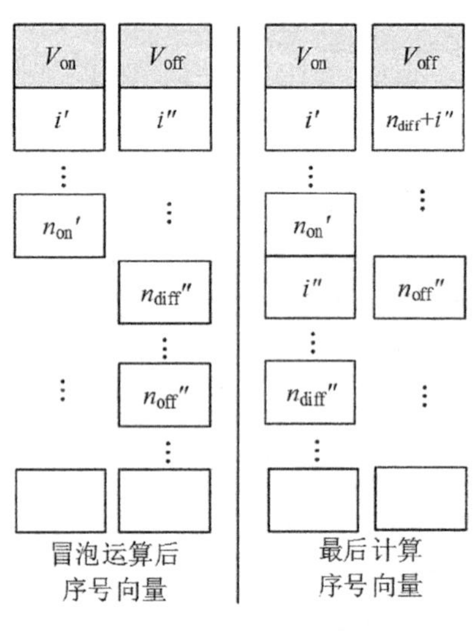

图2-26 投入子模块数变化时的均衡控制示意图

(5) 电压偏差控制。为了保持投入子模块组与退出子模块组电容电压的相对一致，维持整体电压稳定性，需要对两者之间的最大电压偏差进行控制。

当桥臂电流大于零，首先进行一次冒泡运算，若$V_{on}(1)$对应的投入状态子模块组最大电容电压值大于$V_{off}(1)$对应的退出状态子模块组最小电压值与ΔU的和，则表示组间电压偏差过大，继续冒泡、比较。直到投入状态子模块组中元素$V_{on}(m+1)$对应的电容电压小于退出状态子模块组中元素$V_{off}(m+1)$对应的电容电压与ΔU的和。将V_{on}的前m个元素逆序存入V_{off}的尾部，将V_{off}中的前m个元素逆序存入V_{on}的尾部，将V_{on}及V_{off}中其他元素依次上移m次。当电流大于0时，电压偏差调整示意图如图2-27所示。

当桥臂电流小于零,首先进行一次冒泡运算,若 $V_{on}(1)$ 对应的投入状态子模块组最小电容电压值与 ΔU 的和小于 $V_{off}(1)$ 对应的退出状态子模块组最大电容电压值,则表示组间电压偏差过大,继续冒泡、比较。直到投入状态子模块组中元素 $V_{on}(m+1)$ 对应的电容电压与 ΔU 的和大于退出状态子模块组中元素 $V_{off}(m+1)$ 对应的电容电压与 ΔU 的和。将 V_{on} 的前 m 个元素逆序存入 V_{off} 的尾部,将 V_{off} 中的前 m 个元素逆序存入 V_{on} 的尾部,将 V_{on} 及 V_{off} 中的元素依次上移 m 次。

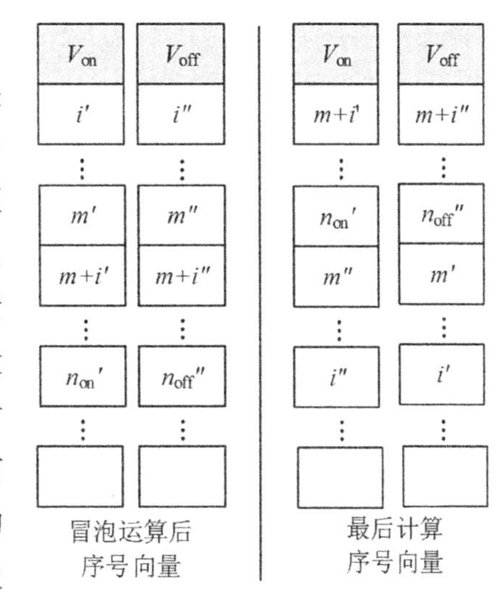

图 2-27　电压偏差控制示意图

(6) V_{on} 中记录序号的子模块设置为投入状态;V_{off} 中记录序号的子模块设置为退出状态。保存本控制周期的 V_{on}、V_{off} 及 n_{ref},为下一控制周期使用。

所提出的电压均衡控制策略对上一步投入和退出子模块序号进行了保存,每一步电压偏差控制都会额外进行一次冒泡,使保存的子模块序号趋于有序化。同时通过保证基本次数的冒泡运算保证了算法的有效性。投入子模块与退出子模块间交换能够保证不同状态的子模块间电容电压在可控的范围内,同时电压偏差参数控制能够减小因微小的电压差值而造成的开关的频繁动作。

2) 基于平均值比较的电压均衡控制

(1) 电压均衡控制初始化。

假设当前周期内需要的投入子模块个数为 n_{on},并将前一周期桥臂需要的投入子模块个数 n_{on_pre} 进行保存,完成电压均衡控制策略的初始化。首先对 n_{on} 的大小进行判断,若 $n_{on}=0$,则退出桥臂中的所有子模块;若 $n_{on}=N$,则投入该桥臂的所有子模块,本次均衡控制结束;若 $0<n_{on}<N$,则需进一步分析。设定的电容电压越界最大偏差为 ΔU_{c_max},计算桥臂内所有子模块的电容电压平均值 U_{c_avg},对桥臂中所有子模块的电容电压与其平均值 U_{c_avg} 求差,若任一差值的绝对值大于 ΔU_{c_max},则将越界标志 F 置为 1,否则将 F 置为 0。若 $n_{on}\neq n_{on\_pre}$ 或者 $F=1$,则根据平均值比较原理重新计算触发脉冲,否则保持原有触发脉冲不变。该过程如图 2-28 所示。

该初始化方法通过对 n_{on} 与 n_{on_pre} 的比较,可以在投入模块数相同的情况下保持开关的原有状态,减小开关器件的动作频率。当子模块的电容电压间的差

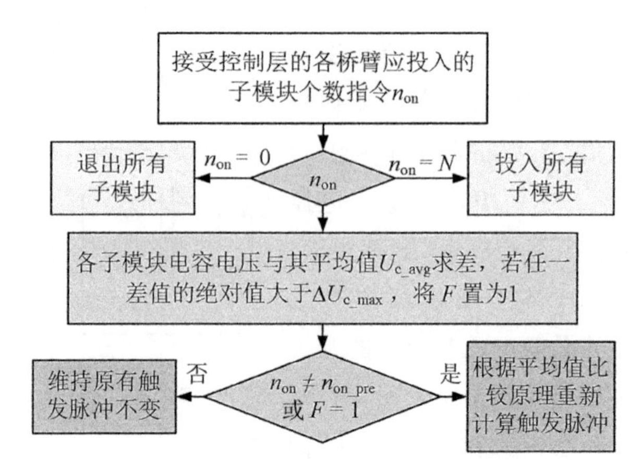

图 2-28　电压均衡控制初始化

值超过门槛 ΔU_{c_max}时，由均衡控制策略重新计算触发脉冲，可以缩小子模块之间电容电压的差值，保持电容电压的相对一致。

(2) 平均值比较均衡控制策略。

桥臂内电容电压在其平均值上下波动，电容电压的平均值反映了桥臂内电容电压变化的一般规律。以电容电压的平均值作为基准值，当桥臂处于充电状态时，电容电压低于基准值的子模块优先投入；当桥臂处于放电状态时，电容电压高于基准值的子模块优先投入，该算法实现过程如图 2-29 所示。

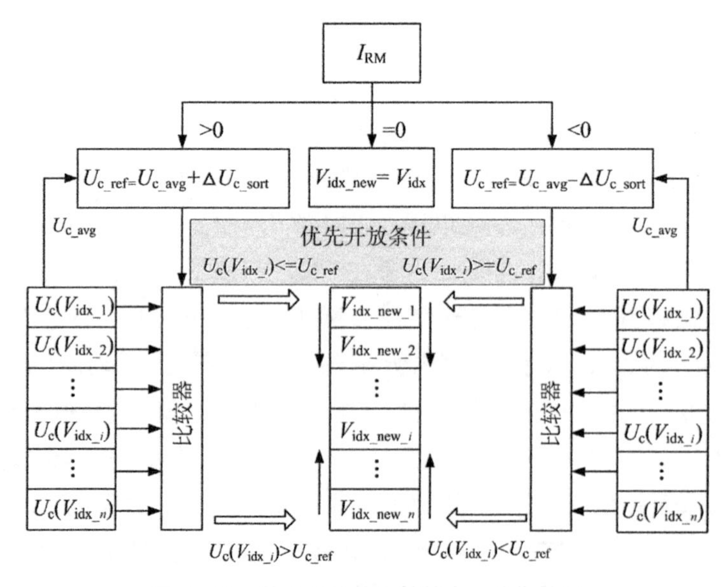

图 2-29　基于平均值比较的电压均衡控制

① 创建子模块序号记录向量 V_{idx}，初始化向量中的第 i 个元素 $V_{idx\_i}=i$；并设定序号排序允许电压偏差 ΔU_{c_sort}。

② 当桥臂电流大于零，桥臂处于充电状态时，电容电压的基准值为

$$U_{c\_ref}=U_{c\_avg}+\Delta U_{c\_sort} \tag{2-31}$$

将 V_{idx} 记录序号的子模块电容电压与该基准值进行比较，若电容电压小于 U_{c_ref}，即满足充电状态下的优先开放条件；将该序号依次由前向后存入新的序号记录向量 V_{idx_new} 中，若电容电压大于 U_{c_ref}，则将该编号依次由后向前存入 V_{idx_new}，直到整个序号向量重排完成。

③ 当桥臂电流小于零，处于放电状态时，电容电压的基准值为

$$U_{c\_ref}=U_{c\_avg}-\Delta U_{c\_sort} \tag{2-32}$$

将 V_{idx} 记录序号的子模块电容电压与该基准值进行比较，若电容电压大于 U_{c_ref}，即满足放电状态下的优先开放条件，将其序号依次由前向后存入 V_{idx_new}，若电容电压小于 U_{c_ref}，则将该编号依次由后向前存入 V_{idx_new}，直到整个序号向量重排完成。

④ 当桥臂电流等于零时，保持原有序号向量不变，即 $V_{idx\_new}=V_{idx}$。

⑤ 在下一周期将 V_{idx_new} 中记录的前 n_{on} 个子模块投入运行。

图 2-30 为以 9 电平为例说明序号向量使用的示意图，V_{idx} 的初始值设置为 1∶8，在第 n 次计算周期内 V_{idx} 的值假设为[4, 5, 1, 3, 6, 2, 8, 7]，子模块 1 和子模块 2 不满足优先开放条件，则第 $n+1$ 次计算周期内 V_{idx} 的值为[4, 5, 3, 6, 8, 7, 2, 1]。图中虚框中为导通子模块序号。

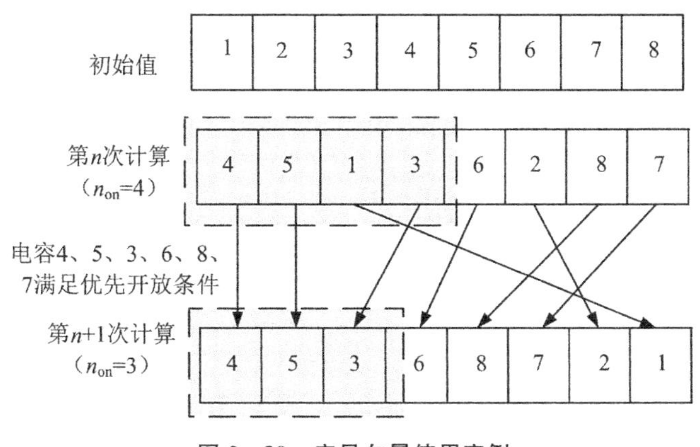

图 2-30　序号向量使用实例

算法的计算量包括两方面：比较运算及换位运算。由于换位运算具有不可预测性，因此一般采用比较运算量作为算法效率的衡量指标。采用本节提出的电压均衡控制算法，当触发脉冲需要重新计算时计算量达到最大值。对于桥臂含有 N 个子模块的 MMC 系统，本节提出的电压均衡控制算法比较计算量为 $2N$ 次，其中 N 次比较计算以确定 F 的状态，另外 N 次的比较运算是为了确定各模块的桥臂电流是否满足优先条件。而基于冒泡原理的电压均衡控制需要的比较运算次数为 $N(N-1)/2$ 次。因此，本节提出的电压均衡控制策略的计算量相比于传统基于排序的均衡控制算法计算量极小。

基于平均值比较的电压均衡控制策略能够保证其投入子模块优先从已投入的子模块中选取，使开关尽量保持原有的状态，通过 $\Delta U_{\mathrm{c\_sort}}$ 设置减小因电压微小变动而导致的开关频繁动作。基于平均值比较的电压均衡控制策略仅需两种主要运算：求取电压平均值、电压值的比较。计算量远远小于基于电压排序的控制策略，能够显著提高系统的动态响应速度。

图 2-31 为对 MMC 桥臂电容电压及触发脉冲仿真计算结果。由图 2-31 可知，采用基于平均值比较的电压均衡控制策略能够实现电容电压的均衡控制，电容电压的一致性较好。图 2-32 为模拟子模块故障情况下，故障桥臂电容电压及故障子模块触发脉冲仿真结果图。0.5 s 时故障桥臂内某个子模块上部 IGBT 发生闭锁，不能正常地触发开通状态，桥臂内故障子模块的电容电压与正常子模块的电容电压发生分离。0.55 s 故障恢复后，故障子模块与正常子模块的电容电压差值逐渐减小，直至恢复正常状态。由此可知，对于子模块故障此类

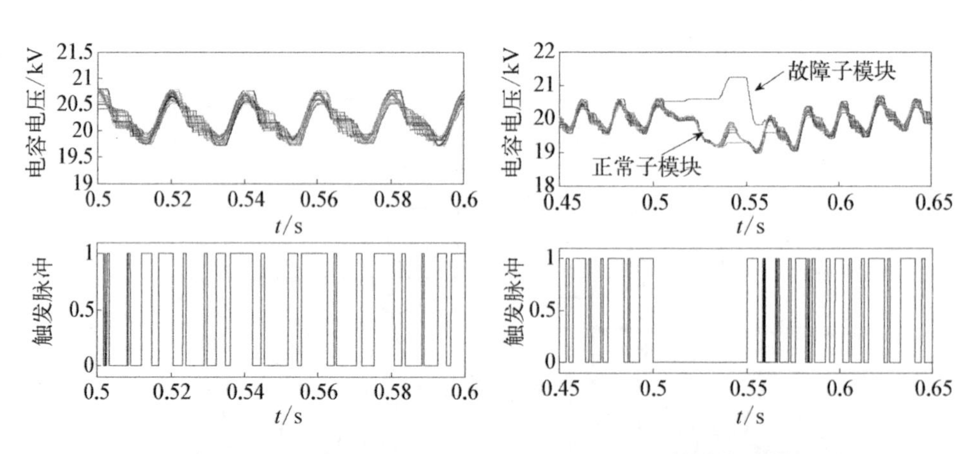

图 2-31 基于平均值比较的 MMC 直流电压控制仿真结果

图 2-32 子模块故障情况下的 MMC 直流电压控制仿真结果

动态情况，基于平均值比较的电压均衡控制策略也适用。

2.2.4　固态变压器

1. 固态变压器的原理及组成

固态变压器(SST)结合了高频变压器与电力电子技术，是一种电力系统柔性装置，同时也是一种电能变换装置。固态变压器因为控制灵活，兼备电气隔离、电压变换、无功补偿的功能，在能源互联网应用中受到了广大学者的青睐。从结构形式来分，固态变压器主要包括两级式固态变压器结构与三级式固态变压器结构。其中，两级式固态变压器结构即 AC/AC 型固态变压器，如图 2 - 33 所示。

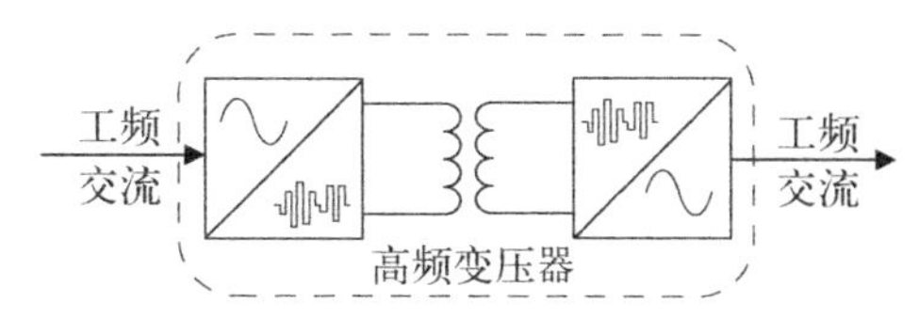

图 2 - 33　AC/AC 型固态变压器拓扑结构

两级式固态变压器结构的优点在于高频变压器的引入，使得两级式固态变压器在保证容量的同时，具备了比传统电力变压器更小的体积。但两级式固态变压器结构不含中间直流环节，不能灵活接入分布式直流电源与直流负荷。随着电池储能装置与直流负荷的大范围应用，有学者在两级式固态变压器结构的基础上增加了中间直流环节，形成三级式固态变压器结构，其原理图如图 2 - 34 所示。

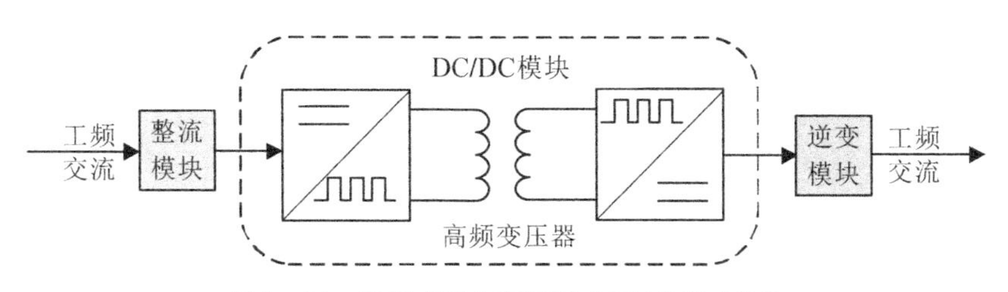

图 2 - 34　三级式固态变压器 AC/AC 拓扑结构

三级式固态变压器(AC - DC - AC 型 SST)的工作原理为通过整流环节将工频正弦交流电变换成直流电，然后通过 H 桥将整流后的直流电变换成高频方波交流电并输入高频变压器一次侧，经电磁感应原理耦合到二次侧输出，通过输出侧 H 桥作用，将高频方波交流电变换为直流电输入逆变环节，最后经逆变环节将输入的直流电还原成工频正弦交流电。因此，与两级式固态变压器结构相比，三级式固态变压器结构复杂，接口更加灵活，具备分布式直流电源接口和直流负荷接口，更能满足能源路由器即插即用的功能要求，也符合能源互联网的发展。

2. 含高频变压器的DC/DC模块控制策略

三级式固态变压器中的能量流向变换与电压、电流变换主要通过中间级的DC环节实现，其电路拓扑结构如图2-35所示，其拓扑结构由两个对称全桥结构以及一个高频变压器组成，输入电压u_i经过VD_{11}、VD_{21}、VD_{31}、VD_{41}四个开关管组成的全桥电路逆变为高频交流电压，经过高频变压器耦合至副边，变压器副边的全桥将高频交流电压整流成为直流电压u_o。原边全桥中开关管VD_{11}与VD_{41}共用驱动信号；开关管VD_{21}与VD_{31}共用驱动信号；桥臂上下管互补导通，占空比为0.5。高频变压器副边全桥各个开关管导通逻辑与原边全桥相同。

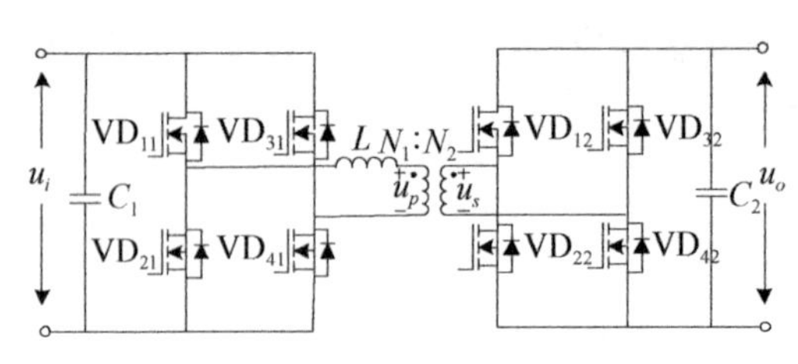

图2-35 含高频变压器的DC/DC模块结构

通过控制VD_{11}与VD_{12}的驱动信号相位差φ来控制输出电压与传输的能量大小和方向。当VD_{11}的驱动信号超前VD_{12}，即$\varphi>0$时，能量由变压器原边向副边传输，φ越大，则传输的能量越大。当VD_{11}的驱动信号滞后VD_{12}，即$\varphi<0$时，能量由变压器副边向原边传输。此拓扑结构可以实现每个开关管的零电压开通，可广泛应用于大功率传输的场合。

图2-36为SST的四种工作状态，图2-37为SST控制和输出波形。当电路工作在状态1时，VD_{11}、VD_{41}与VD_{12}、VD_{42}处于导通状态，VD_{21}、VD_{31}与VD_{22}、VD_{32}处于截止状态，输出电压为正电压，电路输出正向功率；当电路工作在状态2时，VD_{11}、VD_{41}与VD_{22}、VD_{32}处于导通状态，VD_{21}、VD_{31}与VD_{12}、VD_{42}处于截止状态，输出电压为负电压，电路输出正向功率；当电路工作在状态3时，VD_{21}、VD_{31}与VD_{12}、VD_{42}处于导通状态，VD_{11}、VD_{41}与VD_{22}、VD_{32}处于截止状态，输出电压为正电压，电路输出反向功率；当电路工作在状态4时，VD_{21}、VD_{31}与VD_{22}、VD_{32}处于导通状态，VD_{11}、VD_{41}与VD_{12}、VD_{42}处于截止状态，输出电压为负电压，电路输出反向功率。

当电路工作在$[T_0,\ T_1]$时刻时，电路处于状态1，此时电感电流为

$$\dot{u}_s=\dot{u}_L+\dot{u}_i i_L(T)=i_L(T_0)+\frac{u_i-ku_o}{L}(T-T_0) \tag{2-33}$$

式中，$k=N_2/N_1$为变压器变比。

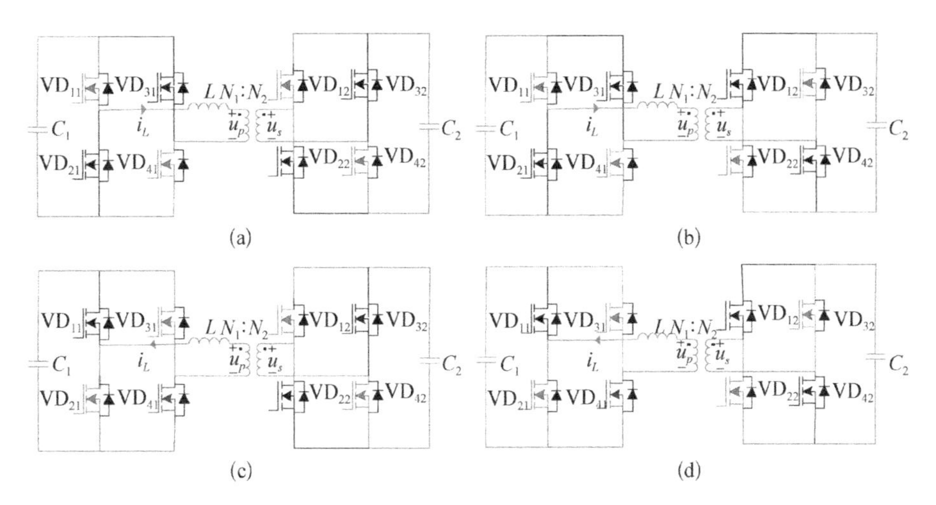

图 2-36　SST 的四种运行状态

(a) 状态 1;(b) 状态 2;(c) 状态 3;(d) 状态 4

当电路工作在[T_1, T_2]时刻时，变压器原边处于换流状态，在此时刻，VD_{11}、VD_{21}、VD_{31}、VD_{41}均处于截止状态，原边电流 i_L 仍在原电流方向流动，且电流大小略有下降。当电路工作在[T_2, T_3]时刻时，i_L 电流先是由 VD_{21} 与 VD_{31} 两个开关管所并联的二极管进行续流，当电流达到 0 时，电路切换到状态 3，实现开关管 VD_{21} 与 VD_{31} 的零电压开通，该阶段的电流表达式为

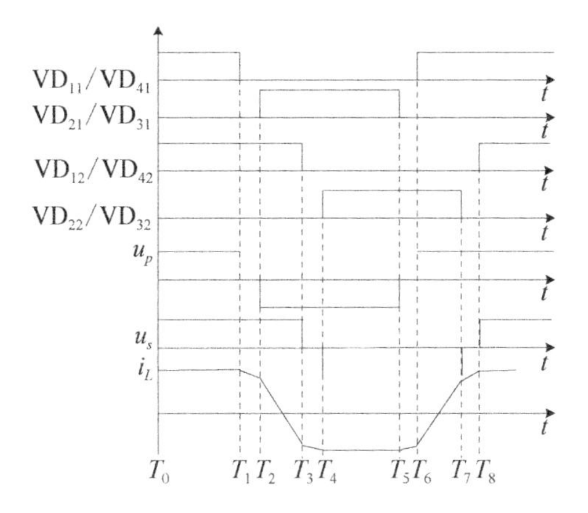

图 2-37　SST 控制和输出波形

$$i_L(T)=i_L(T_2)-\frac{u_i+ku_o}{L}(T-T_2) \tag{2-34}$$

当电路工作在[T_3, T_4]时刻时，变压器副边处于换流状态，VD_{12}、VD_{22}、VD_{32}、VD_{42}均处于截止状态。副边电流仍保持原电流方向流动，且电流大小略有下降。当电路工作在[T_4, T_5]时刻时，电路进入状态 4，此时 VD_{22}、VD_{32}开通，则原边电流 i_L 的表达式为

$$i_L(T)=i_L(T_4)-\frac{u_i-ku_o}{L}(T-T_4) \tag{2-35}$$

当电路工作在[T_5，T_6]时刻时，变压器原边处于换流状态，原边电流 i_L 仍在原电流方向流动，电流经过 VD_{21} 与 VD_{31} 并联二极管续流，且电流大小略有增加。当电路工作在[T_6，T_7]时刻时，i_L 电流先是由 VD_{11} 与 VD_{41} 两个开关管所并联的二极管进行续流，当电流达到 0 时，切换至状态 2，实现 VD_{11} 与 VD_{41} 的零电压开通，其电感电流的表达式为

$$i_L(T)=i_L(T_6)+\frac{u_i+ku_o}{L}(T-T_6) \tag{2-36}$$

当电路工作在[T_7，T_8]时刻时，变压器副边处于换流状态，副边电流经过 VD_{22} 与 VD_{32} 并联二极管续流，原边电流 i_L 略有增加。在 T_8 时刻之后电路回到了与 T_0 时刻相同的状态，SST 的一个工作周期可分为两个电路工作状态对称的半周期，两个半周期内的电感电流正负对称。

3. 高频变压器铁心材料与特性

铁心是电机、变压器的重要部件，其样式与材料会对高频变压器的性能产生重要的影响。

SST 结构中，中间级以高频变压器作为连接，其主要功能包括变压器电路绝缘隔离、磁能转换和电压变换。变压器的基本结构主要包括铁心和线圈两部分。铁心的选择主要包括样式及材料的选择。铁心按照样式一般可分为心式铁心、壳式铁心和环形铁心，其样式对应的特性如表 2-3 所示，依据特性及功能对比，为了进行稳定的能量传递，选择环形铁心作为高频变压器铁心的主要样式，它的漏磁和外磁场影响较小，磁性能良好，能够满足能量传递时的各项要求。

表 2-3　铁心样式特性比较表

样　式	特　　性	用　　途
心式铁心	外磁场影响较小，小信号输入时可有效减少干扰	通常用于功率较大的变压器
壳式铁心	磁辐射小，容易受外磁场影响，但也可通过制成罐形或盒形形成自屏蔽作用，减小漏磁和外磁场影响	一般用于小功率变压器，罐式与盒式可用于高频变压器
环式铁心	能充分利用铁心材料的磁性能，漏磁和外磁场影响最小	通常用于中频和高频变压器

铁心材料主要包括金属铁心、铁粉铁心、铁氧体铁心等，各类材料特性对比如表 2-4 所示，其中铁粉铁心与铁氧体铁心是高频变压器制作时的主要选择，

铁粉铁心中以铁硅铝粉芯最具代表，铁氧体铁心中镍锌铁氧体和锰锌铁氧体两种材料使用较为广泛。

表 2－4　铁心材料特性对比表

<table>
<tr><th>类别</th><th colspan="2">名　　称</th><th>磁导率/(H/m)</th><th>最高频率/kHz</th><th>特　　点</th><th>用　　途</th></tr>
<tr><td rowspan="8">金属芯</td><td colspan="2">硅钢片</td><td>1 800</td><td>10</td><td>电阻率较高，磁导率较大，铁损低</td><td>小功率低频变压器、扼流圈等</td></tr>
<tr><td colspan="2">坡莫合金</td><td>20 000</td><td>30</td><td>具有很高的弱磁场磁导率</td><td>音频变压器</td></tr>
<tr><td colspan="2">超级坡莫合金</td><td>10^5</td><td>30</td><td>初始磁导率、最大磁导率在软磁材料中最高</td><td>音频变压器</td></tr>
<tr><td colspan="2">钴铁合金</td><td>800</td><td>30</td><td>饱和磁通密度高，居里温度高</td><td>航空电器中的微特电机、电磁铁等</td></tr>
<tr><td rowspan="4">非晶合金</td><td>铁基非晶合金</td><td rowspan="4">10^5</td><td rowspan="4">1 000</td><td rowspan="4">饱和磁感应强度高，磁导率、励磁电流和铁损等都优于硅钢片</td><td rowspan="4">高频变压器</td></tr>
<tr><td>铁镍基非晶合金</td></tr>
<tr><td>钴基非晶合金</td></tr>
<tr><td>铁基纳米基超微晶合金</td></tr>
<tr><td rowspan="3">铁粉芯</td><td colspan="2">碳基铁粉芯</td><td>120</td><td>3×10^5</td><td rowspan="3">偏磁特性好，磁感应强度高</td><td rowspan="3">中、高频变压器，谐振电路滤波电路</td></tr>
<tr><td colspan="2">铁硅铝粉芯</td><td>80</td><td>1 000</td></tr>
<tr><td colspan="2">钼坡莫合金铁粉芯</td><td>145</td><td>300</td></tr>
<tr><td rowspan="3">铁氧体</td><td colspan="2">镍锌铁氧体</td><td>18 000</td><td>10^3</td><td rowspan="3">磁导率高，电阻率高，损失低，价格低</td><td rowspan="3">高频变压器、开关电源、高频扼流圈等</td></tr>
<tr><td colspan="2">锰锌铁氧体</td><td>500</td><td>10^5</td></tr>
<tr><td colspan="2">铜镁锌铁氧体</td><td>10</td><td>2×10^5</td></tr>
</table>

由于铁心采用的均为磁性材料，磁性材料的磁化曲线是磁性材料研究与应用的重要参数，磁性材料的磁化曲线如图 2－38 所示，其中外围环线为磁化曲线，内部是一条磁滞回线，H_c 为矫顽力，B_s 为饱和磁感应强度。

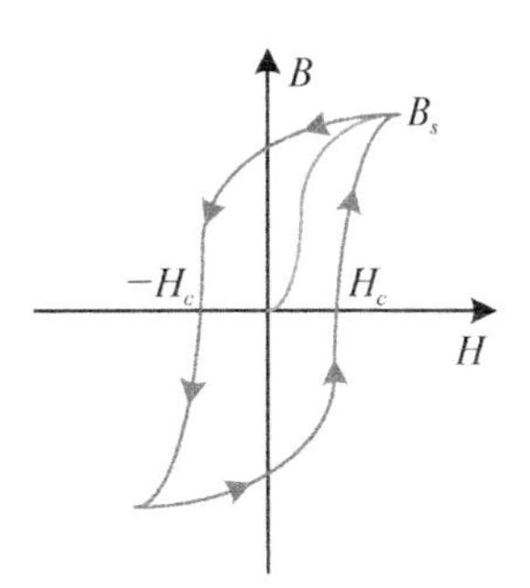

图 2－38　磁性材料的磁化曲线

由图 2－38 知，随着磁场强度的增大，磁性材料会逐渐趋向于饱和磁感应强度，将磁化曲线始端磁导率的极限值称为初始磁导率，其值为

$$\mu_i = \frac{1}{\mu_0} \lim_{H \to 0} \frac{B}{H} \tag{2-37}$$

式中，μ_0为真空磁导率($4\pi\times10^{-7}$ H/m)；B 为交流磁感应强度(T)；H 为交流磁场强度(A/m)。

在闭合磁路中，可得到其有效磁导率：

$$\mu_e = \frac{L_e}{4\pi N^2} \times \frac{1}{A_e} \times 10^7 \tag{2-38}$$

式中，L_e为线圈的自感量(mH)；N 为线圈圈数；$\frac{1}{A_e}$ 为磁芯常数，为磁路长度与磁芯截面积的比值(mm^{-1})。

线圈一般可以有多个绕组，但至少要有两个绕组；线圈的制作主要考虑导线的选择、线圈的缠绕方式及绝缘设计。导线的选择主要根据变压器的电磁容量及功率参数等进行相应的选择，考虑变压器的电压等级、工作频率及电流大小等，选择适当的材料及横截面积。线圈的缠绕方式一般就是在铁心的骨架或底筒上连续地缠绕即可，由于线圈的导线一般较细，所以在多匝数时一般采用多层平绕式结构。变压器线圈的绝缘设计是十分重要的，绝缘材料的选择影响变压器的整体性能，绝缘材料主要影响一定温度下的绝缘和机械物理性能，工作温度是反映性能特性的主要参数，因此首先应考虑变压器工作的最高温度，选择相应耐热等级的绝缘材料，同时还应满足其他绝缘性能，如吸水性、耐电晕性、介电常数、机械强度等，良好的绝缘材料可以提高变压器的耐热性和防潮性，保证变压器正常工作，延长变压器的工作寿命等。

2.2.5 驱动电源

由于电力电子技术的快速发展，为实现能源路由器的功能，选用全控型开关管作为构成各主电路的主要器件。开关管的稳定运行需要十分可靠的驱动电源，目前最实用的解决办法就是将驱动电源做成多路隔离型。首先，多路隔离电源可以为电路的每个模块进行单独供电，这样就能够有效预防模块间的相互影响；其次，对于一些大功率电路，多个单输入电源的使用会增加电路的不稳定性，多路隔离电源则简化了整体电路结构，提高了稳定性。另外，各类开关管的驱动信号对应其相应的门极和源极，不同开关管之间源极电位的变化会使驱动电压产生浮动。因此，多路隔离驱动电源的研究与设计具有十分重要的意义。

能源路由器的电力电子变换电路是由全控型器件构成的半桥或全桥电路，因此将驱动电源设计为推挽式的多路隔离方式，可用于 SST 电路及双向功率变换模块电路中全控型开关管的电源驱动。

根据电力电子器件的使用要求，这里提出一种死区可调型多路隔离驱动电源电路，电源整体原理如图 2－39 所示。推挽式多路隔离驱动电源解决了开关损耗大的问题，高频变压器利用率较高，导通损耗较小，输出特性好，适用于多种电力电子开关器件的供电；同时，电源采用推挽式输出，整体扩展性较强。

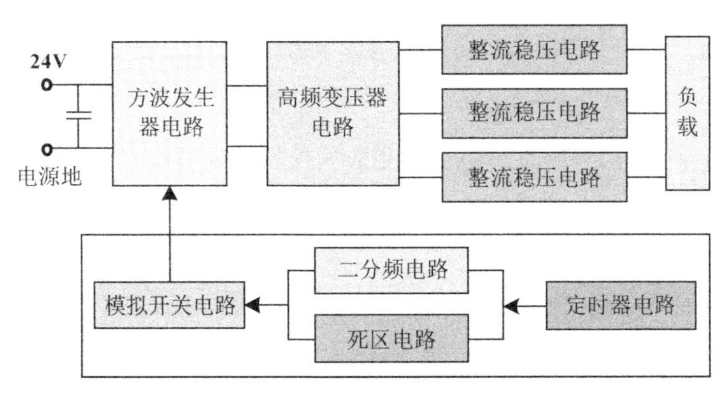

图 2－39　多路隔离驱动电源设计原理

电路主要包括方波发生器电路、高频变压器电路和整流稳压电路，原理图如图 2－40 所示。首先输入 24 V 直流电源，使用电容器滤波以后，输入方波发生器电路中，将直流电转化为 24 V 高频方波，产生的 24 V 高频方波接入高频变压器的一次侧端，同时在一次侧并联隔离电容来滤除多余的直流波形，然后在高频变压器二次侧可以使用多路绕组进行输出，同时达到隔离的效果。本次设计多路隔离驱动电源二次侧产生 3 路输出，再经过整流和三端稳压电路，3 路交流电产生 3 路直流输出，将 3 路直流输出分别接入三端稳压器电路中，最终输出电压为 15 V、地(GND)和－9 V，作为驱动电路的供电电源。

1. 方波发生器电路

方波发生器电路原理：24 V 直流电源首先接入由 U_1 和 U_2 共同组成的低电压保护电路，U_1 是 P 型 MOSFET 开关管(简称 PMOS 管)，U_2 是一个15 V 的稳压二极管。电路导通时 24 V 直流电源经过 4.7 kΩ 电阻接入 U_1，为其提供导通电压，如果电路启动过程供电电压偏低或不足，PMOS 管就不会导通，这样电路

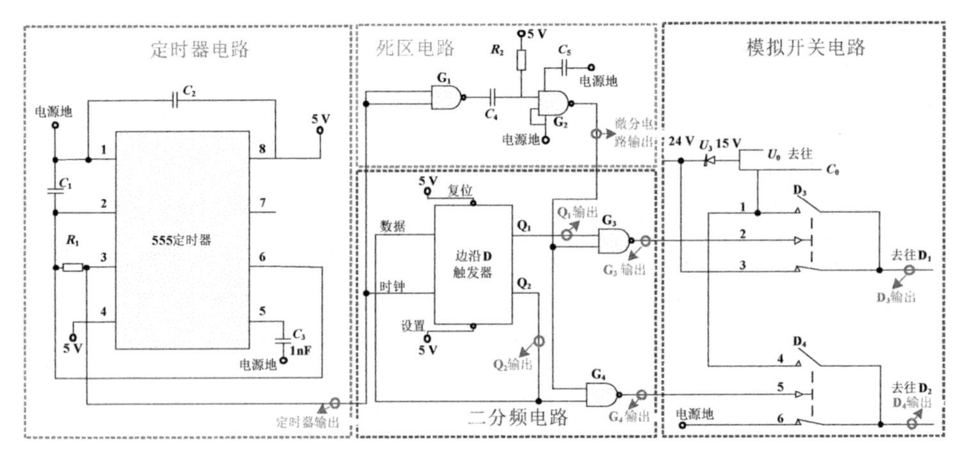

图 2-40　推挽 MOSFET 管驱动电路

就处于断电状态,后级电路设备得到相应的保护。低电压保护电路后级为电容滤波电路,电容滤波电路包括并联的两个钽电容和一个瓷片电容,对电源进行滤波,充分保证输入电源的稳定性。

(1) 定时器电路。使用 555 定时器构成振荡器电路,用于产生高频的方波信号。这种电路不需要外加触发信号,便可以自行产生周期性的高频方波。

振荡器输入 5 V 直流电压 V_{cc} 时,电容 C_1 两端初始电压为 0 V,电容电压不会马上变化,此时输出端输出为高电平,输出端通过电阻 R_1 开始对电容 C_1 充电,电容 C_1 两端电压逐渐上升。当 C_1 两端电压大于 $2V_{cc}/3$ 时,输出端输出变为低电平,此时又通过 R_1 开始放电,C_1 两端电压又开始逐渐下降,直到降为 $V_{cc}/3$,电路又开始输出高电平,C_1 再次开始充电,如此反复,使电路产生振荡波形;由振荡器电路的工作原理看出电路输出波形主要由 R_1 和 C_1 控制,其中 R_1 的大小可以调整波形输出占空比,C_1 的大小可以调节波形输出的周期,即波形输出频率。

振荡器电路输出波形的周期与触发电压及电容 C_1 的充放电时间常数有关,电路振荡频率可使用一阶 RC 电路三要素公式计算。因此定时器电路的充电或放电时间为

$$T=\tau\ln\frac{U_C(\infty)-U_C(0)}{U_C(\infty)-U_C(T)}=R_1C_1\ln 2 \tag{2-39}$$

式中,τ 为电容的充放电时间常数;$U_C(\infty)$ 为两端电压终点值;$U_C(0)$ 为两端电

压初始值;$U_C(T)$为两端电压在时间 T 时的值。

则其振荡频率为

$$f=\frac{1}{2R_1C_1\ln 2} \tag{2-40}$$

(2) 二分频电路。二分频电路主要使用边沿 D 触发器构成分频计数器,对定时器电路产生的 5 V 高频方波进行分频,通过设置、数据输入、时钟输入,最后产生互补的同相位输出 Q_1 和反相位输出 Q_2。

定时器电路输出接分频器的时钟输入,数据输入为分频器的反相位输出 Q_2。当电路导通,时钟输入为上升沿时分频电路工作,若数据引脚为低电平,则 Q_1 输出为低电平,Q_2 输出为高电平;若数据引脚为高电平,则 Q_1 输出为高电平,Q_2 端输出为低电平。这样就会产生两路互补的方波,方波频率降低为定时器输出方波频率的 1/2。

(3) 死区电路。为防止 MOSFET 管驱动时两个开关管同时导通,驱动电路必须设计一定的死区延时时间。死区延时时间主要由或非门及微分电路完成。死区电路中,G_1、R_2、C_4、G_2 共同完成死区延时控制,其构成一个微分电路。定时器电路输出方波先经过 G_1 进行缓冲,再经过微分电路调节,输入 G_2 中,形成方波的死区延时时间,其延时时间为 R_2C_4。然后将死区控制与二分频电路输出通过 G_3 和 G_4 结合,最终输出带死区的两路互补波形,输入模拟开关电路。

(4) 模拟开关电路。此电路主要使用双刀双掷型模拟开关,开关由前级产生的带死区的两路互补波形驱动。使用模拟开关不仅能为推挽 MOSFET 管提供可靠的导通电压,还可以产生负压使开关管有效关断,减小开关损耗;同时它可以取消其他辅助电源,简化电路。

2. 推挽 MOSFET 管驱动电路运行

通过 Multisim 搭建推挽 MOSFET 管的驱动电路进行仿真测试,测试结果如图 2-41 所示。

图 2-41(a)为 555 定时器输出,定时器电路输出频率由电容 C_1 和电阻 R_1 决定,电阻、电容取值 1.5 kΩ 和 1 nF 时,输出频率 400 kHz,电阻、电容取值 2 kΩ 和 1 nF 时,输出频率 300 kHz,电阻、电容取值 1.5 kΩ 和 1.5 nF 时,输出频率280 kHz。图 2-41(b)为微分电路死区控制输出,死区由电容 C_4 和电阻 R_2 决定,电阻、电容取值 4.7 kΩ 和 120 pF 时,死区延时时间为 0.6 μs,电阻、电容取值 4.7 kΩ 和

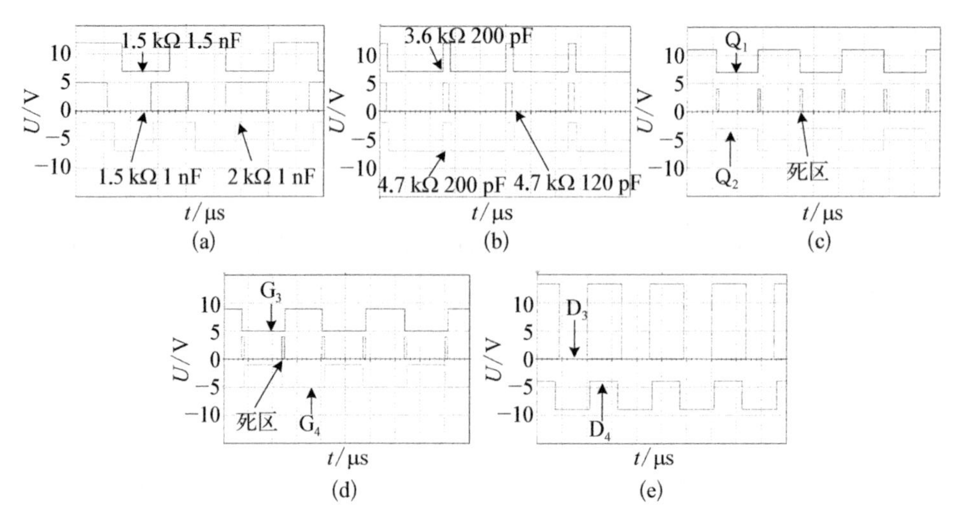

图 2-41　推挽 MOSFET 管驱动电路仿真测试

(a) 定时器电路输出;(b) 死区电路输出;(c) 二分频电路输出;(d) 模拟开关电路输入;(e) 模拟开关电路输出

200 pF 时,死区延时时间为 1 μs,电阻、电容取值 3.6 kΩ 和 200 pF 时,死区延时时间为 0.8 μs。图 2-41(c)为二分频电路输出,产生两路互补输出,用于与微分电路输出进行比较;图 2-41(d)为模拟开关电路输入,经微分电路及其他电路辅助,输出带死区的两路互补波形以驱动模拟开关;图 2-41(e)为模拟开关电路输出,通过前级控制,输出 9~24 V 及 0~9 V 的 MOSFET 栅极驱动波形。

3. 高频变压器的选择

采用镍锌铁氧体磁环作为高频变压器电路的主要器件,镍锌铁氧体磁环具有良好的磁性能,磁芯损耗要远小于铁粉芯磁环和高通量磁粉芯,但其磁感应强度高,适用温度范围广,环境适应能力强,耐湿抗震,性价比较高,特别适合制作推挽型开关变压器。

制作变压器要依据一些技术参数,包括额定电源频率、相数、负载电压、负载电流、负载或整流电路性质、电压调整率、线圈平均温升、变压器效率、环境条件、安全性要求及其他特殊要求等。

设计变压器工作频率为 100~200 kHz,由于变压器工作在高频状态,在方波瞬变的过程中,变压器的分布参数会影响变压器工作,主要包括:漏感和分布电容会引起尖峰电压、浪涌电流及脉冲顶部振荡,使变压器损耗增大,有时可能破坏开关管。对同一变压器而言,同时减小漏感和分布电容是很难的,因为两者是矛盾的关系,因此根据工作需求,通常情况下,变压器主要考虑漏感影响,分布电容的影响一般在输出绕组匝数多、层数多时考虑。

变压器漏感是线圈绕组之间磁通没有完全耦合造成的。选择环形变压器，可以认为初级漏感为零，而次级漏感 L_{a2} 为

$$L_{a2}=0.4\times N_2^2\left(\delta_2 l_m\frac{\phi_2}{\phi_1}+\frac{h_r}{2}l_m\frac{1+\dfrac{2\delta_0}{\phi_1}}{1-\dfrac{3\delta_0}{\phi_2}}\right) \tag{2-41}$$

式中，N_2 为次级绕组匝数；δ_0 为绕组间绝缘厚度（cm）；δ_2 为次级绕组线圈厚度（cm）；l_m 为次级绕组平均匝长（cm）；ϕ_1 为环形变压器内径（cm）；ϕ_2 为环形变压器外径（cm）；h_r 为环形变压器高度（cm）。

变压器二次侧设 13 匝，变压器外径为 1.5 cm，内径为 0.8 cm，高度为 0.8 cm，根据式（2-41）可知，选用的变压器次级漏感约为 4 μH，漏感约为二次侧电感值的 2%，变压器能够稳定工作。

高频变压器电路如图 2-42 所示。变压器一次侧为 6 匝绕组输入，输入一端为方波发生器的输出端，即 24 V 高频方波，另一端并联电容滤波，使一次侧为 ±12 V 输入；变压器二次侧为 3 路输出，每路均为 13 匝绕组，则二次侧可产生 3 路 ±24 V 交流输出，再经过全桥整流电路，将 ±24 V 交流电转化为 24 V 直流电，输入三端稳压电路中。

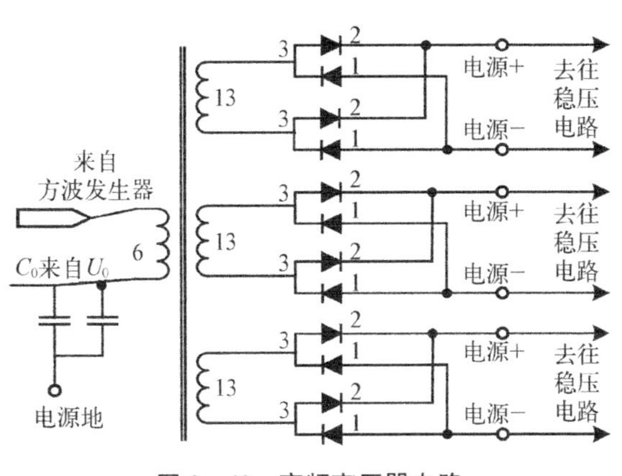

图 2-42　高频变压器电路

2.3　能源路由器的端口管理控制

能源路由器支持各种设备灵活地接入与退出，因此，能源路由器需要为不同的分布式能源和不同的类型负载提供灵活多样的端口。外部设备接入能源路由器后，能源路由器必须能够保证整个系统运行的稳定性，保证外接设备的即插即

用。能源路由器的端口众多，包括接入的分布式能源（包含风力发电、光伏发电），CHP 系统端口，以及储能、负载端口等。本节主要研究电气端口及其控制部分，表明端口的电气属性，用于建立能源路由器与外接设备间的能量传送通道。

2.3.1 能源路由器源侧端口

可输入能源路由器的波动性可再生电源主要分为两类：一类是直流电源，如光伏发电；另一类是交流电源，如风力发电、燃气轮机或柴油机等，同时光伏发电也可通过逆变器作为交流电源连入能源路由器系统。以下简述分布式电源的电气特性及其与能源路由器源侧端口的连接方式。

1. 风力发电端口

大型风电系统一般采用可变桨距角的风轮发电，而且通过风速计测量的风速信息实现最大功率控制，配网中的分布式风电系统往往为独立式小型风电系统，发电系统包括风轮、发电机、控制器（AC/DC）、蓄电池和负载几个部分，同时一般通过逆变器以交流电的形式并网或作为能源路由器的源侧端口。

风电系统基于自身的最大功率点跟踪（maximum power point tracking，MPPT）控制与并网策略通过源侧交流端口接入能源路由器系统中，如图 2-43 所示。

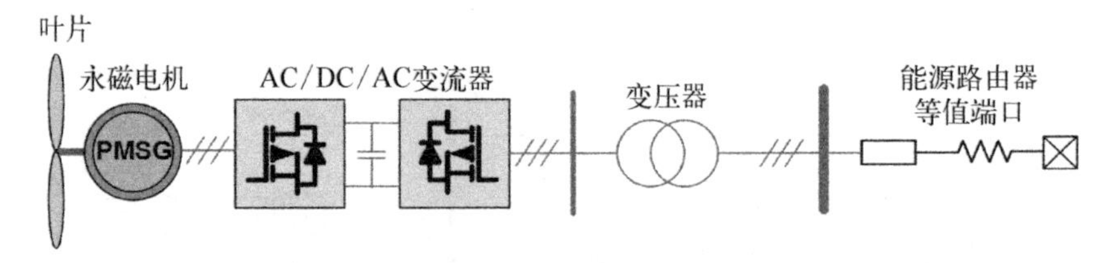

图 2-43 风电系统连入能源路由器系统图

风电机组的输出功率受到风速 v、桨距角 β 和叶尖速比 λ 的影响，所以通常需要在逆变器中设计 MPPT 控制以获取风机最大输出功率。一般小型风电机组多为永磁电机，由于风力发电机模型的相关研究均较为成熟，此处不再赘述。典型随机风模型常用的有韦伯分布模型和四参数混合模型，其中四参数混合模型准确度较高，如式（2-42）所示：

$$v = v_A + v_B + v_C + v_D \tag{2-42}$$

式中，v_A、v_B、v_C、v_D 分别表述基本风、阵风、渐变风以及随机风的风速。

小型独立式风电机组 MPPT 跟踪思路如下：若风速小于切入风速，风电机组不工作，MPPT 策略不运行；若风速大于等于切入风速并小于等于额定风速，MPPT 策略运行；若风速大于额定风速并小于切出风速，MPPT 策略采用恒功率控制；若风速大于切出风速，风电机组不工作。因此，风电机组的 MPPT 策略集中于研究大于等于切入风速并小于等于额定风速的情况，小型风电机组常用的方法包括测量法、扰动法和智能方法等。

1）测风速法

如果风速可测得，则可以通过公式很容易得到风电机组的最大功率值 $P_{W\max}$，并与发电机的输出功率值相比较，得到误差值，然后通过比例积分(proportional integral，PI)调节器给出发电机可控参数的值，调节发电机的输出电流或电压的大小，实现发电机的输出功率的调节。这种方法的优点是原理简单，控制方法简洁明了，理论上输出效率非常高；缺点是需要知道风电机组的功率特性和发电机的相关参数，以便于确定最佳功率线，而且需要安装风速计测量风速，增加了成本，可靠性降低，而且由于风速的测量一般不可能非常准确，所以实际上的输出效率不是非常高。

2）测转速法

如果电机转速 n 可以测得，由于风轮与电机轴直接连接，风轮角速度等于电机角速度，通过公式也可得到该时刻的风速，同样非常容易求取该时刻的最大功率值，将该值作为控制的给定值就可以实现最大功率跟踪，所以关键的问题是求取电机转速 n，可采用测速电机和编码盘等采集转速信息。这种方法的优点是成本比测风速法有所降低；缺点是需要知道风电机组和电机的相关参数，需要安装测转速的装置，同时发电机所具有的较大的转动惯量使得风轮转速对风速的快速变化有一定的延迟，即测得的转速信息不能反映实际的风速情况。

此外，无速度传感器的研究是风力发电机 MPPT 的热点之一，目的是得到精确的电机转速，如 Kalman 滤波、高频信号注入、直接转矩控制和矢量控制等方法已经被应用到估算电机转速当中，但需要精确的电机内部参数(如磁链、转矩值)和测量设备，同时即使是同一批次生产的同一型号永磁电机，它的内部特性也不完全相同，而且随着电机的运行发热，内部特性也会改变。因此，对于小型风电机组而言无速度传感器的方式目前还不可行。

3）扰动法(爬山法)，如功率、转矩、电流、转速扰动法等

以功率扰动法为例，就是给系统的输出电流加上一个扰动，通过测量输出功

率的变化来决定扰动的变化方向，该方法在光伏发电中应用较多。优点是成本较低，不需要知道风电机组和电机的相关参数；缺点是必须对控制信号加入扰动量，在系统输出稳定时振动不可避免，输出效率降低，另外，在风速变化较快的情况下，跟踪速度较慢。

4）智能方法

基于各种人工智能算法如模糊控制法等方法。例如，模糊法是根据专家经验设计出模糊规则和隶属函数，利用模糊控制器的输出去控制 PWM，从而实现 MPPT。这些方法的缺点是控制效果多取决于专家经验。

2. 光伏发电端口

光伏发电(PV)是一种对环境有益的发电方式。它的能量来源直接取自太阳的光能，整个发电过程中都无废气排放，且无材料损耗。与风电系统相似，光伏发电系统同样基于自身的 MPPT 控制连入能源路由器系统，但不同的是，光伏发电系统可不通过并网控制，直接将光伏阵列的直流电与能源路由器的源侧直流端口相连进而接入系统，如图 2-44 所示。

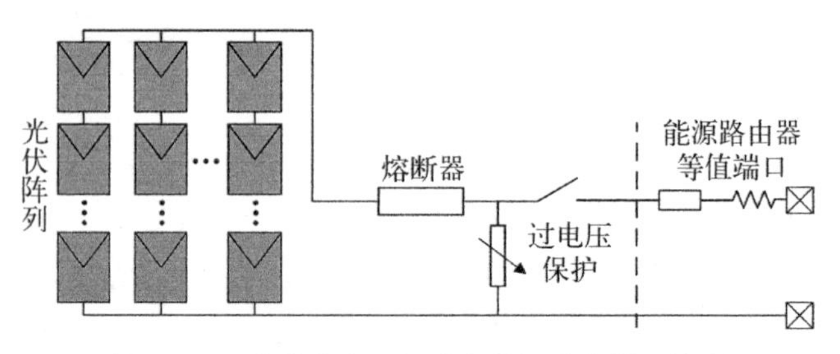

图 2-44　光伏发电系统接入能源路由器系统图

1）典型光伏阵列

光伏电池单体是光伏组件上最小的单元，其等效电路如图 2-45(a)所示，其等效于一个并联了二极管并考虑了串并联损耗的电流源。光伏电池单体的输出电压是微小的，需要通过多个电池的串联来获得较高的电压输出。考虑到失配问题和严重情况下的热斑效应，目前大部分光伏组件采用并联旁路二极管的结构，如图 2-45(b)所示。以一块由 60 个光伏单体构成的光伏组件为例，所有单体被分为三组，每组由串联的 20 个电池单体与一个旁路二极管并联组成，这样当其中一个或几个电池单体失配时，并联于同一旁路二极管的所有单体被旁路，从而可以避免局部热斑效应。此时该分支电压被限制为旁路二极管的电压 U_D。

由图 2-45(a)可知，光伏电池单体的输出电流-电压关系的数学模型为

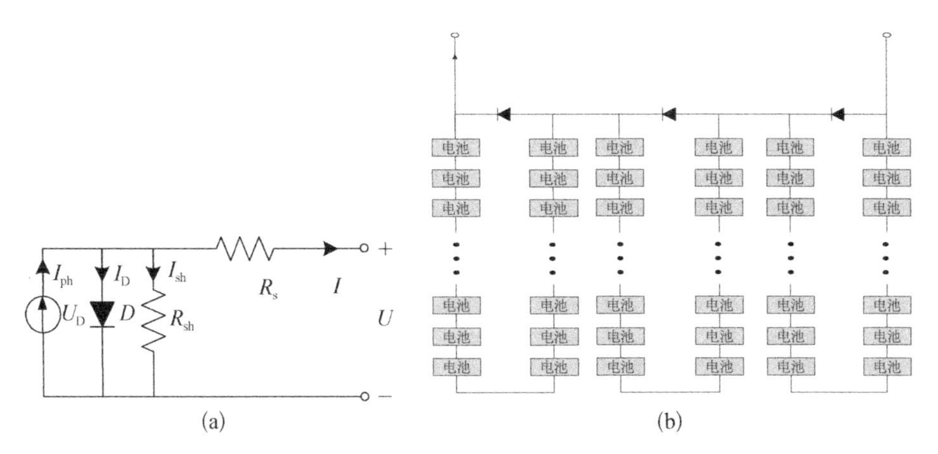

图 2-45　光伏组件模型

(a) 光伏电池单体等效电路；(b) 光伏组件结构示意图

$$I = I_{ph} - I_s\left[e^{\frac{q(U+IR_s)}{AkT}} - 1\right] - \frac{U + IR_s}{R_{sh}} \tag{2-43}$$

式中，q 是电子电量常量；k 是玻尔兹曼常数；A 是二极管特性拟合系数，是一个变量，其值为 1～2；T 是温度；I_{ph}是光生电流；I_s是等效二极管饱和电流；R_{sh}是等效并联电阻；R_s是等效串联电阻。

可将式(2-43)看成有 5 个待定参数的方程，这 5 个参数分别是 I_{ph}、R_{sh}、a、I_s和 R_s，其中 $a = q/(AkT)$。

图 2-46 给出了典型光伏阵列的结构图。一块光伏组件的输出电压仅有 30～40 V，输出电流最大值仅有 7～10 A，要获得足够的电压和功率，需要大量的光伏组件串并联形成光伏阵列。图 2-46(a)为光伏阵列的示意图，每 n 块组件板串联，称为一个组件板串；每 m 个组件板串并联成为光伏阵列。一般来说，每个组件串中有 20～22 块组件板；每 12～15 个组件串会在同一个汇流箱中进行汇流。在实际工程中，还需考虑云影遮蔽和内部故障导致的光伏电池失配等情况。给光伏阵列进行坐标定义，如图 2-46(b)所示。其中，x 坐标代表在一个汇流箱中的组件串编号，从 1 依次可以编到 20，y 坐标代表光伏阵列中汇流箱的编号，这样，每个组件串就可以通过坐标来快速定位。

对于每个组件串来说，假设有 n_1个电池单体串正常工作，n_2个被失配旁路，$n_1 + n_2 = N/M \times n$。每个组件串有相应的输出电流-电压关系式。对于坐标为(i, j)的组件，其电流-电压方程为

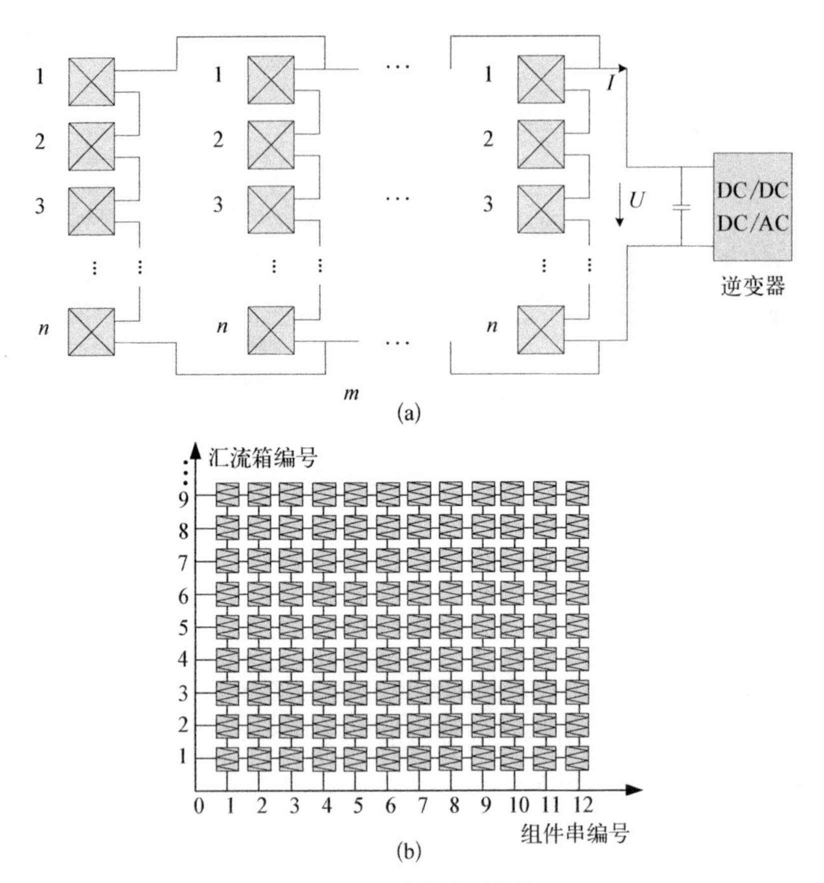

图 2-46 光伏阵列结构

(a) 光伏阵列示意图；(b) 光伏阵列坐标图

$$
\begin{cases}
I_{ij}=I_{\mathrm{ph}}-I_{\mathrm{s}}(\mathrm{e}^{aU_{\mathrm{D}ij}}-1)-\dfrac{U_{\mathrm{D}ij}}{R_{\mathrm{sh}}} \\
U_{\mathrm{D}ij}=\dfrac{U_{ij}}{n_1}-\dfrac{n_2U_{\mathrm{D}}}{20n_1}+I_{ij}R_{\mathrm{s}}
\end{cases}
\tag{2-44}
$$

2）基于数学模型的快速 MPPT 控制

图 2-47(a)给出了无失配情况下光伏阵列的 $I-U$ 曲线和 $P-U$ 曲线。当光照和温度确定时，光伏阵列的工作曲线是确定的。随着电压的增大，电流逐渐变小，输出功率先变大后变小，$P-U$ 曲线的峰值点即最大功率点。由于光伏发电特性，传统的电导增量法与扰动法往往不适应光伏阵列部分失配状态下的 MPPT 策略，如图 2-47(b)所示。以下介绍一种基于数学模型的快速 MPPT 方法。

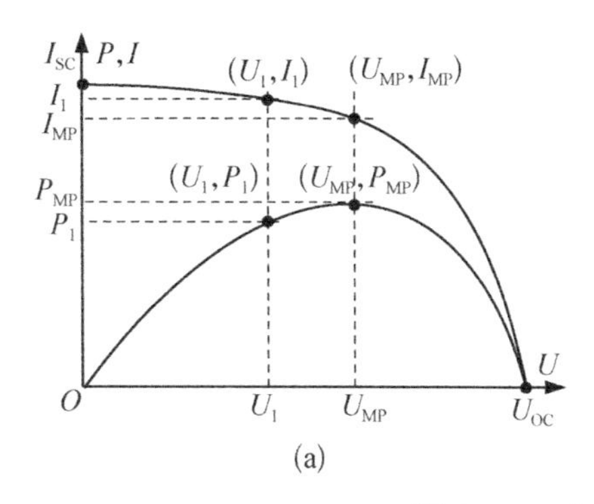

(a)

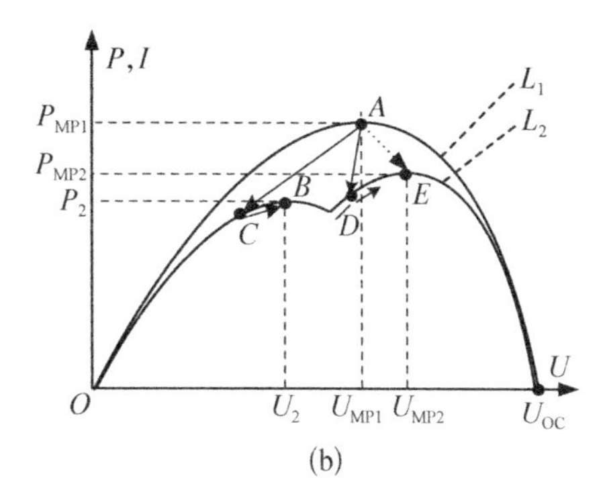

(b)

图 2-47　光伏阵列特性曲线

(a) $I-U$ 曲线和 $P-U$ 曲线；(b) 最大功率点追踪示意图

通过 Newton 法迭代可以确定参数 I_{ph}、R_{sh}、$q/(AkT)$、I_{s}、R_{s}，以及整点时的遮蔽情况 n_2，从而可以确定该路组件的 $U-I_i$ 关系。这个实时的 $U-I$ 关系考虑了失配情况，也考虑了电池的老化和衰减情况，与电池当前的工作曲线是相匹配的。迭代初值可以选取上一次迭代的解，可大大减少迭代次数，保证迭代的可行性。采用拉格朗日乘子法，将式(2-44)记为

$$f(U,\ I)=0 \tag{2-45}$$

则目标函数为

$$F=UI+\sum_{i=1}^{m}\lambda_i f(U,\ I_i) \tag{2-46}$$

当 $P=UI$ 取得最大值时满足最优化条件：

$$\frac{\partial F}{\partial I_i}=0,\quad \frac{\partial F}{\partial U}=0 \tag{2-47}$$

具体的，

$$U-\lambda_i\left(I_{\mathrm{s}}\mathrm{e}^{\frac{q\left(\frac{U}{Mn_1}-\frac{n2}{Mn_1}U_{\mathrm{DD}}+I_iR_{\mathrm{s}}\right)}{AkT}}\frac{qR_{\mathrm{s}}}{AkT}+\frac{R_{\mathrm{s}}}{R_{\mathrm{sh}}}+1\right)=0,\ i=1,\ 2,\ \cdots,\ m \tag{2-48}$$

$$(I_1+I_2+\cdots+I_m)-\frac{q\,\frac{1}{Mn_1}}{AkT}\sum_{i=1}^{m}\lambda_i I_{\mathrm{s}}\mathrm{e}^{\frac{q\left(\frac{U}{Mn_1}-\frac{n2}{Mn_1}U_{\mathrm{DD}}+I_iR_{\mathrm{s}}\right)}{AkT}}-\sum_{i=1}^{m}\lambda_i\frac{1}{Mn_1R_{\mathrm{sh}}}=0 \tag{2-49}$$

将式(2-48)的 m 个式子相加可以得到

$$mU-\frac{qR_s}{AkT}\sum_{1}^{m}\lambda_i I_s \mathrm{e}^{\frac{q\left(\frac{U}{Mn1}-\frac{n2}{Mn1}U\mathrm{DD}+I_iR_s\right)}{AkT}}-\sum_{i=1}^{m}\lambda_i\left(\frac{R_s}{R_{sh}}+1\right)=0 \tag{2-50}$$

从而可以化简式(2-49)得到

$$(I_1+I_2+\cdots+I_m)+\frac{mU}{Mn_1R_s}-\sum_{i=1}^{m}\lambda_i\left(\frac{1}{Mn_1R_{sh}}+\frac{\frac{R_s}{R_{sh}}+1}{Mn_1R_s}\right)=0 \tag{2-51}$$

加上 m 个 $U-I_i$ 方程，得到包含(U, I_1, I_2, …, I_m, λ_1, λ_2, …, λ_m)这 $2m+1$ 个未知数的 $2m+1$ 个方程，其零点函数如下：

$$\begin{cases} F_i=I_{ph}-I_s\left(\mathrm{e}^{\frac{q\left(\frac{U}{Mn1}-\frac{n2}{Mn1}U\mathrm{DD}+I_iR_s\right)}{AkT}}-1\right)-\dfrac{\dfrac{U}{Mn_1}-\dfrac{n_2}{Mn_1}U_{DD}+I_iR_s}{R_{sh}}-I_i, \\ \quad i=1,\ 2,\ \cdots,\ m \\ F_{2i}=U-\lambda_i\left(I_s\mathrm{e}^{\frac{q\left(\frac{U}{Mn1}-\frac{n2}{Mn1}U\mathrm{DD}+I_iR_s\right)}{AkT}}\dfrac{qR_s}{AkT}+\dfrac{R_s}{R_{sh}}+1\right),\ i=1,\ 2,\ \cdots,\ m \\ F_{2m+1}=(I_1+I_2+\cdots+I_m)+\dfrac{mU}{Mn_1R_s}-\displaystyle\sum_{i=1}^{m}\lambda_i\left(\frac{1}{Mn_1R_{sh}}+\frac{\frac{R_s}{R_{sh}}+1}{Mn_1R_s}\right) \end{cases} \tag{2-52}$$

用牛顿-拉夫逊法，记其雅可比矩阵为 A，记 $x=(I_1, \cdots, I_m, \lambda_1, \cdots, \lambda_m, U)'$, $F=(F_1, \cdots, F_m, F_{21}, \cdots, F_{2m}, F_{2m+1})'$，则迭代公式为

$$x(k+1)=x(k)-A_k^{-1}F_k \tag{2-53}$$

局部阴影情况下，$P-U$ 曲线具有多峰性，迭代法可能收敛到局部的伪极大值。对于 m 组并联系统，最多可能存在 $m+1$ 个峰，求解时可设置 $m+1$ 个初值，迭代比较得出最大功率点处的 U_{MP} 和 $I_{MP}(=I_1+I_2+\cdots+I_m)$。

通过扰动电路，数据采集器采集到 6 组电压电流数据，经过参数识别模块可

以输出各路组件5个参数的值和失配反映参数 n_2 的值。接着经过上面的MPPT策略，可以输出最大功率点对应的光伏阵列的输出电压和电流。由DC/DC电路前后功率相等，可得系统端电压电流与占空比的关系式，求出最大功率点对应的 $I-U$ 值后，求出相应的占空比，调节占空比可以直接将工作点跳到最大功率点附近。

3. CHP系统端口

微型燃气发电机组的容量通常在数十千瓦到一百多千瓦，容量有限但用能效率高，生产过程中有燃烧环节，会有热量的生产，常常以热电联供的方式将其应用于构建区域级的热电联供系统。微型燃气轮机属于典型的交流型分布式发电系统。与光伏、风力发电相比，微型燃气轮机相对来说输出功率较为稳定，使用方式较为传统，应用也较为方便，且具有体积小、效率高等特点，具有较高的推广价值。

微型燃气轮机以连续的燃气作为输出，借助气体的燃烧将热能转变为电能进行输出，其与能源路由器系统端口的连接方式如图2-48所示。

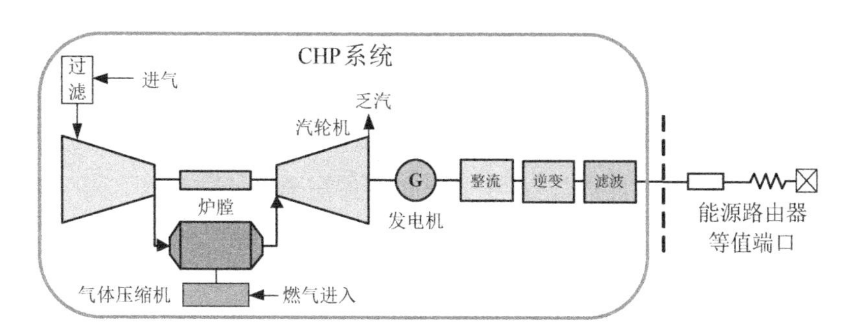

图2-48　CHP系统接入能源路由器系统图

实际微型燃气轮机的发电效率、制热效率、燃耗曲线、热电关系曲线等与自身容量、负载水平相关，而在微电网中，常常以式(2-54)所表示的简化模型代表CHP系统的特性：

$$\begin{cases} P_{\mathrm{mt}} = F_{\mathrm{mt}} \times H_{\mathrm{ng}} \times \eta_{\mathrm{e}} \\ Q_{\mathrm{mt}} = F_{\mathrm{mt}} \times H_{\mathrm{ng}} \times \eta_{\mathrm{h}} \end{cases} \tag{2-54}$$

式中，P_{mt} 与 η_{e} 分别为微型燃气轮机的输出电功率及电效率；Q_{mt} 与 η_{h} 分别为微型燃气轮机的输出热功率及热效率；F_{mt} 是微型燃气轮机的天然气消耗量；H_{ng} 是天然气热值。

2.3.2 能源路由器负荷侧端口

能源路由器端口可以连接多种形式的负荷，而为保证所有负荷的即插即用特性，所有的负荷应通过变换级电路与能源路由器内部的直流或交流母线相连，如图 2-49 所示。应依据各种负荷的电气属性，配置合适的变换级电路。负荷根据其调节形式的不同，可分为三类：重要负荷、随机负荷与主动负荷。

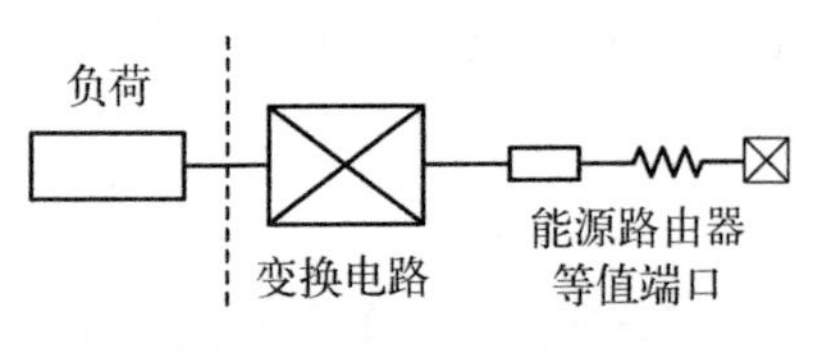

图 2-49 负荷连入能源路由器系统图

1. 重要负荷

重要负荷指在系统故障造成与电源连接中断等意外情况下都保证供电的负荷，该类负荷拥有最高的供电优先级，该类负荷的运行特性可表示为式(2-55)：

$$P(t)=\begin{cases}P_e(t), & \text{负荷可以得到供电}\\ 0, & \text{负荷不能得到供电}\end{cases} \tag{2-55}$$

式中，$P(t)$表示负荷在 t 时刻的用电功率；$P_e(t)$表示其工作的额定功率。

重要负荷的功率不可控，条件允许时必须保证其供电。

2. 随机负荷

随机负荷主要是指能源路由器系统正常运行情况下应尽力保证其供电的负荷，因为能源路由器调度能源时，未必有足够的功率保证全部的负荷用电，所以随机负荷可能会遭遇供电不足的情况。随机负荷主要包含两种：第一种为可中断负荷，指那些以合约等方式允许有条件停电的负荷，如中央空调、加热器等；第二种为以电动汽车为代表的负荷，该类负荷具有不可控性，当存在负荷需求时，能源路由器应保持其供电。

可中断负荷工作时的工作特性与重要负荷一样。电动汽车的负荷特性往往用荷电量表示，当电动汽车处于充电状态时，其荷电量可表示为

$$\mathrm{SOC_{EV}}(t)=\mathrm{SOC_{EV}}(t-1)+P_{\mathrm{EVchr}}(t) \tag{2-56}$$

当电动汽车处于放电状态时，其荷电量可表示为

$$\mathrm{SOC_{EV}}(t)=\mathrm{SOC_{EV}}(t-1)+P_{\mathrm{EVdis}}(t) \tag{2-57}$$

电动汽车荷电量 $\mathrm{SOC_{EV}}$ 约束为

$$\mathrm{SOC_{EVmin}}\leqslant \mathrm{SOC_{EV}}\leqslant \mathrm{SOC_{EVmax}} \tag{2-58}$$

式中，$SOC_{EV}(t)$和 $SOC_{EV}(t-1)$分别表示 t 时刻和 $t-1$ 时刻电动汽车的荷电量；$P_{EVchr}(t)$和 $P_{EVdis}(t)$分别表示 t 时刻和 $t-1$ 时刻电动汽车的充放电功率；SOC_{EVmin}和 SOC_{EVmax}分别表示电动汽车荷电量上、下限。

电动汽车负荷功率模型为

$$P_{EV}(t)=\sum_{i}P_{EVchr,\,i}(t)+\sum_{j}P_{EVdis,\,j}(t) \tag{2-59}$$

式中，$P_{EV}(t)$为 t 时刻电动汽车的总负荷；$P_{EVchr,\,i}(t)$表示 t 时刻电动汽车 i 的充电功率；$P_{EVdis,\,i}(t)$表示 t 时刻电动汽车 j 的放电功率。

3. 主动负荷

主动负荷是指能源路由器可以根据电价或激励措施进行调整的负荷类型，能够实现需求量在各时段的转移。能源路由器系统中的可控型能量转换(P2X)设备等依据经济策略参与需求侧响应，可认为是典型的主动负荷。P2X 设备通常是通过消耗电能的方式实现需求侧响应的；同时，P2X 设备往往伴随装有储能设备。以 P2G 设备(电解水设备)为例，其一般都需配备安装蓄水池和储氢罐，其存储不需要供需的实时平衡。P2G 设备需要考虑的是单位时间的设备功率及存储设备的上、下限约束：

$$\begin{cases}P_{P2G}(t)\leqslant P_{P2Gmax}\\ W_{Gstorge\,min}\leqslant W_{Gstorge}(t)\leqslant W_{Gstorge\,max}\end{cases} \tag{2-60}$$

式中，$P_{P2G}(t)$为 P2G 设备的实际工作功率；$P_{P2G}(t)$为 P2G 设备工作的功率上限；$W_{Gstorge}(t)$为存储设备容量；$W_{Gstorgemax}$和 $W_{Gstorgemin}$为存储设备容量的上、下限。

2.3.3　能源路由器储能侧端口

储能的作用是稳定公共直流母线电压，是实现各能源端口之间功率解耦的根本手段，使得各能源端口的输入/输出功率能够根据需求指定。能源路由器中储能需要具有短时输出较大功率的能力，以稳定公共直流母线电压，也需要具有在一定时间尺度内能量支撑的能力，以实现各能源端口在一定时间尺度内的功率解耦。其功率应能匹配所有能源端口功率变化之和的最大值，容量应能匹配所设计的时间尺度内能源端口之间的功率解耦。若能源路由器的网络能源端口按照时间尺度 T 对外交换指定功率，则储能的容量与本地负荷及分布式电源功率预测的误差和时间尺度 T 成正比；若不需要长时间尺度的功率解耦，即 $T=$

0,可不需要电池储能。

能源路由器能量管理的基本思路是根据当前时刻储能的荷电状态(SOC)及其他外界条件(如电价条件),确定下一个时间片段(如 15 min)内储能的充放电状态和充放电功率,结合下一个时间片段内本地负荷及分布式电源功率预测的结果,确定下一时间片段各网络能源端口的交换功率,以实现一定时间尺度内的功率和能量平衡。储能系统基于双向 DC/DC 变换电路通过储能端口连入能源路由器系统中,如图 2－50 所示。

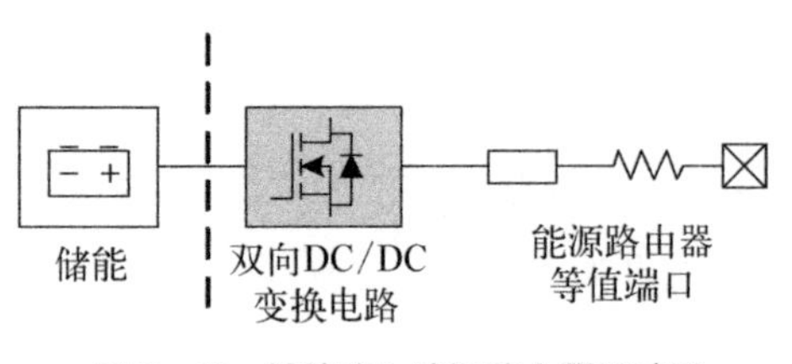

图 2－50　储能连入能源路由器系统图

DC/DC 变换器常用的控制策略是以电压为控制目标的电压单闭环控制方式,该控制方式较为简单,实现起来也较为容易。但为实现更好的控制效果,双向 DC/DC 变换电路往往采用电压电流双闭环控制方式:功率外环电流内环控制或电压外环电流内环控制。图 2－51 为功率外环电流内环控制原理图,图 2－52 为电压外环电流内环控制原理图,控制原理常见于各种研究报告,在此不再赘述。

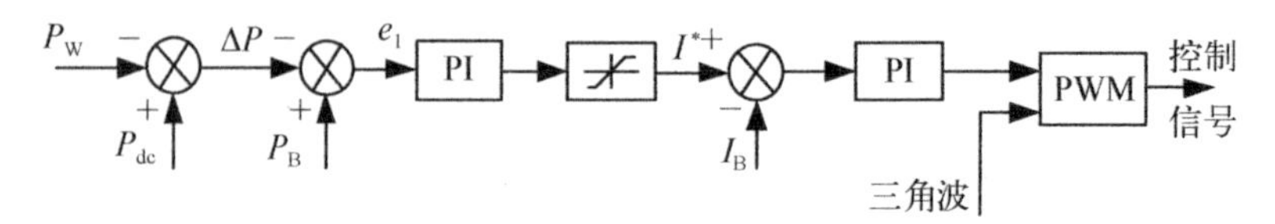

图 2－51　功率外环电流内环控制原理图

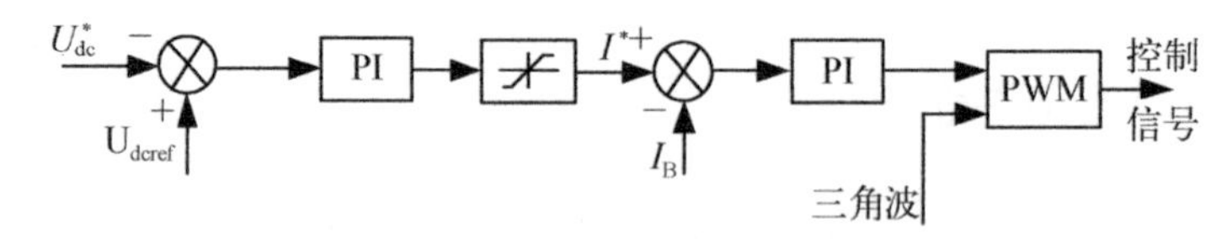

图 2－52　电压外环电流内环控制原理图

2.4　能源路由器的独立母线系统

2.4.1　能源路由器内部独立母线

能源路由器作为能源互联网的关键核心设备,用以实现能源互联网中多种形式能量的协调管理、可再生分布式能源的高效利用以及保障电网的安全可靠运行，这也要求能源路由器在保证能源可靠性的前提下，在灵活可变的结构基础上对能源进行智能化的能量管理。为此提出能源路由器内部独立母线系统的概念。

能源路由器内部独立母线划分为独立直流母线与独立交流母线两类。依据系统需求，可设置多个独立母线，相同电压等级的独立母线可进行分段，不同电压等级的独立母线也可以通过变换电路连接。分布式电源、储能系统、多种形式的负荷通过各自的端口接入独立直流或交流母线中，通过控制与路由策略最终由能源路由器将能量转发并与各能源网交互。

1. 独立直流母线

能源路由器内部的独立直流母线是独立母线系统的核心与基础。以独立直流母线为枢纽的直流系统将可再生能源或其他分布式能源发电单元与储能设备、负荷划分为一个小整体以进行协同规划、有机整合，并使其能够灵活地接入双向功率变换主回路运行，同时可以充分发挥直流母线的能量缓冲作用，提高供电可靠性，改善电能质量，实现分布式可再生能源的最大化利用。此外，在直流系统中，衡量系统内有功功率平衡的唯一标准是母线电压，并且没有类似交流电网中的电网电压频率稳定、无功功率补偿等电能质量问题，有效地保证了高质量电能的传输。这样也意味当直流母线电压稳定时，能源路由器内部流动的能量达到供需平衡，能源路由器能够稳定工作，即能源路由器直流母线电压稳定可以用来衡量能源路由器内部的能量供需平衡，是能源路由器稳定运行的关键。

独立直流母线可以从接入能源路由器的多组直流源中引出直流端口，从而构成单独立直流母线系统或多独立直流母线系统，同时，单独立直流母线系统还可通过断路器分隔为双独立直流母线系统。典型的单独立直流母线系统与典型的双独立直流母线系统如图2-53与图2-54所示。

1）能源路由器典型单独立直流母线系统

以P_{Wind}、P_{PV}、P_{CHP}、$P_{Battery}$、P_{Load}、P_{Cap}、P_{Grid}分别表示风力发电供电功率、光伏发电供电功率、CHP供电功率、储能单元净供电功率、负载消耗功率、电容净供电功率、电网净供电功率。由能量守恒定律，图2-53中电容电压、电流瞬时功率的关系如式(2-61)所示：

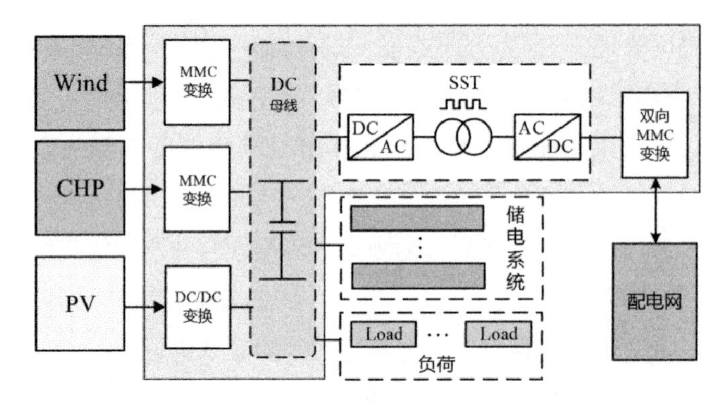

图 2-53　典型单独立直流母线系统拓扑结构

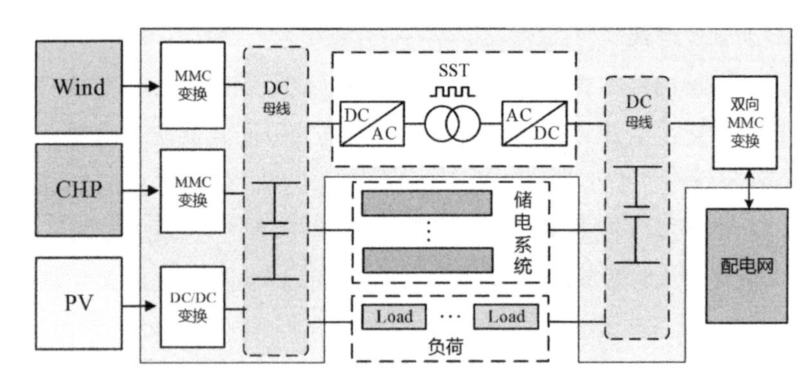

图 2-54　典型双独立直流母线系统拓扑结构

$$V_{\mathrm{dc}}\frac{\mathrm{d}V_{\mathrm{dc}}}{\mathrm{d}t}=\frac{1}{C}(P_{\mathrm{Wind}}+P_{\mathrm{PV}}+P_{\mathrm{CHP}}-P_{\mathrm{Battary}}-P_{\mathrm{Cap}}-P_{\mathrm{Load}}-P_{\mathrm{Grid}}) \tag{2-61}$$

由此可看出，能源路由器内部独立直流母线电压的稳定即等价为能源路由器内部的功率平衡，也表明了能源路由器的运行约束。在能源路由器并网运行时，独立直流母线电压的稳定可以交由电网维持，而在能源路由器孤岛运行时，则由储能系统维持。单独立母线系统直流母线的电压稳定影响整个系统的安全可靠运行，由于直流母线为波动式能源、能源转换设备、负荷端口等的接入，从而对各个部分的运行控制要求较高，维持母线电压难度较大，整个系统可靠性较差。

2）能源路由器典型双独立直流母线系统

图 2-54 所示的系统中，两条直流母线的电压不同，既可通过 DC/DC 变换

电路对两条直流母线系统进行连接，也可以根据实际情况断开两条直流母线系统的电气联系，保持一定的运行独立性，形成两套不同的供电体系，使能源路由器的运行模式更加丰富，并且可以使两条直流母线系统互为支撑，提高系统的运行安全性。波动性新能源端口可能会因为光照、温度或者风速的波动影响光伏、风电系统的功率，此时可闭锁母线 DC/DC 变换电路，同时将负载连接在网侧母线端，将源侧直流母线的波动限制在小范围内，使低压母线电压的小幅波动对负荷端口基本无影响。同时考虑到今后系统内可能会存在可调度负荷，负荷端也可根据实际运行需要自动选择不同的直流母线系统，实现差异化供电与用电。

双独立直流母线能源路由器系统运行时，源侧直流母线必须配置储能，以保证母线电压的稳定，而网侧直流母线的电压稳定问题一般通过网侧双向功率变换模块进行控制。双独立直流母线系统提高了系统运行的可靠性，增强了系统运行的灵活性，但是对控制系统的性能提出了更高的要求，此时可以通过多 CPU 分布式系统实现。

2. 独立交流母线

能源路由器内部涵盖多种负荷以及能源耦合设备，独立交流母线的设置主要为交流负荷提供接口。独立交流母线通过独立直流母线逆变而来，不与源侧或网侧电网连接。因此，独立交流母线具有高度灵活的可变性，通过逆变器的控制可以改变独立交流母线的频率、电压、相序等工况以满足负荷多样化的供电要求，也便于能源路由器的能量管理。典型独立交流母线系统如图 2 - 55 所示。

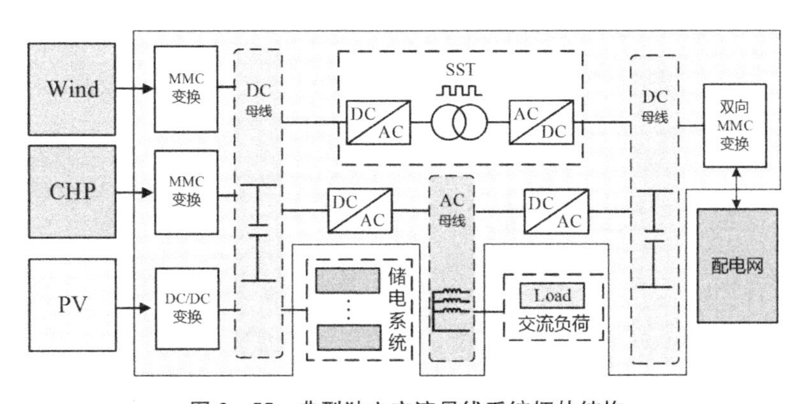

图 2 - 55　典型独立交流母线系统拓扑结构

独立交流母线在规划与设计过程中，可以视为独立直流母线上的一个端口，同时，独立交流母线也可在能源路由器内部通过分段开关或多接口控制而设置多条，并进行各母线独立控制，只需保证交流端口的电压幅值和频率，而无须考虑并网的相位角问题，因此，控制算法中可以省去锁相环。独立交流母线可以单独进行与之连接的端口的控制以及端口处负荷变化的调整，而无须考虑能源路由器内部直流母线电压如何维持稳定。在能源路由器的实际运行过程中，多数交流负荷端口以单向运行为主，因此选用基本的单相 DC/AC 变换电路即可满足性能要求。当进行简单交流负荷的控制时，通过选取合适的滤波电感和输出电容，可以直接采用传统的 PWM 控制方法控制三相桥式交流逆变器，而当母线上的负荷增多，控制需求上升时，可加入电压电流内外环控制以实现端口的交流稳定波形，此时需要考虑直流母线的容量。

3. 能源路由器多独立母线系统

图 2-56 为能源路由器多独立母线系统示意图，通过设置多独立母线，可对能源路由器内部网络进行灵活的设计，同时，多独立母线的相连显著增强了系统的运行可靠性，当单一母线出现故障时，不影响其他母线的正常运行。但是，母线数量设置也不宜过多，否则会增加整个系统的控制复杂度。

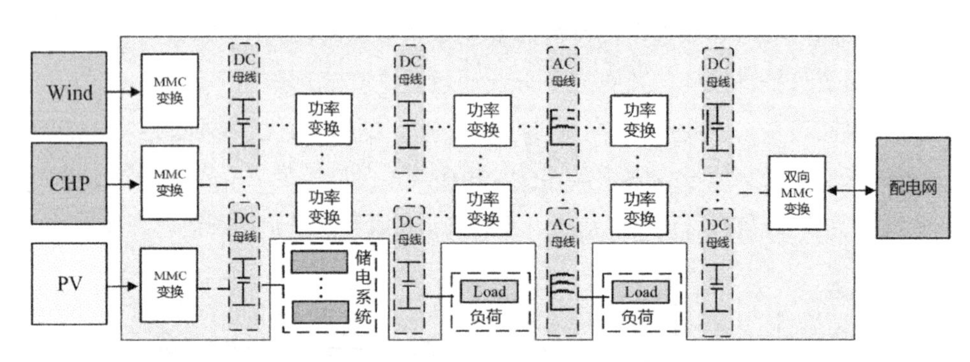

图 2-56　多独立母线系统拓扑结构

2.4.2　母线与母线间的关系

能源路由器系统的运行宗旨是在现有微能源网结构下，最大化地消纳可再生能源，其安全稳定运行的基础是要拥有高可靠性的物理层架构。在电能层面，能源路由器是典型的交直流配电系统，同时，如 2.4.1 节所述，在能源路由器各个端口独立控制的前提下，只要保证能源路由器独立母线的稳定，即可保证能源路由器系统的可靠性。因此，本节主要讨论母线的接地方式、母线连接的关键设备。

1. 母线的接地方式

以图 2－54 所示的典型双独立直流母线系统为例，在能源路由器运行时，源侧母线一般为低压直流母线，而网侧母线一般为中低压直流母线，当讨论接地方式时，两者的侧重点不同，中压接地方式的选取主要是为了提高系统的运行性能，而低压用电侧接地方式的选取主要是为了保障人身安全。低压用电系统一般可采用中性点经电阻接地的方式，电阻可由电压除以人体能感知的电流得到。中压接地系统将为整个系统提供参考电压，同时对零序入地电流的大小、提升系统稳态及暂态稳定性以及故障后的恢复速度具有重要的意义。基于能源路由器双向功率变换模型的结构，能源路由器内部直流侧的接地方式选取如图 2－57 所示，交流侧接地方式如图 2－58 所示。

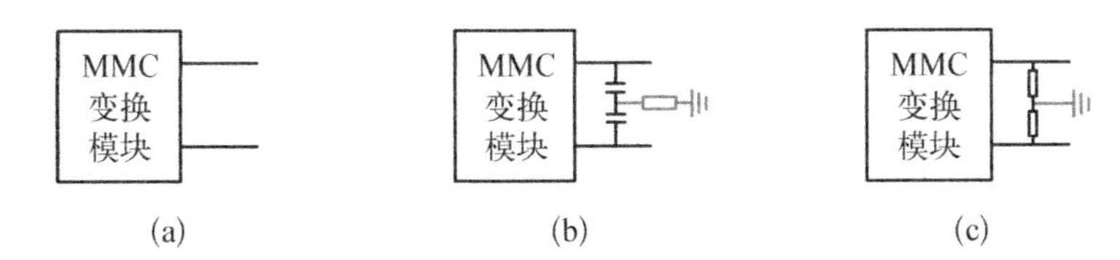

图 2－57　能源路由器直流侧的接地方式

(a) 不接地；(b) 电容中点接地；(c) 箝拉电阻接地

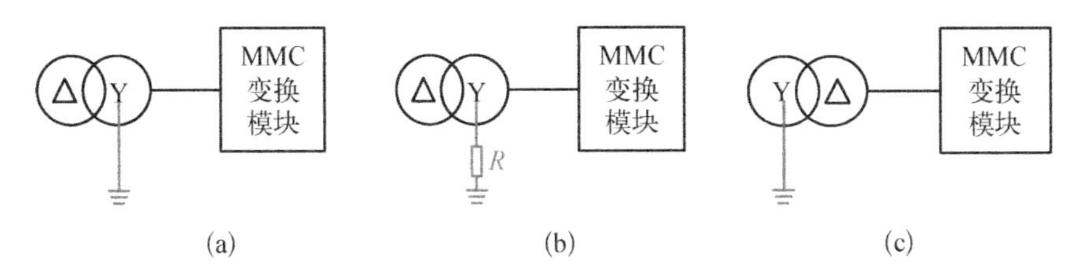

图 2－58　能源路由器交流侧的接地方式

(a) 直接接地；(b) 电阻接地；(c) 不接地

当前，针对接地方式的研究主要集中于限制故障电流、维持级间电压和故障恢复速度等指标，由于存在多种接地方式的组合，在实际设计时，应依据负荷及系统要求具体分析。

2. 典型关键设备

1) 直流断路器

当直流线路发生接地故障时，流过电力电子器件的电流将在瞬间抬高，容易使过载能力低的电压源换流器等电力电子装备瞬间闭锁。为解决直流短路故障的隔离和切除问题，在众多保护隔离装置中，直流断路器是当前应用及未来发展的趋势。根据直流断路器中关键开断器件的不同，可以将直流断路器分为三类：① 基于常规开关的传统机械式断路器；② 基于纯电力电子器件的固态断路器；③ 基于两者结合的混合式断路器。图 2-59 为 ABB 式直流断路器应用于两条直流母线的典型结构。

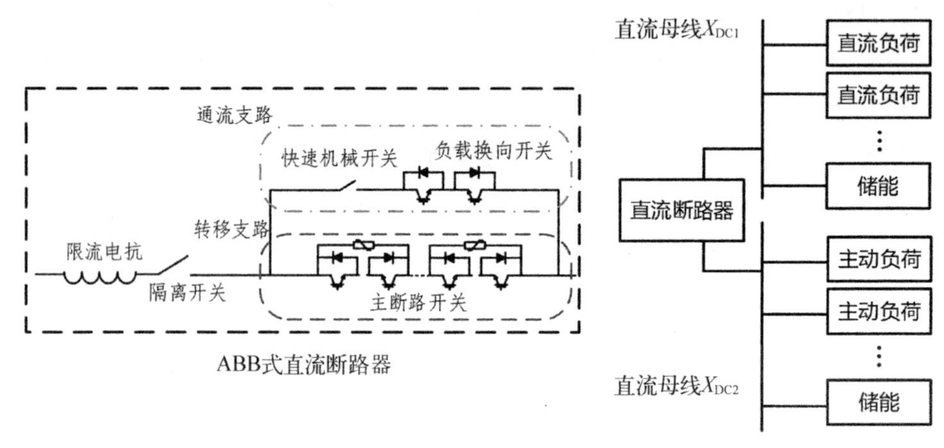

图 2-59　ABB 式直流断路器结构

2）直流限流器

直流限流器可以限制故障电流的上升率或稳定值，甚至可以切断故障电流，可以在一定程度上弥补直流断路器容量的不足。将限流装置与隔离设备或小容量直流断路器相结合，可以形成直流配电系统保护替代方案。目前，常用的限流技术主要包括限流熔断器和限流电抗器的传统限流技术、超导限流技术、基于电力电子的固态限流技术等，当前基于电力电子的固态限流技术是研究的热点。国内针对直流限流器已有一些示范工程得到成功试验。

3）直流变压器以及直流用电适配器

高频隔离型 DC/DC 变换器在低压小容量领域已经得到比较广泛的应用，在中压大容量领域处于样机研发的阶段，尚无实际的工程应用，其拓扑、控制、保护和电力电子装置等尚无完善的方案。直流变压器的主要拓扑结构已在前面详细介绍过。

4）直/交流换流器

在直流配用电系统中，可通过 DC/AC 换流站与交流配网连接，实现有功与无功交互功率在四象限的瞬时控制。虽然传统的电压源型变换器应用广泛，但存在均压、电磁兼容、开关损耗等缺点。2.2.3 节对多电平变流器进行了详细的分析，多电平具有可扩展的模块化结构、普适的工程应用等特点，是当前主流研究的热点。MMC换流器目前虽然技术成熟，但小型化、紧凑化仍是未来有待突破的地方。

2.4.3　端口与母线的关系

1. 源侧端口与独立母线

1）风电系统端口、CHP系统端口、光伏系统端口与独立母线

风电系统端口、CHP系统端口一般以交流的形式连入能源路由器中，而光伏系统一般以直流的形式连入能源路由器中。考虑到能源路由器内部的供配电系统以直流供电系统为主，因此，风电系统端口、CHP系统端口在与能源路由器内的配电系统相连时，以接入独立直流母线系统为主，功率变换器一般起到交直流变换的作用。此外，风电系统端口、CHP系统端口以及光伏系统端口并不要求能量的双向流动。

如图2-60所示，风电系统端口、CHP系统端口以及光伏系统端口连入能源路由器中，起到电源的作用，为能源路由器的独立母线供电。同时，图2-60所示的系统通过多独立母线的设置，各直流母线通过功率变换电路或断路器等其他关键设备相连，构成环形供电结构，增强了各母线所连接的负荷的运行可靠性，特别是对于重要负荷，还可设置备用母线，维持其可靠稳定地运行。

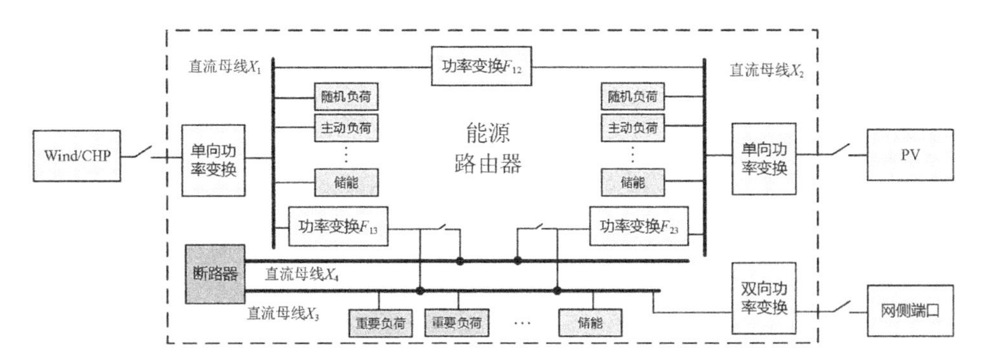

图2-60　风电系统端口、CHP系统端口、光伏系统端口与独立母线的关系

2）电网端口与独立母线

与风电系统、CHP系统相似，电网端口也是以交流的形式连入能源路由器中。但与风电系统、CHP系统不同的是，电网端口与能源路由器间的能量流动

为双向流动，网侧的功率变换器要求为双向功率变换器，当能源路由器并入电网时，还需考虑整个能源路由器的并网条件与并网逻辑。并网逆变器常见的两种控制策略为恒功率控制与下垂控制。

此外，本章提出能源路由器独立交流母线的概念，以实现对能源路由器系统内交流负荷的管理与控制。由于两个交流系统互联要求对频率、相位等指标的精准控制，并且连接起来会使整个系统的控制更加复杂，因此，不提倡使用电网为独立交流母线系统提供备用。但可参照风电、光伏系统，为能源路由器独立直流母线系统提供多组备用线路，提高系统的可靠性。

2. 储能侧端口与独立母线

储能端口以直流的形式连入能源路由器中，端口与能源路由器的能量流动为双向滚动，其功率变换器要求为典型的双向 DC/DC 变换器。储能对能源路由器实现能量管理，保持能源路由器安全、可靠、稳定运行至关重要。在能源路由器中，一方面，储能要平抑可再生能源的波动量，另一方面，储能可作为电源提升能源路由器系统的可靠性。因此，储能的分布配置可以合理减少充放电次数，将功率在空间上进一步解耦，极大地提高储能系统的工作能力。多直流母线系统中对分布式储能进行合理配置具有重要意义。

3. 负荷侧端口与独立母线

依据负荷的本身特性，直流负荷以直流的形式连入能源路由器系统中，交流负荷可依据实际规划设计，选择以交流的形式连入能源路由器系统中或通过变换电路以直流的形式连入能源路由器系统中，并且大部分负荷都为单向能量接口。

在对负荷进行分配管理时，应考虑其电压、电能质量、可靠性等多方面的性能要求，并对负荷进行分类分级。根据所提能源路由器内部独立交流母线的概念，针对以空调为代表的可调频负载，可通过独立直流母线与独立交流母线间的变换控制直接实现对能源路由器负荷的调频需求。另外，也可通过频率的改变，使得能源路由器输出端口具备传统意义上的变频器功能。

2.4.4 基于可靠性评估的能源路由器拓扑设计

1. 典型网络拓扑结构

不同的复杂网络具备不同的拓扑结构特征，关于复杂网络的建模又可称为对网络特征的建模。在数学层面，复杂网络被定义为有着足够复杂拓扑结构特征的图。同时,复杂网络中往往存在一些典型的拓扑特征,它们既可单独存在又可能在一个网络中同时出现。典型的几类复杂网络模型如下所述。

1) 均匀网络模型

1959 年,匈牙利数学家 Erdös 和 Rényi 建立的随机图理论(random graph theory)被公认为在数学上开创了复杂网络拓扑结构的系统性分析。对于一个节点数为 N 的随机图,任意两个节点之间存在连边的概率是 p。因此不难发现一个度为 k 的节点,需要在除去本身的 $N-1$ 个节点中选择 k 个节点与之相连,剩余 $N-1-k$ 个节点与之不连,其度分布是一个二项分布:

$$p(k)=\binom{N-1}{k}p^k(1-p)^{N-1-k} \tag{2-62}$$

当 N 趋近于无穷时有

$$p(k)=\frac{(Np)^k \mathrm{e}^{-Np}}{k!} \tag{2-63}$$

而当网络规模 N 很大且 Np 为常数时其度服从泊松分布。这意味着绝大部分节点的度分布在平均度附近,与平均连接相差很多的节点较为少见,网络整体十分均匀,因而该模型也称为均匀网络(homogeneous network)模型。

2) 小世界网络模型

小世界网络模型在随机图模型的基础上,考虑了实际网络存在的结点聚类性。Watts 和 Strogatz 通过在近似 E-R 图(entity relationship diagram)的随机化结构和正则环点阵中进行内插,构造了 WS 小世界网络模型,其在保持集聚的同时具备较短的平均节点间距。因此,小世界网络模型在描述电网、电影演员的社交网络等网络的小世界特征时,具有很好的效果。WS 小世界网络模型是通过对规则网络的边以较小的随机重连概率进行随机重连构造的。当 $p=0$ 时是最近邻耦合规则网络,$p=1$ 时是完全随机网络,$0<p<1$ 时为小世界网络。

WS 小世界网络模型构建如下。

(1) 在平面上选取 $m\times n$ 个网络节点,然后从这些网络节点中均匀地选取 N 个节点作为 Waxman 随机图网络的节点。

(2) 任意选出的两节点间以概率 Π 建立连边,Π 定义为

$$\Pi(i, j)=\alpha \mathrm{e}^{-\frac{d(i, j)}{\beta L}} \tag{2-64}$$

式中，$d(i, j)$为网络中节点i和j之间的Euclidean距离；α为常数，代表了网络图中节点的平均连接度，$\alpha>0$；β也为常数，其主要决定了网络边的平均长度，$\beta \leqslant 1$；L为网络中两个节点之间距离的最大值。

3）无标度网络模型

E－R图和WS小世界网络模型的一个共同特征就是网络的连接度分布可近似用泊松分布来表示，该分布在度平均值$\langle k\rangle$处有一个峰值，然后呈指数快速衰减。近年在复杂网络研究上的另一个重大发现就是许多复杂网络，包括Internet、万维网（WWW）以及新陈代谢网络等的连接度分布函数具有幂律形式。由于这类网络节点的连接度没有明显的特征长度，故称为无标度网络。为了解释幂律分布的产生机理，Barabasi和Albert基于实际网络可能存在的增长特性与优先连接特性，提出了一个无标度网络模型，现称为BA模型。

BA模型的构造算法如下。

（1）从一个具有m_0个节点的网络开始，每次引入一个新的节点并且连接到m个已存在的节点上，$m \leqslant m_0$。

（2）一个新节点与一个已经存在的节点i相连接的概率Π_i与节点i的度k_i、节点j的度k_j之间满足如下关系：

$$\Pi_i=\frac{k_i}{\sum_j k_j} \tag{2-65}$$

4）具有社区特征的网络模型

随着对网络性质的物理意义和数学特性的深入研究，人们发现许多实际网络都具有一个共同性质，即社团结构。也就是说，整个网络是由若干个群（group）或圆（cluster）构成的。每个群内部的节点之间的连接相对紧密，但是各个群之间的连接相对来说却比较稀疏，如图2－61所示。

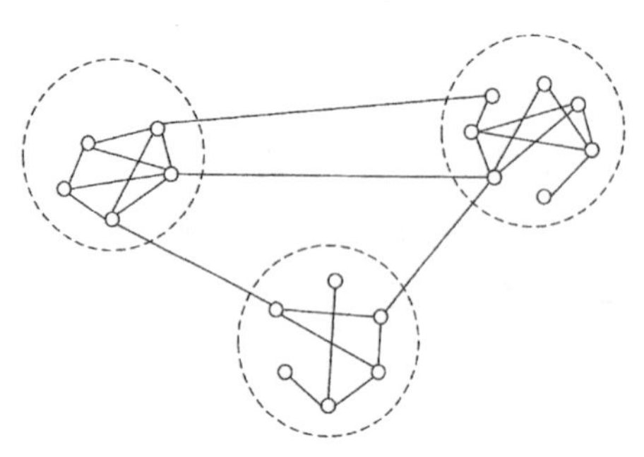

图2－61　一个小型具有社团结构性质的网络示意图

部分学者以层次为中心，基于网络的拓扑结构，构建了层次性的社团划分。

根据向网络中加边和删边的不同策略，又可划分为凝聚方法和拆分方法。凝聚方法以Clauset、Newman和Moore提出的CNM算法及其衍生方法最具影响力，拆分方法则是Newman和Girvan基于边介数提出的GN算法。在此基础上，一些改进算法也相继提出。

2. 能源路由器系统与图论

能源路由器作为能源网络与电网的交互节点，目标是在响应电网调度的基础上实现多种形式能量的协调管理与可再生能源的高效利用，其重要基础是要拥有稳定可靠的结构以保证自身系统的协调自治。由于电能自身的特点，能源路由器的能量是以电能的形式存储与转移的。因此，拥有合理、安全、可靠的供配电结构对能源路由器的安全、稳定运行至关重要。

不同领域的学者通过大量研究表明，无论是自然界的生物病毒网络、种群网络、生态系统还是人类社会中的通信网络、计算机网络、社交网络等均符合复杂网络中的自组织、自相似、小世界、无标度和社区结构等性质，电网也不例外。复杂网络理论作为整体论与还原论统一的系统论，其基础方法是将复杂系统抽象为节点与边的连接关系，用统计方法进行概括，这与电网分析方法基础——拓扑分析（即描述网络系统的工具——图）在形式上具有一致性，将复杂网络理论应用于电网也能更好地表述电网作为一个复杂网络所特有的整体动力学特性。

从图论的角度，可以把能源路由器配电系统归纳为一个无向图 $G=(V, E)$，其中 V_i 为其联节点（电源、储能、负荷），$E_{ij}=[V_i, V_j]$ 为连接节点 V_i、V_j 的边，并且均有一个非负权值 $Q(E_{ij})=Q_{ij}$ 用来记录两个联节点之间的路径的损耗，这样最后所求得的能源路由器配电系统即可以看作图 G 的一个子图 $G^*=(V^*, E^*)$，且 $V=V^*$，E 包含 E^*，如图2-62所示。

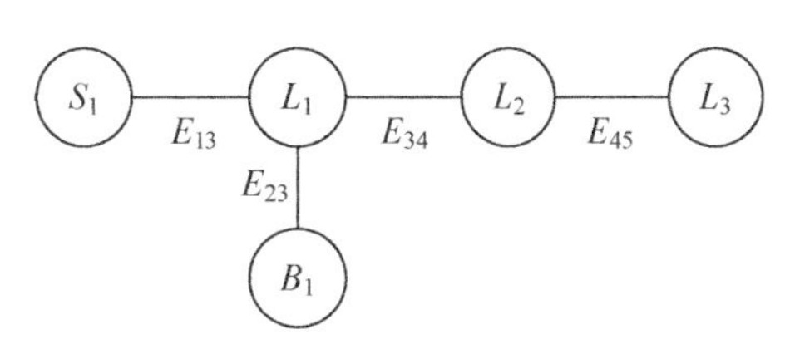

图2-62　典型无向拓扑图

能源路由器系统联结点 V_i 的分类如下。

(1) 电源侧端口 S_i，主要包含风电、光伏、CHP系统及电网端口。

(2) 储能侧端口 B_i，主要为储电系统的各个端口。

(3) 负荷侧 L_i，主要为系统内的所有负荷。

将系统内各联结点按源侧、储能侧、负荷侧的顺序排列，图2-62所示的系统结构形成的网络矩阵如式(2-66)所示：

$$
H=\begin{matrix} S_1 \\ B_1 \\ L_1 \\ L_2 \\ L_3 \end{matrix}\begin{bmatrix} 0 & 0 & 1 & 0 & 0 \\ 0 & 0 & 1 & 0 & 0 \\ 1 & 1 & 0 & 1 & 0 \\ 0 & 0 & 1 & 0 & 1 \\ 0 & 0 & 0 & 1 & 0 \end{bmatrix} \tag{2-66}
$$

3. 可靠性指标体系与可靠性计算

1）可靠性指标体系

配电网可靠性评估的指标体系主要包含两个方面：各负荷节点的可靠性指标和系统可靠性指标。通过这些指标数据可以定量分析系统的可靠性工况以及故障的严重程度。各国所采用的指标体系虽略有差异，但基本含义大致相同。各节点可靠性指标主要用于评估系统在指定时间内每个节点的可靠运行程度，节点 V_i 的可靠性指标主要包括等效年平均故障率 λ_i、等效年平均停电时间 U_i、等效故障平均修复时间 r_i、年停电成本 UIC_i 等。

系统可靠性指标与负荷点可靠性指标关系密切，主要用于反映整个系统网络的可靠性状况，主要包括系统平均停电频率指标(system average interruption frequency index，SAIFI)、系统平均供电可靠度指标(average service availability index，ASAI)、系统平均停电持续时间指标(system average interruption duration index，SAIDI)、用户平均停电持续时间指标(customer average interruption duration index，CAIDI)等，计算公式如式(2-67)～式(2-70)所示：

$$
\mathrm{SAIFI}=\frac{\sum \lambda_i n_i}{\sum N_i} \tag{2-67}
$$

$$
\mathrm{ASAI}=\frac{t_i \sum N_i-\sum U_i N_i}{t_i \sum N_i} \tag{2-68}
$$

$$
\mathrm{SAIDI}=\frac{\sum U_i N_i}{\sum N_i} \tag{2-69}
$$

$$\mathrm{CAIDI}=\frac{\sum U_i N_i}{\sum \lambda_i N_i} \tag{2-70}$$

式中，n_i 为节点 i 的用户数；N_i 为系统总用户数；t_i 为用户需求用电时间。

2）故障产生及可靠性计算

能源路由器系统的供电可靠性取决于发生故障后的失电负荷大小与停电时间，这与恢复故障的开关种类、元件故障率及故障传播范围有关。基于故障枚举的思想，针对网络中的所有元件进行故障遍历，逐一分析其对各个负荷的供电影响，可得各负荷点的可靠性指标和整个系统的可靠性指标。

故障遍历法是电力系统中计算可靠性的一种基本方法，而为了提高计算的速度，一般应用馈线分区与故障遍历结合的方法来求解系统的可靠性指标。对于能源路由器系统，由于电源、储能、负荷都存在使其满足即插即用性能的接口控制电路，因此，以同一接口控制电路为边界对系统网络进行了分区处理，各接口电路代表与之相连的所有电源、储能或负荷，并建立了区段与区段之间的树形连接关系，将这些区段看成一个整体并根据故障遍历法判断故障类型、区段与区段之间的相互影响情况，从而求出系统的可靠性指标。

故障采用全遍历的方法，计算所有节点的可靠性指标。以联结点 L_3 为例，其失电事件有以下几种。

(1) 联结点 L_3 自身故障。

(2) 其他联结点引发的失电，这主要包括 S_1 与 B_1 同时失电、L_1 失电或 L_2 失电等。

(3) 传输线路故障引发的失电，如 E_{34} 失电或 E_{45} 失电。

因此，基于故障遍历法的可靠性评估流程的具体步骤如下。

步骤1：读入能源网络原始数据与网络拓扑结构。

步骤2：依次枚举故障事件，更新网络矩阵。

步骤3：从所有电源节点出发，采用广度优先搜索遍历算法确定故障范围。

步骤4：隔离故障，计算失电节点故障恢复时间。

步骤5：检查所有可能的故障事件是否枚举完毕，若是转至步骤6，否则转到步骤2继续搜索。

步骤6：统计所有故障事件，计算出负荷点及系统的可靠性指标，输出计算结果。

4. *方案统计及系统拓扑更新*

通过步骤1可完成能源路由器内部供配电系统的结构拓扑生成，随后通过步骤 2 与步骤 3,可以实现对单一系统拓扑图可靠性的计算。实际工程应用中,一个网络拓扑更应兼具可靠性与经济性。系统内各个联结点有可能在多边的联系下存在较大的可靠性裕度,因此,为满足方案拓扑的经济性,有必要对系统网络有选择地添加边或移除边,进行系统拓扑图方案设计的更新。在设计能源路由器方案时,基于联结点可靠性要求,可参照图论理论中向网络中添加边还是从网络中移除边的方法将分为凝聚方法和分裂方法,对系统拓扑进行修改。

系统拓扑图更新后,重新进行步骤 2 与步骤 3,生成网络矩阵并计算各联结点的可靠性,最终优选出满足要求的能源路由器供配电系统拓扑图。

2.4.5 基于图论拓扑的能量路由策略

1. 能源路由及其分配策略

能源路由由信息路由的概念引申而来。在信息互联网中,路由信息协议(routing information protocol, RIP)是基于距离矢量算法的路由协议,它利用跳数(中继每转发一次算作一跳)作为计量标准,路由器根据传输信道的拥堵情况自动选择和设定路由,以最佳路径按先后顺序发送信号。而在能源互联网中的能源路由器所具备的路由功能主要指依据电网、发电侧和用户侧负荷情况,以最佳路径选择和分配电力传输能量的大小和方向;对于接收到的电能,能源路由器都会重新计算能源网络承载力和用户负荷变化的情况,并分配新的能源端口与负荷端口。

通过能源路由可以实现不同于传统微电网、固态变压器的控制模式。参照上述章节内容可将图论中的相关算法引入能源路由器能源路由算法的设计当中,将能源路由器中各个端口和母线抽象成图论结构中的顶点,将能源路由器内部的电路线抽象成图论中的边,并通过能源路由算法实现端口 A 到端口 B 的能源传输路径最短,路径越短对应能量损耗越少,因此费用也越低。

考虑到图论边权值的含义,可依据运行方式对能源路由器进行运行模式的定义,以反映各个边的传输容量和电价成本等因素,对应能源路由的方式分为最大能量流运行方式、最小运行费用运行方式以及各种用户自定义的运行方式。在最大能量流运行方式下,对于能源路由器电源端口 S_i 以及储能端口 B_i,与其相连的电源边或储能边上有相应的权重设置 x_{ij},其最大值 $x_{\max i}$ 代表了发电功率的最大限制。而能源路由器路由拓扑中与能源收点 L_i 节点相关联的每条负荷边与能源路由器内部的负荷端口相对应,每条边上有相应的权重设置 y_{ij},其

最大值 y_{maxi} 代表了负荷用电功率的最大限制。其中，$i=1, 2, \cdots, j=1, 2, \cdots$，分别代表不同的能源端口和负荷端口标号。而在最小运行费用运行方式下，则需要在各边运行功率的基础上，分别考虑发电成本、输电成本以及用电成本等，改变了各边的权重。因此，可以简要地认为，能源路由器多样化的运行模式可由各边权重的定制实现，同时，能源路由的求解问题则转化成在各约束条件下的最大流问题。

设 $N(G(V, E), c(e))$ 是一个能源网络，$c(e)$ 是路径 e 的容量；$X=\{x_1, x_2, \cdots, x_n\}$ 是能源端口集合，$Y=\{y_1, y_2, \cdots, y_n\}$ 是负荷端口集合，$\sigma(x_i)$ 为能源端口 x_i 的供应量，$\rho(y_i)$ 为负荷端口的需求量。能源流函数 $f(e)$ 满足以下条件：

$$C_1: \forall e \in E(G), \quad 0 \leqslant f(e) \leqslant c(e) \tag{2-71}$$

$$C_2: \sum_{e \in E_s(v)} f(e) - \sum_{e \in E_t(v)} f(e) = 0 \tag{2-72}$$

式中，$E_s(v)$ 表示源侧边及储能边集合；$E_t(v)$ 表示负荷边集合。

$$C_3: \sum_{e \in E_t(x_i)} f(e) - \sum_{e \in E_s(x_i)} f(e) \leqslant \sigma(x_i), i=1, 2, \cdots, m \tag{2-73}$$

$$C_4: \sum_{e \in E_s(x_i)} f(e) - \sum_{e \in E_t(x_i)} f(e) \geqslant \rho(x_i), i=1, 2, \cdots, n \tag{2-74}$$

约束 C_3 表示对于负荷端口来说，需求不能大于供给；C_4 表示对于能源输出端口来说，供给不能小于需求。同时满足约束 C_1、C_2、C_3、C_4 的能源流 $f(e)$ 称为该能源网络的可行流。若能源网络的可行流在某条路径上的流量等于该边的容量上限，则称该路径处于满载状态。

2. 典型求解算法

图论中，求解最短路径或最大流以及最小费用等问题时已有许多较为经典的算法，在实际应用时，都应考虑各类约束条件进行求解。

1) Dijkstra 算法

Dijkstra 算法是图论中最经典的算法之一，已广泛应用于各个领域的实际问题求解中。Dijkstra 算法是基于贪心思想实现的，首先把起点到所有点的距离存下来找个最短的，然后松弛一次再找出最短的，松弛操作就是，遍历一遍，看通过刚刚找到的距离最短的点作为中转站会不会更近，如果更近了就更新距离，这样把所有的点找遍之后就存下了起点到其他所有点的最短距离。

2) Ford-Fulkerson 算法

此算法是由 Ford 和 Fulkerson 于 1957 年提出的。其思想是：从一个已知能源流开始，依次递推出一个路径流值不断增大的序列，并且最终终止于一个最大流。其基本理念为从给定的初始可行流开始(通常取 0 流)，寻找一条关于当前可行流的增广链 P，最大限度地修改 $s-t$ 链上的流量(s 代表源点，t 代表终点)，得到一个新可行流。随后，重复这个过程，直到找不到 $s-t$ 增广链。Ford-Fulkerson 算法中寻找 $s-t$ 增广链可以有多种方式，常用的是标号法，采用广度优先搜索，依次寻找当前所有容量余量中的最小值，此处不再详述。

3) Bellman-Ford 算法

Bellman-Ford 算法的基本原理是：对图进行 $|v|-1$ 次松弛操作，得到所有可能的最短路径。它比 Dijkstra 算法好的部分在于，最短路径的边的权值可以为负，实现起来比较简单。对于给定的带权(有向或无向)图 $G=(V, E)$，其源点为 s，加权函数 w 是边集 E 的映射。对图 G 运行 Bellman-Ford 算法的结果是一个布尔值，表明图中是否存在一个从源点 s 可达的负权回路。若不存在这样的回路，算法将给出从源点 s 到图 G 的任意顶点 v 的最短路径 $d[v]$。

Bellman-Ford 算法流程分为三个阶段。

(1) 初始化：将除源点外的所有顶点的最短距离估计值 $d[v] \leftarrow +\infty$，$d[s] \leftarrow 0$。

(2) 迭代求解：反复对边集 E 中的每条边进行松弛操作，使得顶点集 V 中的每个顶点 v 的最短距离估计值逐步逼近其最短距离(运行 $|v|-1$ 次)。

(3) 检验负权回路：判断边集 E 中的每一条边的两个端点是否收敛。如果存在未收敛的顶点，则算法返回 false，表明问题无解；否则算法返回 true，并且从源点可达的顶点 v 的最短距离保存在 $d[v]$ 中。

与 Dijkstra 算法相似，普遍情况下，Bellman-Ford 算法用来求解单源点最短路径问题。

第3章

能源路由器的能量管理与控制层

能源路由器在系统感知的基础上，利用先进的互联网技术实现信息流与能量流的传输与共享，互联多种能源，深度融合能源与信息技术。能源路由器作为能源互联网的核心装备，其安全稳定的运行控制成为世界各国研究的重点方向。

3.1 能源路由器最小系统与广义能量

3.1.1 多能形式能源路由器的最小系统

能源路由器针对能源系统中能量转换问题而提出，依据其构建的能源互联网，通过将现有完善的电网作为连接主架，协同多能系统，实现多元能源的协同利用。因此，将能源路由器与综合能源系统相结合而成为多能互补型能源路由器，即将能源路由器单一的电-电转换扩展为多种能源间的转换，具体的结构如图 3 - 1 所示。

多能形式能源路由器的最小系统是指：能够使具备组网条件的不同能源正常工作并发挥其功能时，能源路由器所必需的组成部分，即能源路由器实现多种能源功能正常运行的最小环境。一般情况下，所涉及的能源主要包含热能、天然气和电能三种能源形式，在广义概念下还包含水和交通。上述能源以电能路由器为能量转换和控制中心，附加其他能源装备共同组成多能形式能源路由器。因此，一个多能形式能源路由器的最小系统主要由四部分构成：波动性新能源、储能、电能路由器、其他能源转换装备，同时，这个最小系统具备与外部不同能源网的连接端口，其结构如图 3 - 2 所示。其中，能源路由器中的能量流切换与控制(energy flow switch and control, ESC)主要由电能路由器实现，以控制能源路由器的能量流动路径，电能路由器内部母线、端口、功率

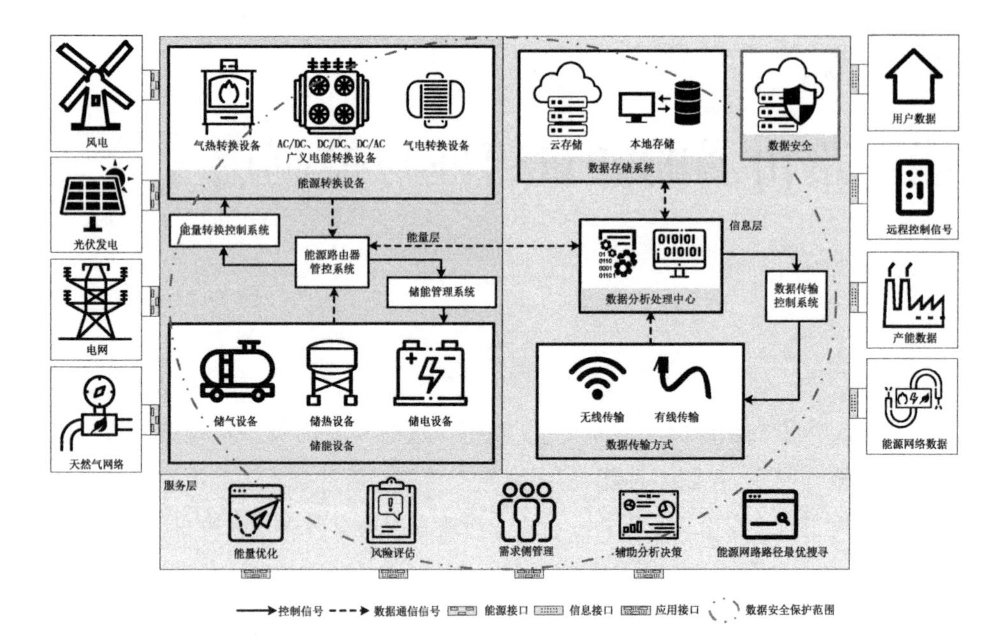

图 3-1　多能互补型能源路由器结构图

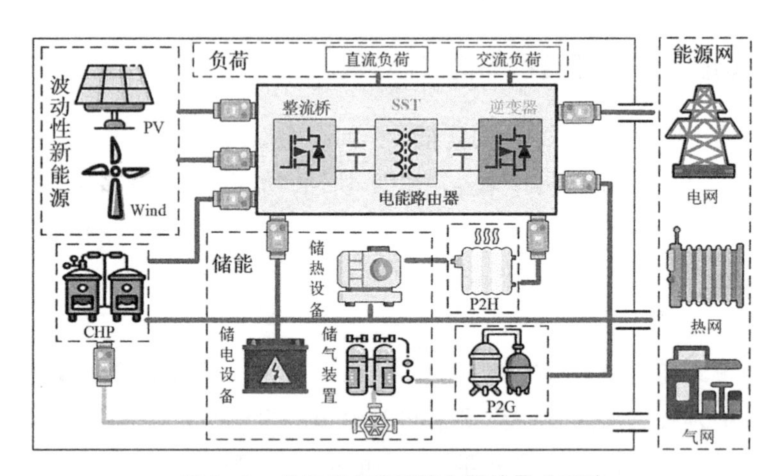

图 3-2　多能形式能源路由器的最小系统

变换集等具体拓扑连接方式可参考第 2 章相关内容。多能形式能源路由器最小系统的各个组成部以端口的形式进行连接，端口能量控制使能源路由器进行内部能量交换，以电解水设备、CHP 设备为代表的各个设备是系统内不同形式能量转换的节点。多能形式能源路由器最小系统的意义在于描述了一个多种能源协同运行的最基本硬件环境。

如上所述，在广义概念中，能源互联网还包含水网络和交通网络，相关的能量转换装备通常为热泵和新能源汽车，鉴于热泵更加偏重热力学，而当前新能源汽车的研究也非常丰富，限于篇幅，在本书中不作为重点介绍。

3.1.2 能源路由器的广义能量

能源路由器的广义能量为能源路由器中设备在任一时刻多属性、多流向的能量总和。能源端口有波动性新能源接入端口、气网端口、热网端口以及电网端口；储能端口包括储气设备端口、储热设备端口以及储电设备端口。能源转换设备是实现能源路由器能量相互转化的重要装备，能量转换设备输入端口包括 CHP 燃气接入端口、P2G 产气接入端口和 P2H 产热接入端口，能量转换设备输出端口包含 CHP 产电输出端口、CHP 产热输出端口、P2G 产气输出端口和 P2H 产热输出端口。能源路由器的能源形式不是单一的电能，而是包含燃气、热能和电能三种能源形式，不同能源的时间尺度不同，接入端口的能量流特性也不同，能源路由器的实际安全运行需要针对其端口能量特性进行分析。能源路由器端口能量定义如表 3－1所示，其中对储能接入系统需要进行定义，储能接入端口能量为正定义为向储能系统传输能源，为负定义为储能系统向外传输能源。

表 3－1　能源网与储能端口能量流

端口类型	能源端口					储能端口		
	风电端口	光伏端口	气网端口	热网端口	电网端口	储电设备端口	储气设备端口	储热设备端口
能量符号	E_{eWind}	E_{ePV}	E_{g}	E_{h}	E_{eGrid}	E_{ec}	E_{gc}	E_{hc}

表 3－2　典型能源设备端口能量流

端口类型	能量转换设备输入端口			能量转换设备输出端口			输能设备
	CHP	P2G	P2H	CHP	P2G	P2H	管道耗损
能量符号	E_{gCHP}	E_{eP2G}	E_{eP2H}	E_{eCHP}、E_{hCHP}	E_{gP2G}	E_{hP2H}	ΔE_{ε}

3.1.3 能源端口的能量流关系

1. 波动性新能源能量流 $E_{\mathrm{enew}}^{Tij}(t)$

风电和光伏发电等新能源发电是能源路由器的主要能源来源之一，新能源发电的广义能量包括 t_0 时刻能源路由器新能源接入端口的能量总值，只考虑风、光能源的情况下，这部分能量的数学表达为

$$E_{\mathrm{enew}}^{T_{ij}}(t)=E_{\mathrm{eWind}}^{T_{ij}}(t)+E_{\mathrm{ePV}}^{T_{ij}}(t)=\int_{t_i}^{t_j}(P_{\mathrm{eWind}}+P_{\mathrm{ePV}})\mathrm{d}t \tag{3-1}$$

式中，$E_{\mathrm{enew}}^{T_{ij}}(t)$ 为新能源发电模块在 T_i 至 T_j 期间 T_{ij} 时段的能源总量；$E_{\mathrm{eWind}}^{T_{ij}}(t)$ 为风力发电在 T_i 至 T_j 期间 T_{ij} 时段的能量；$E_{\mathrm{ePV}}^{T_{ij}}(t)$ 为光伏发电在 T_i 至 T_j 期间 T_{ij} 时段的能量；P_{eWind} 为风电功率；P_{ePV} 为光伏功率。

任意时段风电端口能量 $E_{\mathrm{eWind}}(t)$ 可由式(3-2)求得：

$$E_{\mathrm{eWind}}(t)=\int_0^{t_0}P_{\mathrm{eWind}}(t)\mathrm{d}t=\int_0^{t_0}\left[\frac{1}{2}\rho\pi R^2C_p(\beta,\ \lambda)v^3t\right]\mathrm{d}t \tag{3-2}$$

式中，R 是风轮半径；v 为风速；β 为桨距角；ρ 为空气密度；λ 为叶尖速比；C_p 是风能利用系数。

根据光伏电池的数学模型，任意时段光伏端口能量 $E_{\mathrm{ePV}}(t)$ 可由式(3-3)获得：

$$E_{\mathrm{ePV}}(t)=\int_0^{t_0}\left[U_{\mathrm{PV}}I_{\mathrm{ph}}-U_{\mathrm{PV}}I_{\mathrm{s}}\left(\exp\left(\frac{U_{\mathrm{PV}}+I_{\mathrm{PV}}R_{\mathrm{s}}}{mV_T}\right)-1\right)-U_{\mathrm{PV}}\frac{U_{\mathrm{PV}}+I_{\mathrm{PV}}R_{\mathrm{s}}}{R_p}\right]\mathrm{d}t \tag{3-3}$$

式中，V_T 为温度常数；I_{s} 为饱和电流；m 为二极管因数；I_{ph} 为光生电流；R_p 为旁路电阻。

2. 能源网络端口能量流 E_{g}、E_{h} 和 E_{eGrid}

在考虑气、热、电三种能源网的情况下，每一种网络的端口能量流可以视为对端口交换功率的积分，如式(3-4)所示。从一个能量计算的角度看，气、热、电三种能量的功率在相同的时段中变化的时间尺度不同，但必须指出的是，如果对此能源互联网实施调度控制，从调度的角度看，并不能认为这种时间尺度的差异足够实现控制的解耦。

$$\begin{cases}E_{\mathrm{g}}(t)=\int_0^{t_0}P_{\mathrm{g}}(t)\mathrm{d}t\\E_{\mathrm{h}}(t)=\int_0^{t_0}P_{\mathrm{h}}(t)\mathrm{d}t\\E_{\mathrm{eGrid}}(t)=\int_0^{t_0}P_{\mathrm{eGrid}}(t)\mathrm{d}t\end{cases} \tag{3-4}$$

3.1.4 能量转换模块的能量流

1. CHP 发电模块的能量流

CHP 系统存在电能、热能、气能三者的耦合，CHP 系统通过消耗燃气产生电能和热能，广义能量包括在 T_i 至 T_j 期间 T_{ij} 时段的能源路由器 CHP 燃气端口、CHP 发电端口、热力水箱端口、储热水箱和热网热能之间交互的能量以及 CHP 能量转换时发生的损耗。CHP 的运行方式是输入燃气能量，产生电能和热能以及损耗，因此，有

$$\begin{aligned} E_{\mathrm{gCHP}}^{T_{ij}} &= \int_{t_i}^{t_j} [P_{\mathrm{gCHP}}(t)]\,\mathrm{d}t = E_{\mathrm{eCHP}}^{T_{ij}} + E_{\mathrm{hcCHP}}^{T_{ij}} + E_{\mathrm{CHP.loss}}^{T_{ij}} \\ &= \int_{t_i}^{t_j} [P_{\mathrm{eCHP}}(t) + P_{\mathrm{hcCHP}}(t)]\,\mathrm{d}t + E_{\mathrm{CHP.loss}}^{T_{ij}} \end{aligned} \tag{3-5}$$

式中，$E_{\mathrm{gCHP}}^{T_{ij}}(t)$ 和 $P_{\mathrm{gCHP}}(t)$ 分别是 CHP 运行消耗的燃气在 T_i 至 T_j 期间 T_{ij} 时段所具有的能量和实时功率；$E_{\mathrm{eCHP}}^{T_{ij}}(t)$ 和 $P_{\mathrm{eCHP}}(t)$ 分别是 CHP 发电在 T_i 至 T_j 期间 T_{ij} 时段的输出能量和功率；$E_{\mathrm{hcCHP}}^{T_{ij}}(t)$ 和 $P_{\mathrm{hcCHP}}(t)$ 分别是 CHP 产热(存储在储热模块)在 T_i 至 T_j 期间 T_{ij} 时段的输出能量和实时功率；$E_{\mathrm{CHP.loss}}^{T_{ij}}$ 是 T_i 至 T_j 期间 T_{ij} 时段 CHP 运行过程中的损耗。

CHP 燃气端口的能量为 E_{gCHP}，燃气的热量值为 $3.5\times10^4\ \mathrm{kJ/m^3}$，按输入燃气的体积随时间的累计量计算气负荷接入端口的能量(一个标准大气压下)。由于气负荷端口燃气变化速率低于电能，燃气的流量与电能功率之间无法形成有效的关系，所以需要从燃气的能量角度定义燃气的功率。

设燃气流向 CHP 燃烧室的速率为 $v_{\mathrm{gCHP.in}}$，阀门截面积为 s_{gCHP}，可以得到 CHP 燃气端口的能量 E_{gCHP}和实时功率 P_{gCHP}：

$$E_{\mathrm{gCHP}} = 3.5\times10^4 \cdot v_{\mathrm{gCHP\cdot in}} \cdot s_{\mathrm{gCHP}} \tag{3-6}$$

$$P_{\mathrm{gCHP}}(t) = \frac{\mathrm{d}E_{\mathrm{gCHP}}}{\mathrm{d}t} = 3.5\times10^4 s_{\mathrm{gCHP}} \frac{\mathrm{d}v_{\mathrm{gCHP\cdot in}}}{\mathrm{d}t} = k_{\mathrm{CHP.in}}\alpha_{\mathrm{CHP.in}} \tag{3-7}$$

式(3-7)表明，如果要求 CHP 输出一个稳定的功率，那么需要提供以恒定加速度输入的燃气，也就是说，需要为燃气提供一个恒定的气压，与实际 CHP 运行相符合。但是，实际 CHP 运行还要求输出功率可以调节，也就

意味着CHP输入的燃气功率可以调节，一个典型的气负荷功率特性如图3-3所示，由图可以得出，气负荷端口的能量稳定时间约为2.5 s，比电能调节时间长，因此在考虑能源路由器的模式切换时需要给气负荷端口缓冲的时间。

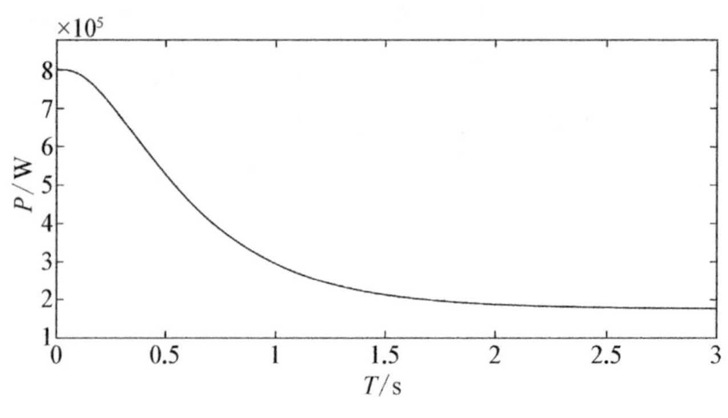

图3-3 气负荷的功率特性

CHP运行时，燃气通过燃气轮机转换成输入能源路由器里的电能，燃气的使用与CHP产电息息相关，CHP燃气发电的产能为E_{eCHP}，燃气发电效率为η，CHP燃气端口的能量为E_{gCHP}，则有

$$E_{gCHP}=\frac{E_{eCHP}}{\eta} \tag{3-8}$$

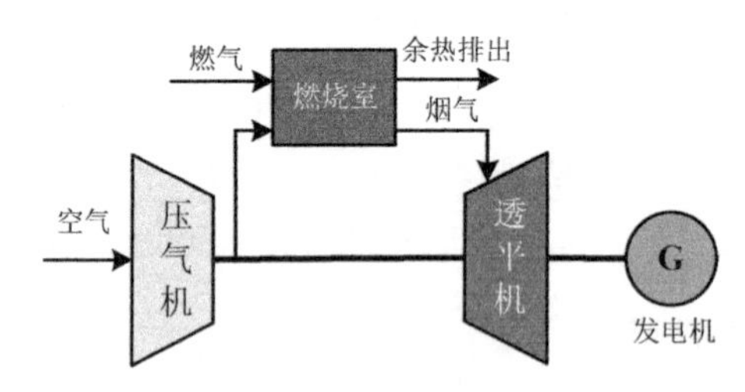

图3-4 燃气轮机发电系统

CHP输出端口为电能和热能，核心设备为燃气轮机，结构如图3-4所示。以单轴燃气轮机系统为例，外界空气从压气机进入燃气轮机，经压气机压缩后形成高温高压的空气流进入燃烧室，将燃气输入燃烧室，与高温空气混合燃烧，产生高温高压的烟气，再进入透平机膨胀做功，从而带动发电机发电，产生的余热通过热水管传输到储热水箱中。

CHP产能由多个部分组成，每个部分均可以推导相应的气体流量和温度方程；同时，一般采用热电联产时，通常采用以热定电的运行方式，需要引入热电比的概念。上述问题在《城市固废综合利用基地与能源互联网》一书中有详细的分析和推导，在此不再赘述。

2. 电解水储氢模块的能量流

电解水储氢模块是电能和气能的耦合模块，电解水储氢通过消耗电能产生氢气，电能来源分别为新能源发电和电网供电。电解水储氢模块的广义能量包括在 T_i 至 T_j 期间 T_{ij} 时段的新能源供电、电网供电、电解水储氢模块的广义能量包括在 T_i 至 T_j 期间 T_{ij} 时段的新能源供电、电网供电以及电解水产生氢气传输到储氢系统的能量，以及能量转换过程中的损耗。

$$
\begin{aligned}
E_{\mathrm{eEWE}}^{T_{ij}} &= E_{\mathrm{enew}}^{T_{ij}} + E_{\mathrm{ep.EWE}}^{T_{ij}} = \int_{t_i}^{t_j} [P_{\mathrm{enew}}(t) + P_{\mathrm{ep.EWE}}(t)]\,\mathrm{d}t \\
&= E_{\mathrm{gc}}^{T_{ij}} + E_{\mathrm{g.loss}}^{T_{ij}} = \int_{t_i}^{t_j} [P_{\mathrm{gc}}(t)]\,\mathrm{d}t + E_{\mathrm{g.loss}}^{T_{ij}}
\end{aligned}
$$

式中，$E_{\mathrm{eEWE}}^{T_{ij}}(t)$ 为电解水设备在 T_i 至 T_j 期间 T_{ij} 时段损耗的电能能量；$E_{\mathrm{enew}}^{T_{ij}}(t)$ 和 $P_{\mathrm{enew}}(t)$ 分别是新能源在 T_i 至 T_j 期间 T_{ij} 时段向电解水设备输出的能量和功率；$E_{\mathrm{ep{\cdot}EWE}}^{T_{ij}}(t)$ 和 $P_{\mathrm{ep.EWE}}(t)$ 分别是电网在 T_i 至 T_j 期间 T_{ij} 时段向电解水设备输送的电能能量和功率；$E_{\mathrm{gc}}^{T_{ij}}(t)$ 和 $P_{\mathrm{gc}}(t)$ 是储氢系统在 T_i 至 T_j 期间 T_{ij} 时段输入的能量和功率；$E_{\mathrm{g.loss}}^{T_{ij}}$ 是 T_i 至 T_j 期间 T_{ij} 时段电解过程的能量损耗。

电解水制氢可以在用电低谷时期，由不并网的波动性新能源提供电能，产生的氢气由储气罐存储。电解水制氢是一种氧化还原化学反应过程，电解水设备通过两电极通电，电解水生成氢气和氧气，水电解的电化学反应为

$$
\mathrm{H_2O} + E \longrightarrow \mathrm{H_2(g)} + 0.5\mathrm{O_2(g)} \tag{3-9}
$$

电解水制氢的能量转换模型为

$$
E_{\mathrm{gEWE}} = \frac{\eta_{\mathrm{EWE}} \cdot P_{\mathrm{eEWE}} \cdot \varphi}{H} \tag{3-10}
$$

式中，E_{gEWE} 为氢气能量；η_{EWE} 为电转气效率；P_{eEWE} 为电解水设备的耗电功率；φ 为能源转换系数；H 为氢气体积。

3. 电锅炉产热模块的能量流

电锅炉产热模块是电能和热能的耦合模块，电锅炉消耗电能产生热能传输到热网。电锅炉产热模块的广义能量包括在 T_i 至 T_j 期间 T_{ij} 时段的电锅炉耗电和电锅炉产热的能量，以及电锅炉的损耗。

$$E_{\mathrm{eCLDR}}^{T_{ij}}=\int_{t_i}^{t_j}[P_{\mathrm{eCLDR}}(t)]\mathrm{d}t=E_{\mathrm{hCLDR}}^{T_{ij}}+E_{\mathrm{CLDR.loss}}^{T_{ij}}$$
$$=\int_{t_i}^{t_j}[P_{\mathrm{hCLDR}}(t)]\mathrm{d}t+E_{\mathrm{CLDR.loss}}^{T_{ij}}$$

式中，$E_{\mathrm{eCLDR}}^{T_{ij}}(t)$ 和 $P_{\mathrm{eCLDR}}(t)$ 为电锅炉在 T_i 至 T_j 期间 T_{ij} 时段消耗的电能能量和功率，也分为新能源提供的电能和电网提供的电能；$E_{\mathrm{hCLDR}}^{T_{ij}}(t)$ 和 $P_{\mathrm{hCLDR}}(t)$ 为电锅炉在 T_i 至 T_j 期间 T_{ij} 时段产生热能的能量和功率；$E_{\mathrm{CLDR.loss}}^{T_{ij}}$ 为 T_i 至 T_j 期间 T_{ij} 时段电锅炉的运行损耗。

电锅炉本身属于一种电负荷，可以起到电网填谷作用，消纳多余的电能，同时也可作为热源维持热网的稳定，它不产生污染物，电热的转换效率达到 95%，是热负荷调峰和电负荷填谷的最佳设备。电锅炉可以将电能转化为热能，电流在其内部产生电磁感应，从而产生热量，再通过换热器把供热载体加热到一定参数（温度、压力），最后通过管道向用户输出热能。

电锅炉运行时，其提供的热量与额定电功率之间的关系为

$$P_{\mathrm{hCLRD}}=P_{\mathrm{eCLRD}}\eta_{\mathrm{hCLRD}} \tag{3-11}$$

式中，P_{hCLRD} 为电锅炉的产热功率；P_{eCLRD} 为电锅炉的额定功率；η_{hCLRD} 为电锅炉的热效率，一般为 95%。

3.1.5 储能接入端口的能量流

1. 储能电池接入端口

因为波动性能源存在很大的不确定性，能源路由器需要储能电池实现波动性新能源的有效稳定利用和能源路由器的功能，储能电池主要承担维持直流系统稳定运行的任务，同时还存储系统的冗余能量。储能电池与 DC/DC 变换电路连接，由电路控制实现充电和放电的功能，DC/DC 变换电路结构见第 2 章。

储能电池的充放电过程与荷电状态 SOC 密切相关，可以表示为

$$\mathrm{SOC}(t+1)=\mathrm{SOC}(t)(1-D_{\mathrm{s}})+K(V_{\mathrm{ec}}I-R_0I^2) \tag{3-12}$$

式中，SOC(t)为 t 时刻储能电池的容量；I 为储能电池的电流；V_{ec} 为储能接入端口电压；K 为储能电池的充放电效率；D_{s} 为储能电池的自放电量；R_0 为储能电池的内阻。

储能电池的充放电与 SOC(t)相关，以铅酸电池为例，充放电时电池电压与内电阻如式(3-13)所示：

$$\begin{cases} V_{\mathrm{ec1}}=2+0.148\dfrac{\mathrm{SOC}(t)}{\mathrm{SOC}_{\max}};\ R_{01}=\dfrac{0.758+0.130\,9\left(1.06-\dfrac{\mathrm{SOC}(t)}{\mathrm{SOC}_{\max}}\right)}{\mathrm{SOC}_{\max}} & (1)\\ V_{\mathrm{ec2}}=1.926+0.124\dfrac{\mathrm{SOC}(t)}{\mathrm{SOC}_{\max}};\ R_{02}=\dfrac{0.19+0.103\,7\left(\dfrac{\mathrm{SOC}(t)}{\mathrm{SOC}_{\max}}-0.14\right)}{\mathrm{SOC}_{\max}} & (2) \end{cases} \tag{3-13}$$

式中,(1) 为充电时方程;(2) 为放电时方程。

由式(3-13)可知,储能电池在充放电过程中都有损耗,这是电能与化学能转换过程中的消耗,在式中表现为电池的内阻损耗。上述损耗与外电路 DC/DC 充电能量之间的差值即充入储能电池的能量,同样可以计算得到储能电池的放电能量,式(3-14)中,$E_{\mathrm{ec.char}}^{T_{ij}}(t)$ 为储能电池在 T_i 至 T_j 期间 T_{ij} 时段获得的充电能量;$E_{\mathrm{ec.chsys}}^{T_{ij}}(t)$ 为外电路在 T_i 至 T_j 期间 T_{ij} 时段对储能电池的充电电量;$E_{\mathrm{ec.char.loss}}^{T_{ij}}(t)$ 为储能电池在 T_i 至 T_j 期间 T_{ij} 时段的充电损耗;$E_{\mathrm{ec.dis}}^{T_{ij}}(t)$ 为储能电池在 T_i 至 T_j 期间 T_{ij} 时段的放电能量;$E_{\mathrm{ec.dissys}}^{T_{ij}}(t)$ 为外电路在 T_i 至 T_j 期间 T_{ij} 时段获得的放电电量;$E_{\mathrm{ec.dis.loss}}^{T_{ij}}(t)$ 为储能电池在 T_i 至 T_j 期间 T_{ij} 时段的放电损耗。

$$\begin{cases} E_{\mathrm{ec.chsys}}^{T_{ij}}(t)=E_{\mathrm{ec.char}}^{T_{ij}}(t)+E_{\mathrm{ec.char.loss}}^{T_{ij}}(t)\\ E_{\mathrm{ec.dissys}}^{T_{ij}}(t)=E_{\mathrm{ec.dis}}^{T_{ij}}(t)-E_{\mathrm{ec.dis.loss}}^{T_{ij}}(t) \end{cases} \tag{3-14}$$

2. 储热水箱接入端口

储热水箱主要在热负荷需求高峰时及时供应热能,可以缓解热能需求,并且提高能源的利用效率,数学模型可以表达为

$$E_{\mathrm{hc}}(t)=(1-\mu)E_{\mathrm{hc}}(t-1)+\left(Q_{\mathrm{hc.ch}}(t)\eta_{\mathrm{hc.ch}}-\frac{Q_{\mathrm{hc.dis}}(t)}{\eta_{\mathrm{hc.dis}}}\right)\Delta t \tag{3-15}$$

式中,$E_{\mathrm{hc}}(t)$为时段 t 储热水箱的容量;μ 为储热水箱的散热损失率;$\eta_{\mathrm{hc.ch}}$为储热水箱的吸热效率;$\eta_{\mathrm{hc.dis}}$为储热水箱的放热效率;$Q_{\mathrm{hc.ch}}(t)$为时段 t 储热水箱的吸热功率;$Q_{\mathrm{hc.dis}}(t)$为时段 t 储热水箱的放热功率。

储热端口的热能由燃气轮机设备运行产生的余热输入,储能装置为储热水箱。CHP 在发电过程中会有部分能量转换为热能传输到热网,根据以上对燃气轮机的分析,不考虑外界环境变化对发电和产热效率的影响,CHP 的热点关系数学模型为

$$Q_{hCHP} = \frac{P_{eCHP} \cdot (1 - \eta_{eCHP} - \eta_{hL})}{\eta_{eCHP}} \tag{3-16}$$

式中，Q_{hCHP}为 CHP 余热产生功率；P_{eCHP}为 CHP 发电功率；η_{CHP}为 CHP 发电效率；η_{hL}为热能损耗率。

3. 储气接入端口

目前工业中应用较多的储氢方式为高压气态储氢和液态储氢两种。高压气态储氢需要高抗拉强度碳纤维材料制造技术和碳纤维轻质高压储氢容器的设计与制造技术，技术成熟且设备结构简单，经济成本低廉，这里介绍高压气态储氢方式建模。

对于高压气态储氢，其气体压缩装置的数学模型为

$$\begin{cases} P_{gc\cdot com} = \dfrac{V_{gc\cdot H_2} A_{gc}}{\alpha_{gc\cdot com}} \\ A_{gc} = \dfrac{k_{gc} RT}{k_{gc} - 1} \left(\left(\dfrac{P_{gc} \alpha_{gc\cdot H_2}}{P_{gc\cdot el}} \right)^{k_{gc} - 1/k_{gc}} - 1 \right) \end{cases} \tag{3-17}$$

式中，$V_{gc\cdot H_2}$ 为压缩机气体体积；$\alpha_{gc\cdot com}$为压缩机的效率；$\alpha_{gc\cdot H_2}$ 为压缩机；$P_{gc\cdot com}$为压缩机的功率；P_{gc}为压缩机气体压力；k_{gc}为压缩过程中的多级效率；A_{gc}为中间变量。

总储氢量为

$$\begin{cases} \dot{n}_{gc\cdot sto}(\tau) = \dot{n}_{gc\cdot inll2}(\tau) - \dot{n}_{gc\cdot outll2}(\tau) \\ n_{gc\cdot sto}(t_0 + \Delta t) = \int_{t_0}^{t_0+\Delta t} [\dot{n}_{gc\cdot inll2}(\tau) + n_{gc\cdot sto}(t_0)] \, dt \end{cases} \tag{3-18}$$

式中，$n_{gc\cdot sto}(t_0)$ 为 t_0 时刻的总储氢量；$\dot{n}_{gc\cdot sto}(\tau)$ 为 τ 时刻的储气速率；$\dot{n}_{gc\cdot inll2}(\tau)$ 为 τ 时刻的输入速率；$\dot{n}_{gc\cdot outll2}(\tau)$ 为 τ 时刻的输出速率。

由克拉伯龙理想气体状态方程可得储氢罐压力：

$$P_{gc\cdot sto} = \frac{RT_{gc\cdot sto} n_{gc\cdot sto}}{V_{gc\cdot sto}} \tag{3-19}$$

式中，$T_{gc\cdot sto}$为储氢罐内温度；$V_{gc\cdot sto}$为储氢罐内体积。

3.1.6 输能设备

忽略能源自身的传输速度，电、热/冷、气管道的传输特性基本类似，其表达式具体如下：

$$\begin{cases} E_{t+1}^{\mathrm{eout}} = E_t^{\mathrm{ein}}(1 - k_{\mathrm{e,\,loss}} L_{\mathrm{e}}) \\ E_{t+1}^{\mathrm{hout}} = E_t^{\mathrm{hin}}(1 - k_{\mathrm{h,\,loss}} L_{\mathrm{h}}) \\ E_{t+1}^{\mathrm{gout}} = E_t^{\mathrm{gin}}(1 - k_{\mathrm{g,\,loss}} L_{\mathrm{g}}) \end{cases} \tag{3-20}$$

式中，E_{t+1}^{eout}、E_{t+1}^{hout}、E_{t+1}^{gout} 为能源线路末端在 $t+1$ 时刻输出的电、热/冷、气；E_t^{ein}、E_t^{hin}、E_t^{gin} 为能源管道在 t 时刻输入的电、热/冷、气；$k_{\mathrm{e,\,loss}}$、$k_{\mathrm{h,\,loss}}$、$k_{\mathrm{g,\,loss}}$ 为电、热/冷、气线路的单位损耗率；L_{e}、L_{h}、L_{g} 为电、热/冷、气能源线路的长度。

3.2　能源路由器运行工况集

能源路由器端口数量众多，能量路由器的基本运行，应满足能源路由器系统自身能源网络电负荷、热负荷、冷负荷及内部储能自给自足的要求，响应电网日前的调度，以最大化提升可再生能源消纳率为目标，服务层最终实现与能源市场的互联互通交易。能源路由器高效运行的核心是能源路由器各端口的能量优化管理，实现多能协同最大化。不同的外部能源网络运行集合与能源路由器不同运行工况集在合理的可行域将产生不同的交集，在各个交集内，能源路由器内部能量流与内部的功率平衡各有不同。以下详述能源路由器运行工况集的生成。

3.2.1　运行工况划分标准

能源路由器基本运行的目标是最大化提升可再生能源消纳率，因此，在基本运行策略下，根据波动性新能源的资源状况以及能源路由器系统内主动负荷（P2G 设备等）的运行标准，将能源路由器的运行工况划分为峰级、中级、谷级三种，如图 3－5 所示。当波动性新能源的输出功率不满足并网交直流变换单元的稳定功率 $P_{\mathrm{ep.s}}$ 时，能源路由器系统波动性新能源不能并网，但可通过能源路由器系统内主动负荷，如 P2G 设备、P2H 设备或储能设备对可再生能源进行消纳；当波动性新能源的输出功率不能满足电网主动负荷的稳定功率 $P_{\mathrm{eini.s}}$ 时，能源路由

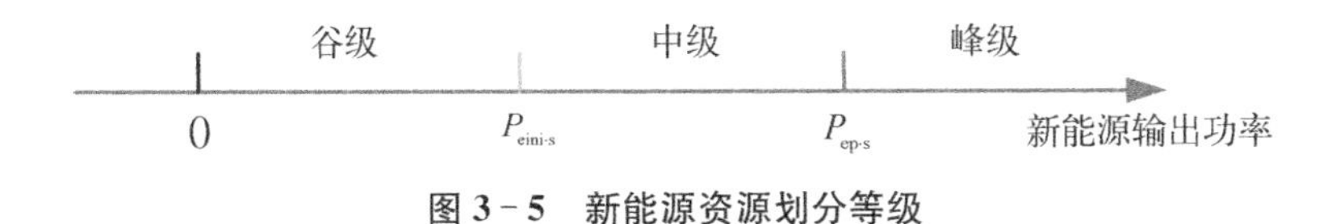

图 3－5　新能源资源划分等级

器系统的波动性新能源不连入整个系统。

能源路由器内能源设备的时间常数往往各不相同，也就是说它们需要花费不同的时间来达到稳态。其中，电能可以在瞬时之间实现平衡，而热能、气能的惯性巨大，暂态过程缓慢，且不同热力设备存在时间常数的差异性。因此，为保证各能源网络的稳定运行，优先控制能源网络中的电负荷，随后是气负荷，最后是热负荷，优先级为电网>气网>热网，以保证能源网络的能量平衡。

3.2.2 运行工况集

1. 波动性新能源资源峰级状态时的运行工况集

波动性新能源资源状态为峰级时，能源路由器中的新能源输入端口的输入电能满足并网条件，能源路由器可以响应电网的调度计划，同时可兼顾站内的电、气、热负荷。在接受上层能源网调度信息的情况下，根据运行情况，在最大化提升新能源消纳率的基础上，考虑运行经济性，由能源路由器服务层运行优化决定站内主动负荷的开关与启动。

由上述原则可知，在波动性新能源资源状态为峰级时，能源路由器根据电网、气网、热网的调度需求，结合新能源接入端口的能源输入状态，可以得到表 3-3 所示的波动性新能源资源峰级状态与能源路由器运行方式的交集 Φ_{I}。其中，Y 表示能源路由器响应外部能源网络的调度计划，N 表示能源路由器不响应外部能源网络的调度计划；能源设备运行时控制值为 1，能源设备停止运行时为 0。A 表示能源路由器与能源网络的能量交互状态，B 表示能源路由器与内部储能及主动负荷的交互状态。

表 3-3 波动性新能源资源峰级状态与能源路由器运行方式的交集

<table>
<tr><th rowspan="3">波动性新能源资源</th><th colspan="13">能源路由器运行方式的交集 Φ_{I}</th></tr>
<tr><th rowspan="2">解集</th><th colspan="4">电网</th><th colspan="4">气网</th><th colspan="4">热网</th></tr>
<tr><th>调度</th><th>控制内容</th><th>控制值</th><th>动作</th><th>调度</th><th>控制内容</th><th>控制值</th><th>动作</th><th>调度</th><th>控制内容</th><th>控制值</th><th>动作</th></tr>
<tr><td rowspan="4">峰级</td><td rowspan="4">Φ_{S1}</td><td rowspan="4">Y</td><td>电网接口</td><td>1</td><td rowspan="4">A,B</td><td rowspan="4">Y</td><td rowspan="2">气网接口</td><td rowspan="2">1</td><td rowspan="4">A,B</td><td rowspan="4">Y</td><td rowspan="2">热网接口</td><td rowspan="2">1</td><td rowspan="4">A,B</td></tr>
<tr><td>新能源发电</td><td>1</td></tr>
<tr><td>储电系统</td><td>1</td><td>储气设备</td><td>1</td><td>储热设备</td><td>1</td></tr>
<tr><td>CHP 系统</td><td>1/0</td><td>P2G 设备</td><td>1</td><td>P2H 设备</td><td>1</td></tr>
</table>

续　表

波动性新能源资源	解集	能源路由器运行方式的交集 Φ_I											
		电　网				气　网				热　网			
		调度	控制内容	控制值	动作	调度	控制内容	控制值	动作	调度	控制内容	控制值	动作
峰级	Φ_{S2}	Y	电网接口	1	A,B	Y	气网接口	1	A,B	N	热网接口	1/0	B
			新能源发电	1									
			储电系统	1			储气设备	1			储热设备	1	
			CHP 系统	1/0			P2G 设备	1/0			P2H 设备	1/0	
	Φ_{S3}	Y	电网接口	1	A,B	N	气网接口	1/0	B	Y	热网接口	1	A,B
			新能源发电	1									
			储电系统	1			储气设备	1			储热设备	1	
			CHP 系统	1/0			P2G 设备	1/0			P2H 设备	0	
	Φ_{S4}	Y	电网接口	1	A,B	N	气网接口	1/0	B	N	热网接口	1/0	B
			新能源发电	1									
			储电系统	1			储气设备	1			储热设备	1	
			CHP 系统	1/0			P2G 设备	1/0			P2H 设备	0	
	Φ_{S5}	N	电网接口	1/0	B	Y	气网接口	1	A,B	Y	热网接口	1	A,B
			新能源发电	1									
			储电系统	0			储气设备	1			储热设备	1	
			CHP 系统	1/0			P2G 设备	1			P2H 设备	1	
	Φ_{S6}	N	电网接口	1/0	B	Y	气网接口	1	向气网供气	N	热网接口	1/0	B
			新能源发电	1									
			储电系统	1			储气设备	1			储热设备	1	
			CHP 系统	1/0			P2G 设备	1			P2H 设备	1/0	
	Φ_{S7}	N	电网接口	1/0	B	N	气网接口	1/0	B	Y	热网接口	1	A,B
			新能源发电	1									
			储电系统	1			储气设备	1			储热设备	1	
			CHP 系统	1/0			P2G 设备	1/0			P2H 设备	1	
	Φ_{S8}	N	电网接口	1/0	B	N	气网接口	1/0	B	N	热网接口	1/0	B
			新能源发电	1									
			储电系统	1			储气设备	1			储热设备	1	
			CHP 系统	1/0			P2G 设备	1/0			P2H 设备	1/0	

由表 3 - 3 可知，风、光资源为峰级状态时能源路由器的运行状态集为

$$\Phi_{\mathrm{I}} = \{\Phi_{Si},\ i = 1,\ 2,\ \cdots,\ 8\} \tag{3-21}$$

2. 波动性新能源资源中级状态时的运行工况集

波动性新能源资源为中级状态时，能源路由器的新能源接入端口输入电能达不到并网条件，通过能源路由器内部拓扑连接方式的改变，此时新能源电能输入端口将能量通过储能与系统内主动性负荷消纳，系统对电网的调度需求由系统内 CHP 满足。综合上述情况可以得到表 3 - 4 所示的波动性新能源资源中级状态与能源路由器运行方式的交集 Φ_{II}，表中控制值的定义与表 3 - 3 相同。

表 3 - 4　波动性新能源资源中级状态与能源路由器运行方式的交集

波动性新能源资源	能源路由器运行方式的交集 Φ_{II}												
	解集	电网				气网				热网			
		调度	控制内容	控制值	动作	调度	控制内容	控制值	动作	调度	控制内容	控制值	动作
中级	Φ_{A1}	Y	电网接口	1	A,B	Y	气网接口	1	A,B	Y	热网接口	1	A,B
			新能源发电	1									
			储电系统	1			储气设备	1			储热设备	1	
			CHP 系统	1			P2G 设备	1			P2H 设备	1	
	Φ_{A2}	Y	电网接口	1	A,B	Y	气网接口	1	A,B	N	热网接口	1/0	A,B
			新能源发电	1									
			储电系统	1			储气设备	1			储热设备	1	
			CHP 系统	1			P2G 设备	1/0			P2H 设备	1/0	
	Φ_{A3}	Y	电网接口	1	A,B	N	气网接口	1/0	B	Y	热网接口	1	A,B
			新能源发电	1									
			储电系统	1			储气设备	1			储热设备	1	
			CHP 系统	1			P2G 设备	1/0			P2H 设备	0	
	Φ_{A4}	Y	电网接口	1	A,B	N	气网接口	1/0	B	N	热网接口	1/0	A,B
			新能源发电	1									
			储电系统	1			储气设备	1			储热设备	1	
			CHP 系统	1			P2G 设备	1/0			P2H 设备	0	

续　表

波动性新能源资源	能源路由器运行方式的交集 Φ_{II}												
	解集	电网				气网				热网			
		调度	控制内容	控制值	动作	调度	控制内容	控制值	动作	调度	控制内容	控制值	动作
中级	Φ_{A5}	N	电网接口	1/0	B	Y	气网接口	1	A,B	Y	热网接口	1	A,B
			新能源发电	1									
			储电系统	0			储气设备	1			储热设备	1	
			CHP 系统	1/0			P2G 设备	1			P2H 设备	1	
	Φ_{A6}	N	电网接口	1/0	B	Y	气网接口	1	A,B	N	热网接口	1/0	B
			新能源发电	1									
			储电系统	1			储气设备	1			储热设备	1	
			CHP 系统	1/0			P2G 设备	1			P2H 设备	1/0	
	Φ_{A7}	N	电网接口	1/0	B	N	气网接口	1/0	B	Y	热网接口	1	A,B
			新能源发电	1									
			储电系统	1			储气设备	1			储热设备	1	
			CHP 系统	1/0			P2G 设备	1/0			P2H 设备	1	
	Φ_{A8}	N	电网接口	1/0	B	N	气网接口	1/0	B	N	热网接口	1/0	B
			新能源发电	1									
			储电系统	1			储气设备	1			储热设备	1	
			CHP 系统	1/0			P2G 设备	1/0			P2H 设备	1/0	

由表 3-4 可知，波动性新能源资源为中级状态时能源路由器的运行状态集为

$$\Phi_{\mathrm{II}}=\{\Phi_{Ai},\ i=1,\ 2,\ \cdots,\ 8\} \tag{3-22}$$

3. 波动性新能源资源谷级状态时的运行工况集

波动性新能源资源处于谷级状态时，波动性新能源资源处于无法利用状态，能源路由器的新能源接入端口无能源流动，电网的调度需求响应主要依靠此能源路由器系统内的 CHP 设备，能源路由器处于半静止状态，可以得到表 3-5 所示的波动性新能源资源谷级状态与能源路由器运行方式的交集 Φ_{III}，表中控制值的定义与表 3-3 相同。

表 3-5 波动性新能源资源谷级状态与能源路由器运行方式的交集

<table>
<tr><th rowspan="3">波动性新能源资源</th><th colspan="13">能源路由器运行方式的交集 Φ_{III}</th></tr>
<tr><th rowspan="2">解集</th><th colspan="4">电网</th><th colspan="4">气网</th><th colspan="4">热网</th></tr>
<tr><th>调度</th><th>控制内容</th><th>控制值</th><th>动作</th><th>调度</th><th>控制内容</th><th>控制值</th><th>动作</th><th>调度</th><th>控制内容</th><th>控制值</th><th>动作</th></tr>
<tr><td rowspan="24">谷级</td><td rowspan="4">Φ_{U1}</td><td rowspan="4">Y</td><td>电网接口</td><td>1</td><td rowspan="4">A,B</td><td rowspan="4">Y</td><td rowspan="2">气网接口</td><td rowspan="2">1</td><td rowspan="4">A,B</td><td rowspan="4">Y</td><td rowspan="2">热网接口</td><td rowspan="2">1</td><td rowspan="4">A,B</td></tr>
<tr><td>新能源发电</td><td>0</td></tr>
<tr><td>储电系统</td><td>1</td><td>储气设备</td><td>1</td><td>储热设备</td><td>1</td></tr>
<tr><td>CHP 系统</td><td>1</td><td>P2G 设备</td><td>1</td><td>P2H 设备</td><td>1</td></tr>
<tr><td rowspan="4">Φ_{U2}</td><td rowspan="4">Y</td><td>电网接口</td><td>1</td><td rowspan="4">A,B</td><td rowspan="4">Y</td><td rowspan="2">气网接口</td><td rowspan="2">1</td><td rowspan="4">A,B</td><td rowspan="4">N</td><td rowspan="2">热网接口</td><td rowspan="2">1/0</td><td rowspan="4">A,B</td></tr>
<tr><td>新能源发电</td><td>0</td></tr>
<tr><td>储电系统</td><td>1</td><td>储气设备</td><td>1</td><td>储热设备</td><td>1</td></tr>
<tr><td>CHP 系统</td><td>1</td><td>P2G 设备</td><td>1/0</td><td>P2H 设备</td><td>1/0</td></tr>
<tr><td rowspan="4">Φ_{U3}</td><td rowspan="4">Y</td><td>电网接口</td><td>1</td><td rowspan="4">A,B</td><td rowspan="4">N</td><td rowspan="2">气网接口</td><td rowspan="2">1/0</td><td rowspan="4">B</td><td rowspan="4">Y</td><td rowspan="2">热网接口</td><td rowspan="2">1</td><td rowspan="4">A,B</td></tr>
<tr><td>新能源发电</td><td>0</td></tr>
<tr><td>储电系统</td><td>1</td><td>储气设备</td><td>1</td><td>储热设备</td><td>1</td></tr>
<tr><td>CHP 系统</td><td>1</td><td>P2G 设备</td><td>1/0</td><td>P2H 设备</td><td>0</td></tr>
<tr><td rowspan="4">Φ_{U4}</td><td rowspan="4">Y</td><td>电网接口</td><td>1</td><td rowspan="4">A,B</td><td rowspan="4">N</td><td rowspan="2">气网接口</td><td rowspan="2">1/0</td><td rowspan="4">B</td><td rowspan="4">N</td><td rowspan="2">热网接口</td><td rowspan="2">1/0</td><td rowspan="4">A,B</td></tr>
<tr><td>新能源发电</td><td>0</td></tr>
<tr><td>储电系统</td><td>1</td><td>储气设备</td><td>1</td><td>储热设备</td><td>1</td></tr>
<tr><td>CHP 系统</td><td>1</td><td>P2G 设备</td><td>1/0</td><td>P2H 设备</td><td>0</td></tr>
<tr><td rowspan="4">Φ_{U5}</td><td rowspan="4">N</td><td>电网接口</td><td>1/0</td><td rowspan="4">B</td><td rowspan="4">Y</td><td rowspan="2">气网接口</td><td rowspan="2">1</td><td rowspan="4">A,B</td><td rowspan="4">Y</td><td rowspan="2">热网接口</td><td rowspan="2">1</td><td rowspan="4">A,B</td></tr>
<tr><td>新能源发电</td><td>0</td></tr>
<tr><td>储电系统</td><td>0</td><td>储气设备</td><td>1</td><td>储热设备</td><td>1</td></tr>
<tr><td>CHP 系统</td><td>1/0</td><td>P2G 设备</td><td>1</td><td>P2H 设备</td><td>1</td></tr>
<tr><td rowspan="4">Φ_{U6}</td><td rowspan="4">N</td><td>电网接口</td><td>1/0</td><td rowspan="4">B</td><td rowspan="4">Y</td><td rowspan="2">气网接口</td><td rowspan="2">1</td><td rowspan="4">A,B</td><td rowspan="4">N</td><td rowspan="2">热网接口</td><td rowspan="2">1/0</td><td rowspan="4">B</td></tr>
<tr><td>新能源发电</td><td>1</td></tr>
<tr><td>储电系统</td><td>1</td><td>储气设备</td><td>1</td><td>储热设备</td><td>1</td></tr>
<tr><td>CHP 系统</td><td>1/0</td><td>P2G 设备</td><td>1</td><td>P2H 设备</td><td>1/0</td></tr>
</table>

续 表

波动性新能源资源	能源路由器运行方式的交集 $\Phi_{Ⅲ}$												
	解集	电网				气网				热网			
		调度	控制内容	控制值	动作	调度	控制内容	控制值	动作	调度	控制内容	控制值	动作
谷级	Φ_{U7}	N	电网接口	1/0	B	N	气网接口	1/0	B	Y	热网接口	1	A,B
			新能源发电	0									
			储电系统	1			储气设备	1			储热设备	1	
			CHP 系统	1/0			P2G 设备	1/0			P2H 设备	1	
	Φ_{U8}	N	电网接口	1/0	B	N	气网接口	1/0	B	N	热网接口	1/0	B
			新能源发电	0									
			储电系统	1			储气设备	1			储热设备	1	
			CHP 系统	1/0			P2G 设备	1/0			P2H 设备	1/0	

由表3-5可知,波动性新能源资源为中级状态时能源路由器的运行状态集为

$$\Phi_{Ⅲ}=\{\Phi_{Ui},\ i=1,\ 2,\ \cdots,\ 8\} \tag{3-23}$$

综上所述,可以求出能源路由器各种运行工况下的全解集:

$$\Phi_{N}=\{\Phi_{Ⅰ},\ \Phi_{Ⅱ},\ \Phi_{Ⅲ}\} \tag{3-24}$$

上述讨论了依据波动性新能源资源工况的能源路由器中能量流动路径的全解集,它涵盖了能源路由器在波动性新能源资源处于任何情况下,电网、气网、热网的负荷变动情况控制方式。其中,能源路由器在波动性新能源资源峰级情况下的运行方式是运行设备数量最多的方式,也是能源路由器最重要的运行工况。

根据以上对能源路由器运行工况的分析,以能源路由器电网、气网、热网三种能源的交互方式划分能源路由器的运行模式,具体的流动路径及控制方式在下面进行探讨。

3.2.3 能流路径与基础运行模式

1. 基于工况集的能流路径

1) 电网中电能流动的方式

电网中电能的流动路径可以分为波动性新能源发电向电网供电(E-1)、新

能源发电向主动负荷供电(E－2)、CHP发电向电网供电(E－3)、CHP发电向主动负荷供电(E－4)以及电网向主动负荷供电(E－5)五种。不同流动路径中能源路由器端口动作情况如表3－6所示。

表3－6　能源路由器端口电能交换情况

端口类型	能源端口					储能端口			典型设备端口						
									输入端口			输出端口			
	风电端口	光伏端口	气网端口	热网端口	电网端口	储电设备端口	储气设备端口	储热设备端口	CHP	P2G	P2H	CHP		P2G	P2H
符号	E_{eWind}	E_{ePV}	E_{g}	E_{h}	E_{eGrid}	E_{ec}	E_{gc}	E_{hc}	E_{gCHP}	E_{eP2G}	E_{eP2H}	E_{eCHP}	E_{hCHP}	E_{gP2G}	E_{hP2H}
E－1	√	√	×	×	√	√	×	×	×	×	×	×	×	×	×
E－2	×	×	√	×	√	√	√	√	√	×		√	√	×	×
E－3	√	√	×	×		√	×	×	×	√	√	×	×	√	√
E－4	×	×	√	×		√	√	√	√	√	√	√	√	√	√
E－5	×	×	×	×	√	×	√	√	×	√	√	×	×	√	√

"√"表示端口状态开启,"×"表示端口状态关闭

2) 气网中气能流动的方式

气能流的运行方式分为P2G设备向储气罐供气的方式(G－1)和CHP燃气消耗的方式(G－2)。气能流动方式如表3－7所示。

表3－7　能源路由器端口气能交换情况

端口类型	能源端口					储能端口			典型设备端口						
									输入端口			输出端口			
	风电端口	光伏端口	气网端口	热网端口	电网端口	储电设备端口	储气设备端口	储热设备端口	CHP	P2G	P2H	CHP		P2G	P2H
符号	E_{eWind}	E_{ePV}	E_{g}	E_{h}	E_{eGrid}	E_{ec}	E_{gc}	E_{hc}	E_{gCHP}	E_{eP2G}	E_{eP2H}	E_{eCHP}	E_{hCHP}	E_{gP2G}	E_{hP2H}
G－1	×	×	×	×	×	×	√	×	×	√	×	×	×	√	×
G－2	×	×	√	×	√	×	√	√	√	×	×	√	√	×	×

3) 热网中热能流动的方式

热能流工况根据实际系统运行分为P2H设备加热的方式(H－1)和CHP产热向储热设备供热的方式(H－2)。两种方式下能源路由器的设备运行情况如表3－8所示。

表 3-8　能源路由器端口热能交换情况

端口类型	能源端口					储能端口			典型设备端口						
	风电端口	光伏端口	气网端口	热网端口	电网端口	储电设备端口	储气设备端口	储热设备端口	输入端口			输出端口			
									CHP	P2G	P2H	CHP		P2G	P2H
符号	E_{eWind}	E_{ePV}	E_{g}	E_{h}	E_{eGrid}	E_{ec}	E_{gc}	E_{hc}	E_{gCHP}	E_{eP2G}	E_{eP2H}	E_{eCHP}	E_{hCHP}	E_{gP2G}	E_{hP2H}
H-1	×	×	×	√	×	×	×	√	×	×	√	×	×	×	√
H-2	×	×	√	√	√	×	√	√	√	×	√	√	√	×	√

2. 能源路由器的基础运行模式

根据上述的能源路由器系统运行工况与能流路径划分能源路由器的基础运行模式，对于能源路由器运行调度具有重要的实际意义。作为一个控制内容较多、算法复杂的装备，实际运行策略应规划为可确定的集中运行模式，在实际运行时，发出调度控制指令后，智能装备就根据运行模式集合选择合理的运行模式，使装备从一个运行状态调整到另一个运行状态；而不是根据现场复杂的运行工况，将大量的现场采样数据进行计算优化，然后取得一个所谓的最优运行模式。要想实现最优运行，智能装备必须快速确认自身的基础运行模式，结合调度的最优控制参数，分层实现优化。以上的智能装备运行理念同样适合于能源路由器。根据基础运行模式，能源路由器可以针对能源网络中各电源、网络结构、能量转换设备、主动负荷、用户运行状态进行调整以符合当前能源路由器的合理运行，并通过适当的手段解决运行问题。

表 3-9　能源路由器的运行模式划分

模式	运行模式		电网					热网		气网	
			E-1	E-2	E-3	E-4	E-5	H-1	H-2	G-1	G-2
模式一	并网模式A	新能源并网供电模式	1	1/0	0	0	0	1/0	0	1/0	0
模式二		CHP 并网供电模式	0	1/0	1	1/0	0	1/0	1	1/0	1
模式三		新能源＋CHP 并网供电模式	1	1/0	1	1/0	0	1/0	1	1/0	1
模式四	并网模式B	电网供电模式	0	1	0	1	1	1	0	1	0

续 表

模式	运行模式		电网					热网		气网	
			E-1	E-2	E-3	E-4	E-5	H-1	H-2	G-1	G-2
模式五	孤岛	新能源向主动负荷供电模式	0	1	0	0	0	1	0	1	0
模式六	孤岛	CHP向主动负荷供电模式	0	0	0	1	0	1	1	1	1
模式七	孤岛	新能源＋CHP向主动负荷供电模式	0	1	0	1	0	1	1	1	1
模式八	停机	停机模式	0	0	0	0	0	0	0	0	0

需要指出的是,能源路由器以最大化提升新能源消纳率为目标,其中,热能、气能的惯性巨大,暂态过程缓慢,而电能可以在瞬时之间实现平衡,因此,不能通过气网与热网的及时调度来实现对电网的平衡控制,反之,我们需要通过电网的实时调度来平衡气网和热网的能量或功率偏差。另外,新能源的消纳需要通过储电设备与系统内主动负荷(P2G设备或P2H设备)的投切来实现,主动负荷的产出(气能或热能)通过经过系统的储气设备或储热设备与气网或热网进行能量交互。因此,一种简单的调度策略是,采用能源路由器满足气网或热网的日前调度,在能源路由器的实时运行过程中,仅考虑气网与热网对系统被动的平衡支持作用,因此,这里对能源路由器运行并网、孤岛运行模式的划分主要也针对电网进行论述。

1) 能源路由器并网状态运行模式

能源路由器处于并网状态时,可向电网输送能量,起到对电网进行削峰的作用,同时,能源路由器也可将调度需求外的电能存储到储能元件或通过P2G或P2H设备转化为其他形式的能量。另外,当电网负荷为谷值时,能源路由器可依据设定的经济运行策略,从电网吸收能量,在电网负荷为峰级时再将能量发出,实现对电网的填谷作用的同时,获得经济效益的双赢。

模式一:新能源并网供电模式。

新能源并网供电模式下能源路由器中能量流动如图3-6(a)所示,其中,箭头代表能量流向,实线表示确定存在的能流路径,虚线表示依据能源路由器运行策略运行状况可能会改变的能流路径，变灰色的能流路径表示此模式下此路径不通，图 3-6(b)～(g)中的表示方法相同。

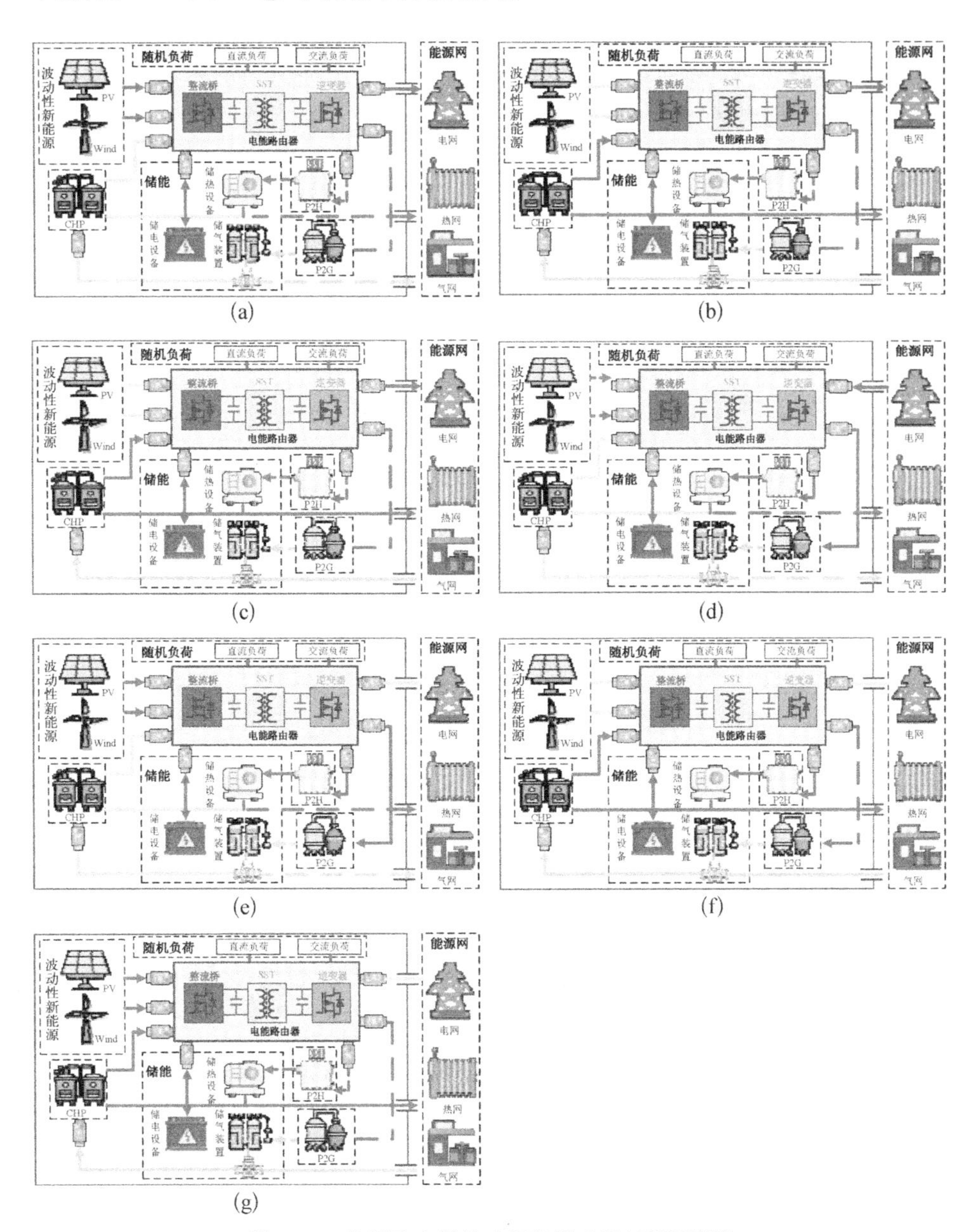

图 3-6　能源路由器基础运行模式图(后附彩图)

(a) 新能源并网供电模式的能量流向；(b) CHP 并网供电模式的能量流向；(c) 新能源+CHP 并网供电模式的能量流向；(d) 电网供电模式的能量流向；(e) 新能源向主动负荷供电模式的能量流向；(f) CHP 向主动负荷供电模式的能量流向；(g) 新能源+CHP 向主动负荷供电模式的能量流向

此模式下，能源路由器可以响应电网调度的需求，能够满足计划的电能输出，支持电网削峰(E－1)。波动性新能源发电输出到能源路由器中，通过SST和逆变器将电能输送到电网上；额外的新能源将通过系统内的储能或主动负荷存储起来或转化为其他形式的能量(E－2)。由于主动负荷的工作，能流路径G－1与H－1也会存在。

新能源并网供电模式的能量流动路径如图3－6(a)所示，可以得到其中能量功率平衡等式为

$$\begin{cases} E_{\mathrm{eWind}}^{T_{ij}}(t)+E_{\mathrm{ePV}}^{T_{ij}}(t)+E_{\mathrm{ec}}^{T_{ij}}(t)=E_{\mathrm{eGrid}}^{T_{ij}}(t)+E_{\mathrm{eP2H}}^{T_{ij}}(t)+E_{\mathrm{eP2G}}^{T_{ij}}(t)+\Delta E_{\varepsilon}^{T_{ij}} \\ P_{\mathrm{eWind}}^{T_k}+P_{\mathrm{ePV}}^{T_k}+P_{\mathrm{ec}}^{T_k}=P_{\mathrm{eGrid}}^{T_k}+P_{\mathrm{eP2H}}^{T_k}+P_{\mathrm{eP2G}}^{T_k}+P_{\mathrm{eloss}}^{T_k},\quad T_k\subset[T_i,T_j] \end{cases} \tag{3-25}$$

模式二：CHP并网供电模式。

此模式工作于波动性新能源资源谷级或中级状态，为满足电网的调度需要，CHP发电以响应电网的调度，此时电能流动路径为CHP发电向电网供电(E－3)，气能流动路径为CHP燃气消耗的方式(G－2)，热能流动路径为CHP产热向储热设备供热的方式(H－2)。能量流动方向如图3－6(b)所示，可以得到其中能量功率平衡等式为

$$\begin{cases} E_{\mathrm{eCHP}}^{T_{ij}}(t)=E_{\mathrm{eGrid}}^{T_{ij}}(t)+E_{\mathrm{eP2H}}^{T_{ij}}(t)+E_{\mathrm{eP2G}}^{T_{ij}}(t)+\Delta E_{\varepsilon}^{T_{ij}} \\ P_{\mathrm{eCHP}}^{T_j}=P_{\mathrm{eGrid}}^{T_j}+P_{\mathrm{eP2H}}^{T_j}+P_{\mathrm{eP2G}}^{T_j}+P_{\mathrm{eloss}}^{T_k},\quad T_k\subset[T_i,T_j] \end{cases} \tag{3-26}$$

模式三：新能源＋CHP并网供电模式。

此模式工作于波动性新能源资源峰级状态，此时仅靠新能源发电无法满足电网的调度需要，CHP系统与新能源发电模块共同发电响应电网的调度，电能流动路径为波动性新能源发电模块与CHP发电共同向电网供电的方式(E－1、E－3)，气能流动路径为CHP燃气消耗的方式(G－2)，热能流动路径为CHP产热向储热设备供热的方式(H－2)。能源路由器中的能量流动方向如图3－6(c)所示，其中能量功率平衡等式为

$$\begin{cases} E_{\mathrm{eWind}}^{T_{ij}}(t)+E_{\mathrm{ePV}}^{T_{ij}}(t)+E_{\mathrm{ec}}^{T_{ij}}(t)+E_{\mathrm{eCHP}}^{T_{ij}}(t)=E_{\mathrm{eGrid}}^{T_{ij}}(t) \\ \qquad +E_{\mathrm{eP2H}}^{T_{ij}}(t)+E_{\mathrm{eP2G}}^{T_{ij}}(t)+\Delta E_{\varepsilon}^{T_{ij}} \\ P_{\mathrm{eWind}}^{T_j}+P_{\mathrm{ePV}}^{T_j}+P_{\mathrm{ec}}^{T_j}+P_{\mathrm{eCHP}}^{T_j}=P_{\mathrm{eGrid}}^{T_j}+P_{\mathrm{eP2H}}^{T_j}+P_{\mathrm{eP2G}}^{T_j} \\ \qquad +P_{\mathrm{eloss}}^{T_k},\quad T_k\subset[T_i,T_j] \end{cases} \tag{3-27}$$

模式四：电网供电模式。

一方面，在波动性新能源资源为谷级状态下，能源路由器之间的调节主要依靠气网、热网、电网三者之间的能量流动。能源路由器依据其经济运行策略，在电网处于谷荷状态下，能源路由器从电网吸收能量(E-5)，将能量存储起来或通过能源转换设备向气网和热网提供能源(G-2、H-2)。另一方面，基于能源路由器对热网、气网的调度指令，可能存在波动性新能源资源无法满足对气网、热网的调度需求，此时会出现电网与新能源共同向主动负荷供电(E-2、E-5)，以完成能源路由器对气、热两网的调度。电网供电模式下能源路由器中的能量流动方向如图 3-6(d)所示，其中能量功率平衡等式为

$$\begin{cases}E_{\mathrm{eGrid}}^{T_{ij}}(t)=E_{\mathrm{eP2H}}^{T_{ij}}(t)+E_{\mathrm{eP2G}}^{T_{ij}}(t)+E_{\mathrm{ec}}^{T_{ij}}(t)+\Delta E_{\varepsilon}^{T_{ij}}\\P_{\mathrm{eGrid}}^{T_j}=P_{\mathrm{ec}}^{T_j}+P_{\mathrm{eP2H}}^{T_j}+P_{\mathrm{eP2G}}^{T_j}+P_{\mathrm{eloss}}^{T_k},\quad T_k\subset[T_i,\ T_j]\end{cases}\tag{3-28}$$

2) 能源路由器孤岛状态运行模式

能源路由器处于孤岛运行状态时，不与电网进行能量的交互，当波动性新能源资源充足时，可将新能源电能通过能量转化设备转化为其他形式的能量进行应用，也可将新能源的产能存储到储能装置中。

模式五：新能源向主动负荷供电模式。

在波动性新能源资源为峰级或中级状态下，在电网没有调度需求时，新能源资源充足，新能源发电向 P2G 设备(P2H 设备)输送电能(E-2)，P2G 将新能源电能转化为气能(热能)存储在储气设备(储热设备)中(G-2、H-2)。当气网、热网有调度需求或能源路由器经济运行时，能源路由器可与气网、热网进行能量交互，起到对气网、热网削峰填谷的作用。能量流动方向如图 3-6(e)所示，其中能量功率平衡等式为

$$\begin{cases}E_{\mathrm{eWind}}^{T_{ij}}(t)+E_{\mathrm{ePV}}^{T_{ij}}(t)+E_{\mathrm{ec}}^{T_{ij}}(t)=E_{\mathrm{eP2H}}^{T_{ij}}(t)+E_{\mathrm{eP2G}}^{T_{ij}}(t)+\Delta E_{\varepsilon}^{T_{ij}}\\P_{\mathrm{eWind}}^{T_j}+P_{\mathrm{ePV}}^{T_j}+P_{\mathrm{ec}}^{T_j}=P_{\mathrm{eP2H}}^{T_j}+P_{\mathrm{eP2G}}^{T_j}+P_{\mathrm{eloss}}^{T_k},\quad T_k\subset[T_i,\ T_j]\end{cases}\tag{3-29}$$

模式六：CHP 向主动负荷供电模式。

此模式工作于波动性新能源资源为谷级状态下，新能源发电模块与能源路由器系统断开，而电网不允许能源路由器系统并网，当热网向能源路由器系统提出调度需求，而气网气能资源丰富时，能源路由器在经济运行策略下，可能会出

现启动 CHP 系统(E-4),通过气网和储气设备向 CHP 系统输送气能(G-2),CHP 系统产生余热输送到储热水箱(H-2)的情况。或者出现系统内氢能需求较大时,需要 CHP 系统向 P2G 设备供电(E-4)的情况。CHP 向主动负荷供电模式下能源路由器中的能量流动方向如图 3-6(f)所示,其中能量功率平衡等式为

$$\begin{cases} E_{\mathrm{ec}}^{T_{ij}}(t)+E_{\mathrm{eCHP}}^{T_{ij}}(t)=E_{\mathrm{eP2H}}^{T_{ij}}(t)+E_{\mathrm{eP2G}}^{T_{ij}}(t)+\Delta E_{\varepsilon}^{T_{ij}} \\ P_{\mathrm{ec}}^{T_j}+P_{\mathrm{eCHP}}^{T_j}=P_{\mathrm{eP2H}}^{T_j}+P_{\mathrm{eP2G}}^{T_j}+P_{\mathrm{eloss}}^{T_k}, \quad T_k\subset[T_i,T_j] \end{cases} \tag{3-30}$$

模式七:新能源+CHP 向主动负荷供电模式。

此模式工作于波动性新能源资源峰级或中级状态下,当电网不允许能源路由器系统并网,而热网向能源路由器系统提出大量需求或系统内氢能需求较大时,能源路由器可能会出现启动 CHP 系统(E-4),通过气网和储气设备向 CHP 系统输送气能(G-2),CHP 系统产生余热输送到储热水箱(H-2)或 CHP 系统向 P2G 设备供电(E-4)的情况。新能源+CHP 向主动负荷供电模式下能源路由器中的能量流动方向如图 3-6(g)所示,其中能量功率平衡等式为

$$\begin{cases} E_{\mathrm{eWind}}^{T_{ij}}(t)+E_{\mathrm{ePV}}^{T_{ij}}(t)+E_{\mathrm{ec}}^{T_{ij}}(t)+E_{\mathrm{eCHP}}^{T_{ij}}(t)=E_{\mathrm{eP2H}}^{T_{ij}}(t)+E_{\mathrm{eP2G}}^{T_{ij}}(t)+\Delta E_{\varepsilon}^{T_{ij}} \\ P_{\mathrm{eWind}}^{T_j}+P_{\mathrm{ePV}}^{T_j}+P_{\mathrm{ec}}^{T_j}+P_{\mathrm{eCHP}}^{T_j}=P_{\mathrm{eP2H}}^{T_j}+P_{\mathrm{eP2G}}^{T_j}+P_{\mathrm{eloss}}^{T_k}, \quad T_k\subset[T_i,T_j] \end{cases} \tag{3-31}$$

3) 能源路由器停机状态运行模式

模式八:停机模式。

在此模式下,能源路由器主控系统不参与工作,风电、光伏、储能、负荷以及各种设备通过并联母线与电网相连。

3.3 能源路由器运行控制策略

3.3.1 能源路由器能量流稳定判别

能源路由器的模式切换和调度首先应保障能源路由器系统的稳定运行,前面叙述了不同能源形式的时间尺度不同,电能变化速率快,气能和热能变化速率较慢,因此可以从能量变化的角度提出能源路由器系统的稳定运行标准。

电能的时间尺度最短,因此输出稳定判据设定参数时灵敏度设置得最高;气能的时间尺度比电能长,因此输出稳定判据设定参数时灵敏度不可设置得很高。热能的时间尺度最长,因此输出稳定判据设定参数时灵敏度设置得最低。

设第 i 个电能、气能和热能检测点分别为 e_i、g_i 和 h_i,相对应的状态值为 $f_i(e_i)$、$\varphi_i(g_i)$和 $\psi_i(h_i)$,能量输出稳定判定参数为 E_i、G_i 和 H_i,ε_e、ε_g 和 ε_h 分别为电能、气能和热能稳定裕度,n 为判定次数。能量稳定判断方式如式(3-32)所示。通过滚动取点判定稳定判定参数是否在设定的裕度范围内,确定各能量的输出是否为稳定状态。

$$\begin{cases} E_i = |f_i(e_i) - f_{i-1}(e_{i-1})| \leqslant \varepsilon_e;\ e_i - e_{i-1} = k,\ k = 0,\ 1,\ \cdots,\ n \\ G_i = |\varphi_i(g_i) - f_{i-1}(g_{i-1})| \leqslant \varepsilon_g;\ g_i - g_{i-1} = k + 2,\ k = 0,\ 1,\ \cdots,\ n \\ H_i = |\psi_i(h_i) - f_{i-1}(h_{i-1})| \leqslant \varepsilon_h;\ h_i - h_{i-1} = k + 5,\ k = 0,\ 1,\ \cdots,\ n \end{cases} \tag{3-32}$$

3.3.2 能源路由器控制算法流程

如果能源互联网中的负荷能够上报用能计划,那么,能源互联网的运行就有了一定的计划性,能源路由器也就具有了运行计划,这些运行计划合并为能源互联网的调度计划,包含了电、热、气多种能源在一定时段内的运行需求和产出,这种综合能源系统的调度计划与电网的调度计划有一定的相似性。具有调度的计划性就意味着能源路由器可以在上述讨论的运行模式之间切换,以满足能源路由器所负责的这些不同能源的产出、转发、存储、变换等。

因此,能源路由器的主控制部分运行的程序是一个分时段的调度计划选择程序,用以确定在每一运行周期内,能源路由器应处于怎样的运行模式中。每一运行模式时段结束后,能源路由器的主控制将进入下一个调度计划周期。以下给出典型的能源路由器并网状态和孤岛状态的运行模式选择程序流程。

另外,需要说明的是,这种计划调度运行模式虽然是能源路由器的主要运行模式,但是对于能源互联网运行的实际来说,动态过程是频繁发生的,因此,实时调度对能源路由器的控制提出了不同于计划调度的要求,这个问题较为复杂,限于篇幅,本书对此不再展开。

1. 并网状态运行模式

图 3-7 为并网状态运行模式(简称并网模式)的能源路由器控制流程图。

当存在电网调度需求时，能源路由器积极响应电网调度，运行并网模式(新能源并网供电模式、CHP并网供电模式、新能源+CHP并网供电模式、电网供电模式)；若判断无并网要求，则根据气网、热网以及储能的状态，依据能源路由器经济运行策略选择是否进入并网模式；若最终判断无须并网，进入孤岛状态运行模式。能源路由器主控根据既定条件判定电网、气网、热网的调度需求，结合经济性调控策略，选择合适的运行模式，对各设备的运行状态进行设定。

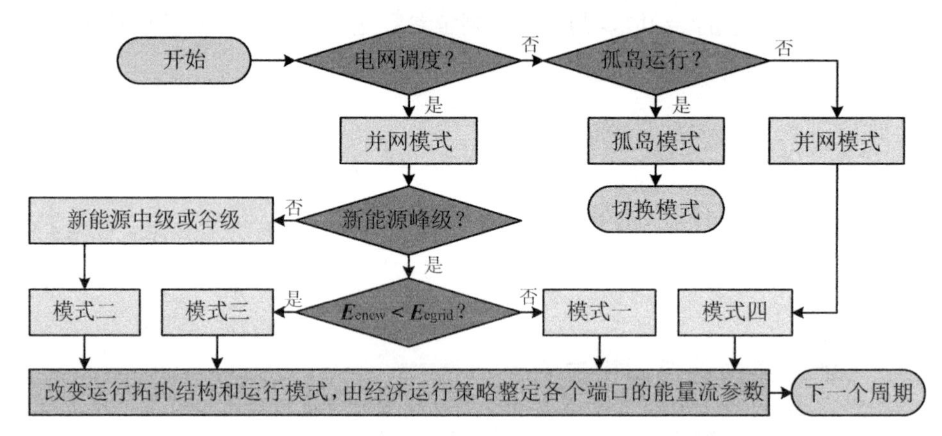

图3-7　能源路由器并网状态运行模式控制流程

例如，判定运行模式一的过程如下：首先确定能源路由器在周期内需进行并网且需对电网供应能量，确定为并网模式，随后对新能源的资源状态进行判定且判定结果为峰级，波动性新能源接口可并入电网，随后通过对新能源周期内的功率预测，计算调度周期内的新能源端口能量，当新能源端口能量大于或等于电网调度需求时，对超出电网需求的部分，选择系统内的主动性负荷进行消纳。

2. 孤岛状态运行模式切换及调度流程

图3-8为孤岛状态运行模式的控制流程。在能源路由器孤岛状态运行模式下，能源路由器有三种运行模式：新能源向主动负荷供电模式、CHP向主动负荷供电模式、新能源+CHP向主动负荷供电模式。孤岛状态运行模式下的能源路由器不与电网进行能量的交互，但可以与长时间尺度的气网与热网进行能量的交互并响应气、热两网的调度，因此，能源路由器按照经济运行策略，选择合适的分布式电源，在满足气、热两网调度的基础上，最大化提升可再生能源消纳率。

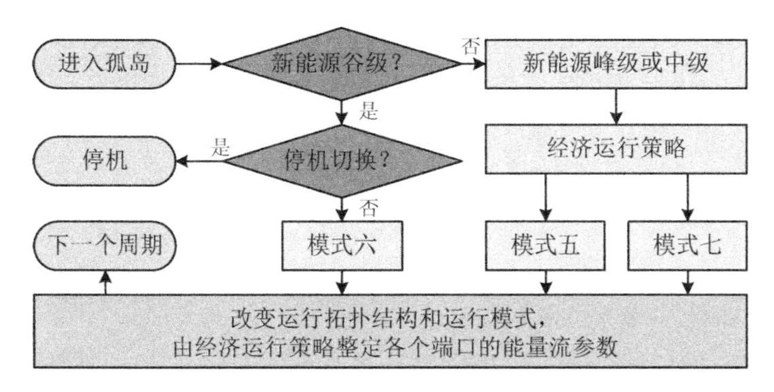

图 3-8　孤岛状态运行模式调度流程

3.3.3　能源路由器能流运行模式控制

1. 能源路由器并网模式切换的平滑控制

能源路由器在模式切换过程中可能会有较大的冲击电流产生，对运行产生不利的影响，这里提出将重复控制加入模式平滑切换的控制策略，以保证能源路由器系统的模式切换控制。

1）重复控制

内模原理指出：若要求反馈控制系统具有良好的指令跟踪能力及抵消扰动影响的能力，并使这种对误差的调节过程结构是稳定的，则在反馈控制环路内部必须包含一个描述外部特性的数学模型，该数学模型就是内模。重复控制基于内模原理，即把系统外部信号的动力学模型植入控制器以构成高精度的反馈控制系统，这样可以实现对输入信号的无静差跟踪。重复控制可以为每个谐波信号提供高增益，适用于周期信号跟踪和抗干扰问题的处理。

图 3-9 为重复控制系统示意图，图中 r 为输入信号，y 为输出信号，e 为误差信号，Z^{-m} 为周期延迟环节，m 为一个重复控制周期环内的采样次数，K_r 为比例系数，Z^k 为周期超前环节，u_r 为输出信号，$P(z)$为控制对象，$Q(z)$为辅助补偿器，$S(z)$为

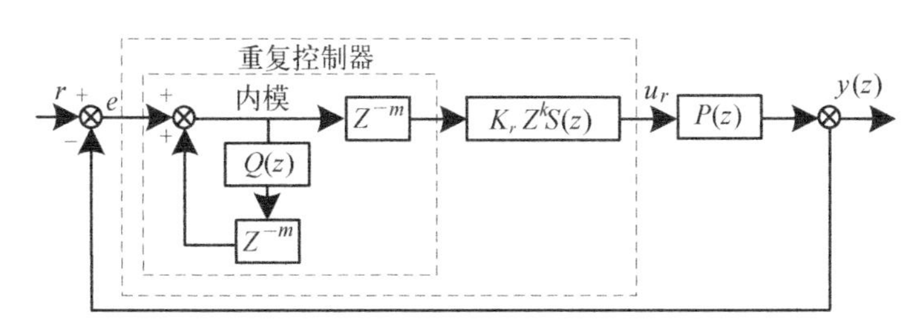

图 3-9　重复控制系统示意图

校正器,其主要针对控制对象的高频衰减特性,提高系统的稳定性及抗干扰能力。

根据图 3-9 易得出重复控制的传递函数为

$$\frac{u_r}{e}=\frac{Z^{-m}k_rZ^kS(z)}{1-Z^{-m}Q(z)} \tag{3-33}$$

式中,$S(z)=\frac{z^k\omega_n^2}{s^2+2\zeta\omega_n{}^2+\omega_n^2}$,$S$ 为拉普拉斯算子,ζ 为阻尼比,ω_n 为角频率。

由式(3-33)和图 3-9 可以看出,无论什么输入信号 e,只要周期性重复出现,则输出 u_r 就是对该信号的重复性累加。当输入信号为 0 时,输出信号还是会重复与上一个周期相同的信号。

2) 改进 PI-重复前馈控制

PI 控制具有较快的响应速度,可以对跟踪误差立即起到调节作用,但是跟踪精度不高。重复控制具有几乎静态无误差跟踪正弦信号的优点,且输出失真小,但存在动态响应速度慢的问题。为此这里提出了一种基于 PI 控制和重复控制的改进控制策略,以保证系统在切换运行模式时具有较快的动态响应速度。

由于重复控制延迟一个周期补偿,本书将 i_{ref} 与 i^* 的差前馈到 PI 控制前,提升系统的响应速度。设逆变器的调制深度 H、逆变器直流侧电压 U_{dc} 以及电网电压的峰值 U_{m} 之间的关系为

$$U_{\mathrm{dc}}H=\sqrt{U_{\mathrm{m}}^2+(\omega Li)^2} \tag{3-34}$$

式中,ω 为角频率,L 为电感值,i 为电流值。

由式(3-34)可知,当直流侧电压 U_{dc} 和电网电压的峰值 U_{m} 一定时,调制深度随着输出电流变化。由于新能源并网切换为 CHP 并网时具有突变性,对于重复控制影响不大,但是切换时会产生冲击性电流,造成直流侧电压突变,故本系统加上电网电压的前馈控制,可以维持直流侧电压稳定,消除电网电压扰动。

以下简要说明重复控制器的参数设计。

周期延迟系数为 m,逆变器的开关频率 f_{s} 设为 10 kHz,电网基波频率 f 是 50 Hz,于是 m 的计算公式为

$$m=\frac{f_{\mathrm{s}}}{f}=\frac{10\,000}{10}=1\,000 \tag{3-35}$$

辅助补偿器 $Q(z)$ 的目的是提高系统的稳定性。$Q(z)=1$ 时,系统可对于

输入信号进行无静差追踪，但这种情况下系统处于临界稳定状态。通常情况下，$Q(z)$ 为小于 1 的常数，$Q(z)$ 越接近 1，内模越接近于纯积分。经过仿真测试，这里选择为 0.98。

校正器 $S(z)$ 的设计如下。取截止频率 $f_c = 2\,700$ Hz，得到 $S(z)$ 的传递函数为

$$S(z) = \frac{0.275\,7(z^2 + 2z + 1)}{z^2 - 0.069\,89z + 0.172\,5} \tag{3-36}$$

重复控制器增益 K_r 是为了保证系统在中高频段的稳定性，一般情况下取 1。相位补偿 Z^k 为超前 k 拍相位校正环节，用于补偿数字控制器带来的时间延迟，这里超前 4 拍进行调整。

改进 PI-重复前馈控制框图如图 3-10 所示。当系统处于稳态时，参考值 i_{ref}^* 与反馈值 i 之间的误差 e 小，此时 PI 作用很小，输出主要由重复控制器控制。当新能源供电突然切换为 CHP 供电时，参考值与反馈值的误差突然变大，重复控制使输出在本周期不会出现变化，但是 PI 控制器却能快速响应误差变化，因此系统不会因为突变而振荡。

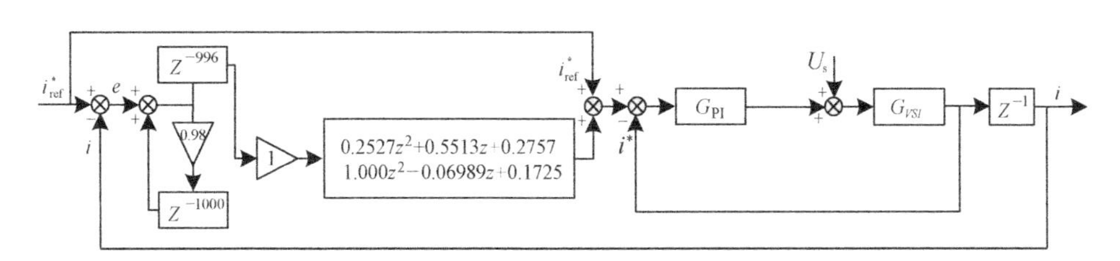

图 3-10　改进 PI-重复前馈控制框图

3）改进平滑切换控制策略

能量流切换与控制(ESC)作为能源路由器的能量流动控制中心和模式切换核心，在能源路由器与电网进行能源交互的过程中，需要并网变换器控制能源路由器在状态切换时对电网的冲击，这里举例说明能源路由器新能源并网运行方式和 CHP 并网运行方式平滑切换的控制策略。

能源路由器中新能源并网的控制策略为 PQ 控制和电压电流双闭环控制，而 CHP 并网切换是因为电网频率下降，新能源输出功率不能支撑负荷，造成电网频率偏移，从而切换为 CHP 并网状态，因此控制策略中需要考虑频率偏移的问题。

设能源路由器使用三相变换器与主电网连接，其控制策略为 PQ 控制和电

流控制，其中 PQ 控制是恒功率控制，并为电流控制器提供电流参考值。在新能源并网控制策略中有功功率和无功功率参考值 P_{dref} 和 Q_{dref} 与实际的有功功率 P 和无功功率 Q 作差，将得出的电能频率 f_0 的差值除以下有功垂系数 K_P，与给定有功功率 P_{dref} 作差测得有功功率和无功功率，可得 d、q 轴的解耦关系式：

$$\begin{cases} L\dfrac{\mathrm{d}i_d}{\mathrm{d}t}=u_{sd}-Ri_d-u_{cd}-\omega Li_q \\ L\dfrac{\mathrm{d}i_q}{\mathrm{d}t}=u_{sq}-Ri_q-u_{cq}+\omega Li_d \end{cases} \tag{3-37}$$

式中，i_d、i_q 分别表示 d 轴电流、q 轴电流；u_{sd}、u_{sq} 分别表示电网电压；u_{cd}、u_{cq} 分别表示 d 轴电压控制量、q 轴电压控制量；ωLi_q、ωLi_d 分别表示 d、q 轴的耦合项。

并网平滑控制框图如图 3-11 所示，控制参数如表 3-10 所示。

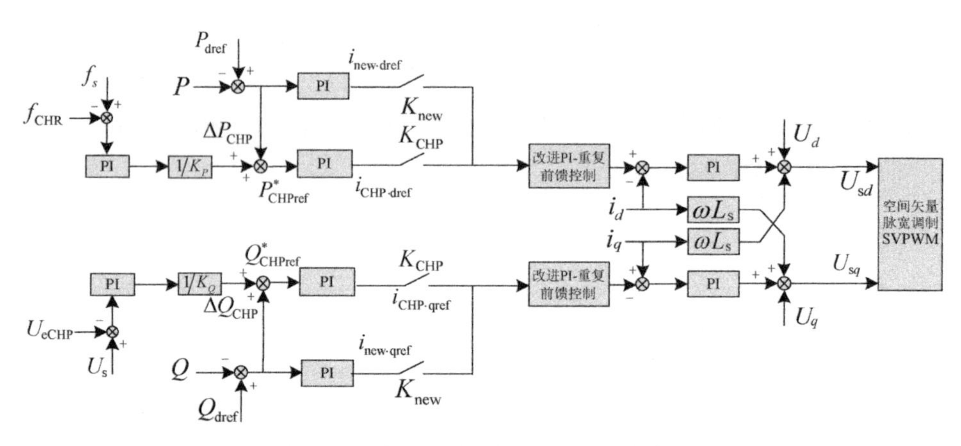

图 3-11 能源路由器并网平滑控制策略

表 3-10 并网平滑控制参数

参数名称	符号	参数名称	符号
新能源并网时电网电流 d 轴参考值	$i_{new.dref}$	电网电压的 d 轴分量	U_d
新能源并网时电网电流 q 轴参考值	$i_{new.qref}$	电网电压的 q 轴分量	U_q
CHP 并网时电网电流 d 轴参考值	$i_{CHP.dref}$	电网实际有功功率	P
CHP 并网时电网电流 q 轴参考值	$i_{CHP.qref}$	电网实际无功功率	Q
CHP 的电压值	U_{eCHP}	电网实际电流 d 轴分量	i_d
输出控制电压的 d 轴分量	U_{sd}	输出控制电压的 q 轴分量	U_{sq}

续　表

参数名称	符号	参数名称	符号
能源路由器输出有功功率参考值	P_{dref}	电网额定频率	f_s
能源路由器输出无功功率参考值	Q_{dref}	电网实际频率	f
CHP 并网控制策略开关	K_{CHP}	有功下垂系数	K_P
新能源并网控制策略开关	K_{new}	无功下垂系数	K_Q
CHP 输出有功功率差值	ΔP_{CHP}	CHP 输出有功功率参考值	$P^*_{CHP.ref}$
CHP 输出无功功率差值	ΔQ_{CHP}	CHP 输出无功功率参考值	$Q^*_{CHP.ref}$
电网实际电流 q 轴分量	i_q		

新能源并网发电时，并网平滑控制中 K_{new} 闭合，K_{CHP} 断开，此时并网控制策略为 PQ 控制、改进 PI-重复前馈控制和电压电流双闭环控制，控制新能源并网输出功率稳定，但因为加入了重复控制，所以在新能源发电系统并网时存在 m 个延迟周期。

新能源并网发电方式切换为 CHP 并网发电方式时，并网平滑控制中 K_{new} 断开，K_{CHP} 闭合，此时并网控制策略为电压-频率(VF)控制、改进 PI-重复前馈控制和电压电流双闭环控制。并网切换是因为新能源输出功率不足以支撑电网的负荷，导致电网频率下降，所以将电网和 CHP 的频率参考值与电压参考值作差：

$$\begin{cases} \Delta P_{CHP} = \dfrac{(f_s - f_{CHP})G_{PI}}{K_P} \\ \Delta Q_{CHP} = \dfrac{(U_s - U_{CHP})G_{PI}}{K_Q} \end{cases} \tag{3-38}$$

式中，G_{PI} 为比例系数。

此时 CHP 输出有功功率和无功功率参考值为

$$\begin{cases} P^*_{CHP\cdot ref} = P_{dref} - P + \Delta P_{CHP} \\ Q^*_{CHP\cdot ref} = Q_{dref} - Q + \Delta Q_{CHP} \end{cases} \tag{3-39}$$

因为重复控制的延迟无差调节，在并网切换的时刻 T_i，输出的参考值为 m 周期前的调整值 $U_{sd}^{T_i-m}$、$U_{sq}^{T_i-m}$，在 m 周期后，CHP 输出调整值与电网的频率和电压相同，此时不会产生冲击电流。

2. 基于图论的能源路由器路由策略

能源路由器系统采用集中式控制，不同的运行模式对应着不同的能源路由器的能流路径，各种路径内参与的设备也可不同，因此需要模式切换控制策略改变能源路由器的运行模式。以下列举几种典型模式下能源路由器的模式切换流程。

1）典型模式一

图 3－12 所示状态模式对应波动性新能源资源峰级状态时，能源路由器为主动消纳新能源时的能流控制模式，模式的切换表明能源路由器路径的变换，参与运行的能流路径变换主要有三种，分别为模式一：新能源并网供电模式（单独并网）；模式一：新能源并网＋主动负荷模式；模式五：新能源向主动负荷供电模式。

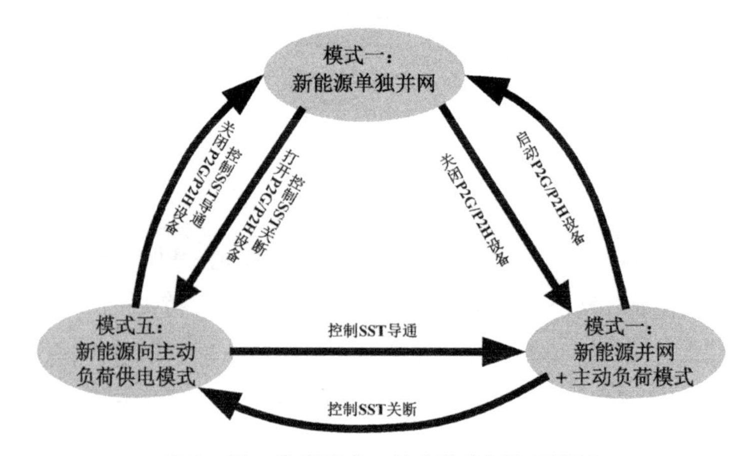

图 3－12　典型模式一状态模式切换示意图

其中 SST 主要用于控制能源路由器运行方式中新能源并网与离网的切换，新能源并网时控制 SST 导通，新能源无须并网时控制 SST 关断。运行模式中供热对应电锅炉设备的启停，电解水制氢对应电解水设备的启停。

能源路由器能流控制的模型设定参数如表 3－11 所示，在新能源充足的情况下，能源路由器运行模式的切换过程如图 3－13 所示。

表 3－11　能源路由器仿真参数设定

类　型	额定输出功率/kW	类　型	额定输出功率/kW	类　型	容　量
P2G 设备	50	CHP	200	储能电池	600 A・h
风机	160	光伏	220	储气罐	5 000 m^3
P2H 设备	50			储热水箱	100 L

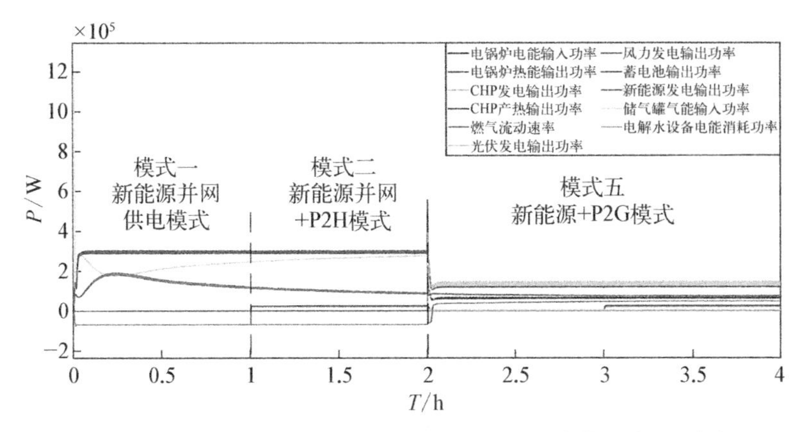

图 3-13　新能源峰级状态下能源路由器各端口的能量流动(后附彩图)

首先运行模式一：新能源并网供电模式(单独并网)，此时风电输出功率为 160 kW，光伏发电输出功率为 220 kW，储能吸收电能 50 kW，新能源并网发电 300 kW，电网的电压为 380 V，用户侧负载为 300 kW。由图 3-13 可知，新能源并网发电时新能源并网功率与用户侧负荷功率守恒，新能源侧储能的 SOC 上升 0.006%，此时新能源输出功率大于并网需求，无须启动 CHP。随后，电网需求下降，在经济运行策略影响下，能源路由器进入新能源并网＋P2H 模式，启动 P2H 设备。此时新能源输出不变，电网向 P2H 输送电能，负荷增加 50 kW。可以看出 P2H 消耗了 25 kW 的电能，产生 23 kW 的热能，产热功率为 92%。

接着，能源路由器由模式一切换到模式五：新能源向主动负荷供电模式，控制 SST 关断，启动 P2G 设备，关闭 P2H 设备。此时，风电输出功率为 87kW，P2G 设备耗电 80 kW，用户侧负荷依靠电网供电，储能和风电光伏组成的新能源发电侧输出功率为 120 kW，储能放电 30 kW。最后，基于热网需求，能源路由器启动 P2H 设备。此时，P2H 设备作为负荷，储能电池的 SOC 最终减小 0.008%。图 3-14 为电网侧电压和电流以及电网接入端口的能量流动图。

2) 典型模式二

如图 3-15 所示，此模式对应初始新能源资源中级状态时由 CHP 响应电网需求，随后电网需求下降，二新能源资源上升，能源路由器主动消纳丰富新能源的能流控制模式。参与运行的能流路径主要有模式二：CHP 并网供电模式；模式五：新能源向主动负荷供电模式。

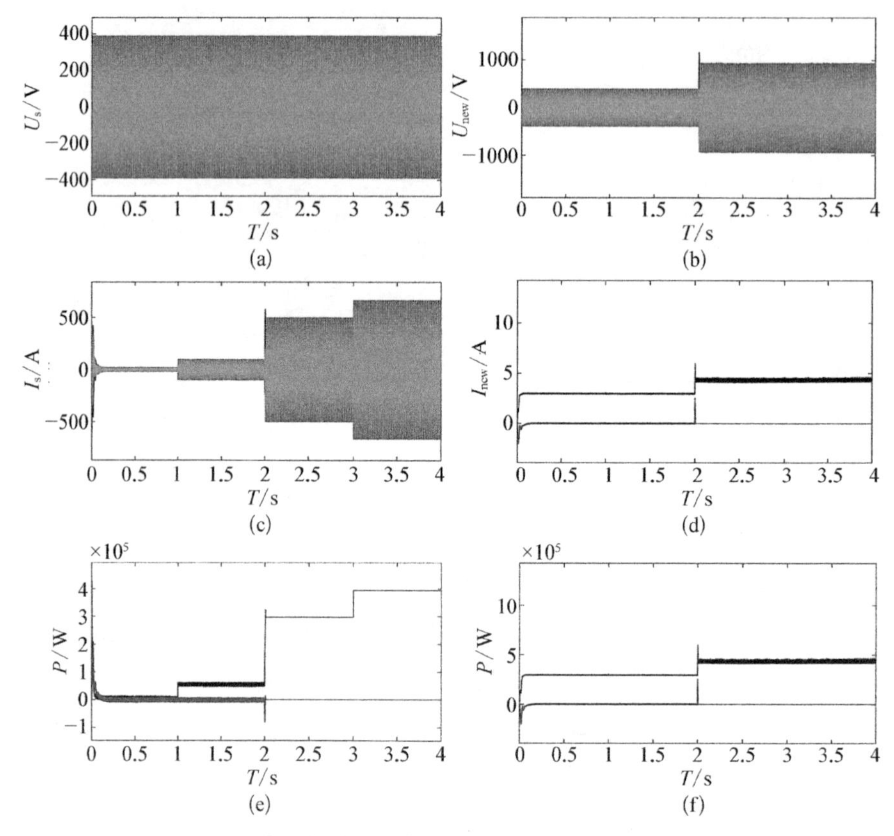

图 3-14　电网侧电压和电流以及电网接入端口的能量流动

(a) 电网电压;(b) 新能源输出电压;(c) 负荷侧电流;(d) 新能源输出电流;(e) 负荷侧功率;(f) 新能源输出功率

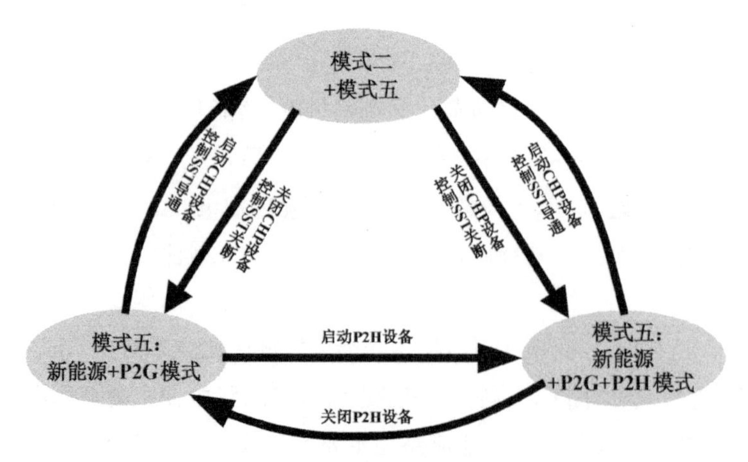

图 3-15　新能源中级状态模式切换示意图

其中模式二在切换时存在较大的冲击电流，需采用上述的平滑切换控制策略，用于减小 CHP 并网时产生的冲击电流。能流控制的模型设定参数如表 3-11 所示，模拟能源路由器在新能源资源中级状态下运行模式的切换过程，图 3-16 为仿真结果。

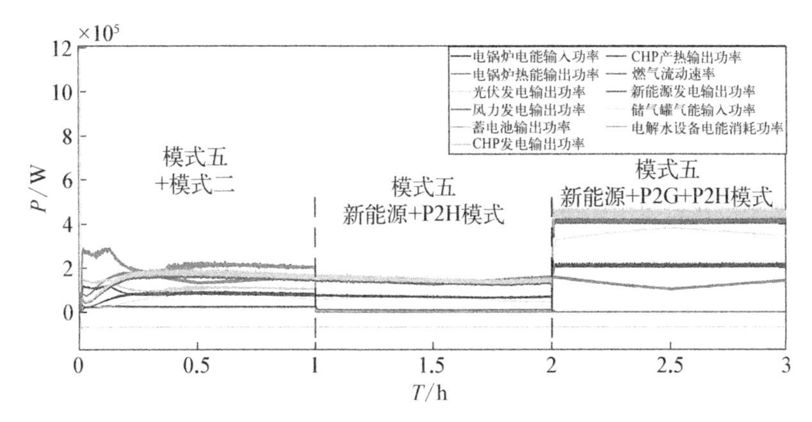

图 3-16　新能源中级状态下能源路由器各端口的能量流动(后附彩图)

首先同时运行模式二＋模式五：CHP 并网供电＋新能源制氢模式，此时能源路由器拓扑改变。CHP 向电网输电，风电输出功率为 120 kW，光伏发电输出功率为 80 kW，新能源发电 180 kW，CHP 向电网输电 200 kW。随后，模式二关闭，关闭 CHP 设备，仅工作新能源向主动负荷供电模式。此时新能源输出不变，控制 SST 关断，CHP 不向电网供电。最后启动 P2H 设备。

3) 典型模式三

当新能源为谷级状态时的典型运行图如图 3-17 所示，仿真结果如图 3-18 所示。此时参与能源路由器运行模式的能流路径主要有模式二：CHP 并网供电模式；模式四：电网＋P2G 模式；模式四：电网＋P2H 模式；模式四：电网＋P2G＋P2H 模式；模式八：停机模式。

新能源为谷级状态时，新能源(包括风电和光伏)判定为不可利用，新能源端口不发出能源。电网的电能主要依靠 CHP 发电，气网的能源短缺需要从电网供电通过 P2G 将电能转化为气能，热网的能源依然依靠 P2H 设备产生。首先运行模式二：CHP 并网供电模式。此时新能源接入端口无能量流动，能源路由器只运行 CHP，控制 SST 导通，向电网供电。随后进入模式四：电网＋P2G 模式，

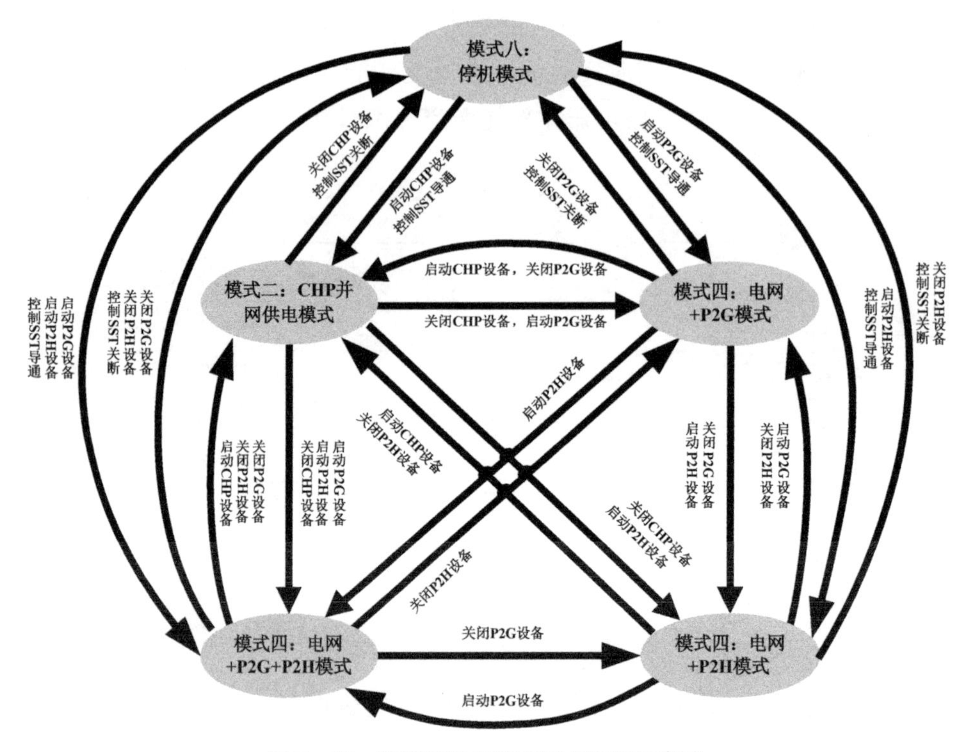

图 3-17　新能源谷级状态模式切换示意图

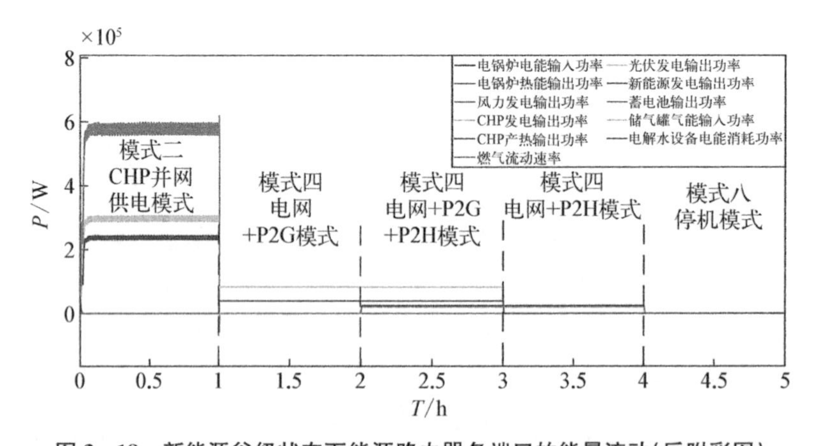

图 3-18　新能源谷级状态下能源路由器各端口的能量流动(后附彩图)

关闭 CHP 设备。此时能量流动方向改变,控制 SST 反向流动,电网向 P2G 设备供电。接着由于储气与储热状态的变换,P2G 设备关闭,P2H 设备启动。最后切换到模式八：停机模式,关闭 P2H 设备。此时,能源路由器停止运行。

3.4　能源路由器信息能量协同控制

3.4.1　能源路由器的信息分层和交互

能源路由器的正常运行和优化调度工作需要信息层为其提供数据支撑。信息层采集和存储的信息为电、气、热、冷网的信息数据和控制信号数据，利用信息层数据，实时监控和调度能源路由器的运行工况。根据能源路由器内部配置的具体情况，在能源路由器内部实施分层信息采集，然后根据协同控制的需要，进行信息交互，同时，还需要与顶层系统进行信息交互以实现网络级别的调度。

换言之，能源路由器的信息采集可以来自端口信息、功率变换集和内部母线，所采集的信息可以直接应用于功率变换器的实时控制，在能源路由器运行时，实时控制始终是底层装备的工作，如前所述，调度控制分时段进行，在确定了底层设备运行方式的情况下，调度不会频繁下达控制指令，那样会导致运行不稳定。在调度控制情况下，功率变换集和内部母线都需要上传数据到总控单元，这是协同控制的需要，因此，这时的信息过程需要建立数据链路的通信，并最终根据调度下达的控制指令进行响应，改变功率变换器的运行状态和内部母线的拓扑结构。表 3 - 12 列出了信息、控制和能源路由器的关系，表 3 - 13 列出了一个典型能源路由器的信息内容。

表 3 - 12　信息、控制与能源路由器的关系

	能　量　信　息		
	端口	功率变换集	内部母线
	ZigBee	ModBus、广域网	ModBus、广域网
控制	数据采集	实时控制	实时控制
数据链路	—	信息交互	信息交互
调度协同	—	调度响应	调度响应

表 3 - 13　能源路由器的信息内容

数据类型	数　据　信　息
电网信息	电压电流、相位和频率、电网交易价格、风机光伏功率、电网线路的阻抗、电气设备输入/输出功率

续 表

数据类型	数　据　信　息
气网信息	气负荷参数、气网交易价格、热管道传输功率流量、长度、压力、温度、气网设备运行工况
热网信息	热负荷参数、冷管道传输功率流量、温度、压力、热网设备运行工况
冷网信息	冷负荷参数、冷管道传输功率流量、温度、冷网设备运行工况
控制信息	调度指令和设备级的控制电平信息

基于信息需要贯穿能源路由器以及多个能源路由器集合的要求，人机交互-云服务模块采用“互联网＋”技术，实时掌握能源互联网内外实时动态交易价格和运营效益评估等数据的采集、存储、计算、分析，同时还为用户提供便捷的人机交互界面，方便用户根据需求进行操作和监督整个能源路由器的运行工况，为能源服务提供数据支撑。

为了对能源路由器的设备运行状况进行实时监测，同时保障信息层通信的实时性、可追踪性和安全性，能源路由器可以通过云服务将采集到的数据信息放在云端存储，这样保证了信息层采集存储的数据不会丢失，同时也方便数据分析处理中心实现数据调用。数据的云端存储是现代大数据环境下必要的数据处理方式之一，为数据对比分析和数据调用提供了便捷的手段，用户的用能习惯可以被实时掌握，为不同的用户提供私人订制的用能服务保障。

由于云平台的应用模式呈现多样化，并且根据用户的管理形式呈弹性变化，所以数据应用模式也呈不同的形态。在多能形式的能源路由器的应用中，由于其采集数据的复杂性和业务功能的多样性，就需要对数据进行预处理，为人机界面和服务层提供帮助，增大整个装置运行处理的速度。基于此，整个能源路由器人机交互-云服务模块不仅能够实现信息层数据的统一管理、智能存储、数据预处理、数据可视化等应用，还需要增加数据的加密性，提高用户数据的隐私效果。

如图 3－19 所示，在本系统设计中，云端数据存储单元主要负责存储信息层传送来的各种数据信息，数据管理单元主要负责分配、计算、处理、分发接收到的各种数据，数据管理单元包括分类单元、计算单元、分配单元等。分类单元为基于数据挖掘算法的分类单元，计算单元根据分类模型运行大数据，计算单元使得接收到的信息数据按照一定的规则输出，最终需要处理的数据被信息层的人机交互单元选择性地处理，通过能源路由器服务层算法为用户提供最优质的服务。

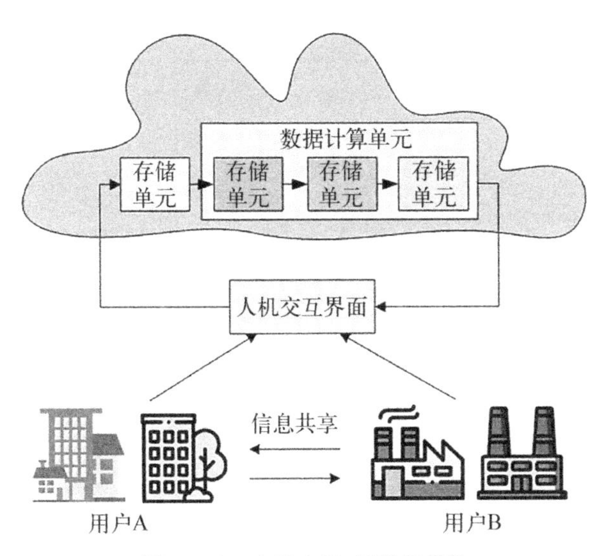

图 3-19　人机交互-云服务模块

此外，处理数据还可以通过 Internet 网络实现各个用户之间的数据共享，以便服务商实时地获取能源网大数据。

3.4.2　能源路由器的基本运行调度

下面采集的数据为某地区一天典型的运行工况，将这些数据作为能源路由器一天的运行工况。这里只显示多目标优化调度所需要的数据信息。本节将所有的电、气、热、冷流量都转换为功率的形式。图 3-20、图 3-21 分别为采集一天的能源网电、气、热、冷负荷和风电出力、光伏出力的数据。表 3-14 为电网和气网一天的交易价格。

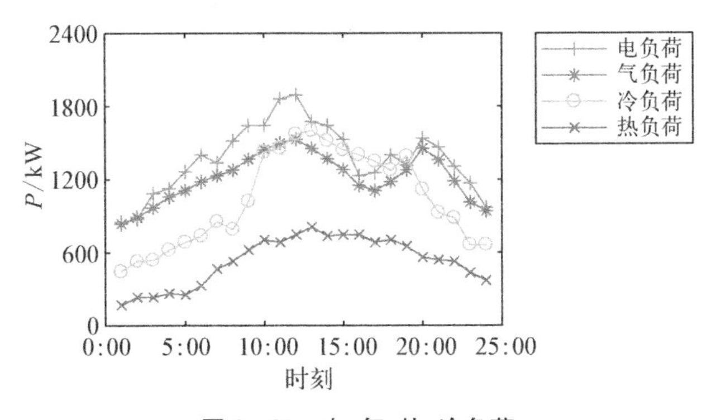

图 3-20　电、气、热、冷负荷

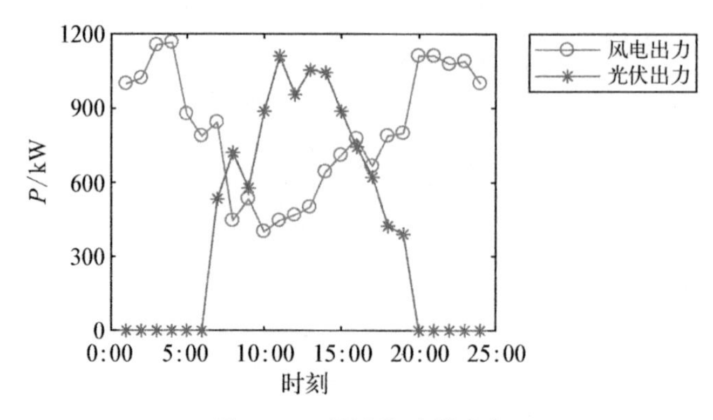

图 3-21　风电和光伏出力

表 3-14　电网和气网交易价格

时段		购买价格/[元/(kW·h)]		售卖价格/[元/(kW·h)]	
		电网	气网	电网	气网
峰时段	8:00～12:00 17:00～21:00	1.36	3.56	1.08	2.84
平时段	12:00～17:00 21:00～24:00	0.82	3.12	0.66	2.50
谷时段	0:00～8:00	0.37	2.87	0.3	2.29

当地电、气、热负荷的数据如表 3-15 所示。

表 3-15　24 h 电、气、热负荷数据

时　刻	电负荷/kW	气负荷/kW	热负荷/kW
0:00	230	90	20
1:00	230	90	23
2:00	240	90	25
3:00	248	90	25
4:00	248	96	45
5:00	250	98	50
6:00	260	89	45
7:00	275	80	75
8:00	280	75	80
9:00	285	80	80

续　表

时刻	电负荷/kW	气负荷/kW	热负荷/kW
10:00	290	85	75
11:00	300	86	70
12:00	320	83	70
13:00	295	85	70
14:00	285	85	63
15:00	280	80	55
16:00	275	82	55
17:00	280	80	55
18:00	290	82	54
19:00	278	85	51
20:00	270	90	49
21:00	268	105	25
22:00	260	105	25
23:00	250	90	15
平均值	270.29	87.54	50

电负荷峰值为 320 kW，谷值为 230 kW；热负荷峰值为 80 kW，谷值为 15 kW；气负荷峰值 175 kW，谷值为 115 kW。对电、气、热三种负荷取平均值，超过平均值为峰荷、低于平均值为谷荷。电网、气网、热网三者的负荷状态如表 3－16所示。

表 3－16　电网、热网、气网的负荷状态

时　刻	电　网	气　网	热　网
0:00～6:00	谷荷	峰荷	谷荷
7:00～8:00	峰荷	谷荷	峰荷
9:00～19:00	峰荷	谷荷	峰荷
20:00～23:00	谷荷	峰荷	谷荷

经实际测试得出此地的风电和光伏的日输出曲线如图 3－21 所示，由此可以得知新能源输出等级状态如表 3－17 所示，根据新能源输出数据划分为峰级、中级、谷级。

表 3－17　新能源输出等级状态

时　　刻	新能源输出等级
0:00～2:00	新能源输出谷级
3:00～8:00	新能源输出中级
8:00～19:00	新能源输出峰级
19:00～23:00	新能源输出中级

能源路由器运行模式的调度过程如下。

(1) 0:00～2:00，新能源输出等级为谷级，此时进入新能源谷级模式下的调度子流程，根据调度指令，此时能源路由器不响应电网与热网的需求，需响应气网的调度要求，运行模式四：电网供电模式。

(2) 2:00～6:00，新能源输出等级为中级，此时进入新能源中级模式调度子流程，根据调度指令，此时能源路由器不响应电网与热网的需求，需响应气网的调度要求，运行模式五：新能源向主动负荷供电模式。

(3) 7:00～8:00，新能源输出等级为中级，此时进入新能源中级模式下的调度子流程，根据调度指令能源路由器响应电网需求，启动 CHP 设备，运行模式五：CHP 并网发电＋新能源制氢模式。

(4) 9:00～19:00，新能源输出等级为峰级，此时进入新能源峰级模式调度子流程，判定电网处于峰荷状态，判定流程进入气网和热网状态判定。气网判定为谷荷状态，热网为峰荷状态，运行模式二：新能源并网＋供热模式。

(5) 20:00～23:00，新能源输出等级为中级，此时进入新能源中级模式调度子流程，判定电网处于谷荷状态，判定流程进入气网和热网状态判定。气网判定为峰荷状态，热网为谷荷状态，运行模式三：新能源电解水制氢模式。

能源路由器的运行状态结果如表 3－18 和图 3－22 所示，在新能源输出等级变化、源网负荷变化的情况下，能源路由器始终存在一个运行模式可以响应能源需求，最大限度地利用新能源。

表 3－18　能源路由器运行状态值

类　　型	容量/kW	额定输出功率/kW	类　　型	容量	输出功率/kW
电解水设备	80	80	储能电池	600 A·h	－50
燃气轮机	200	200	储气罐	1 000 m^2	400
风机	200	200	储热水箱	100 L	300
光伏设备	250	250	电锅炉	50 kW	25

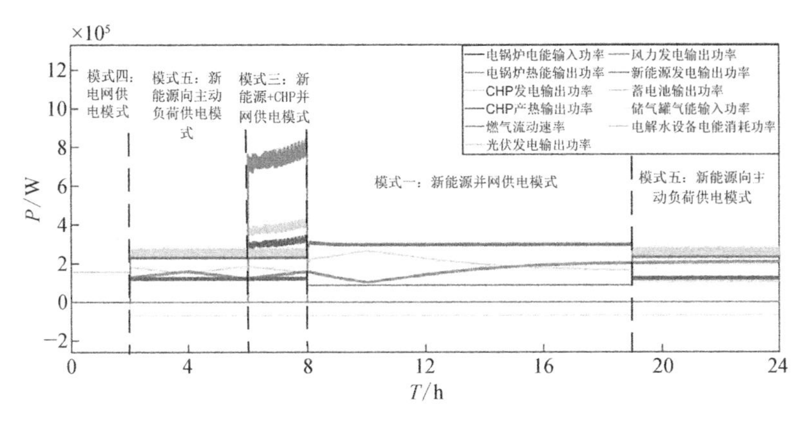

图 3-22 能源路由器各端口的能量流动情况(后附彩图)

3.4.3 能源路由器的经济运行

运行成本 C_1 包括购电成本 C_e、购气成本 C_g、设备的运行成本 C_o：

$$C_e(t)=\begin{cases}P_{\mathrm{E.grid}}(t)\times L_{\mathrm{sell.E.grid}}(t), & P_{\mathrm{E.grid}}(t)\leqslant 0\\ P_{\mathrm{E.grid}}(t)\times L_{\mathrm{buy.E.grid}}(t), & P_{\mathrm{E.grid}}(t)>0\end{cases} \tag{3-40}$$

$$C_g(t)=\begin{cases}P_{\mathrm{G.grid}}(t)\times L_{\mathrm{sell.G.grid}}(t), & P_{\mathrm{G.grid}}(t)\leqslant 0\\ P_{\mathrm{G.grid}}(t)\times L_{\mathrm{buy.G.grid}}(t), & P_{\mathrm{G.grid}}(t)>0\end{cases} \tag{3-41}$$

$$\begin{aligned}C_o(t)=&P_{\mathrm{GT}}(t)\times K_{\mathrm{GT}}+P_{\mathrm{GB}}(t)\times K_{\mathrm{GB}}+P_{\mathrm{WH}}(t)\times K_{\mathrm{WH}}\\&+P_{\mathrm{EC}}(t)\times K_{\mathrm{EC}}+P_{\mathrm{AC}}(t)\times K_{\mathrm{AC}}\\&+P_{\mathrm{HE}}(t)\times K_{\mathrm{HE}}+P_{\mathrm{P2G}}(t)\times K_{\mathrm{P2G}}+P_{\mathrm{BO}}(t)\times K_{\mathrm{BO}}\\&+E_{\mathrm{E}}(t)\times K_{\mathrm{E}}+E_{\mathrm{C}}(t)\times K_{\mathrm{C}}+E_{\mathrm{Q}}(t)\times K_{\mathrm{Q}}\\&+E_{\mathrm{G}}(t)\times K_{\mathrm{G}}+P_{\mathrm{PV}}(t)\times K_{\mathrm{PV}}+P_{\mathrm{PW}}(t)\times K_{\mathrm{PW}}\end{aligned} \tag{3-42}$$

式中，$P_{\mathrm{E.grid}}(t)$、$L_{\mathrm{sell.E.grid}}(t)$、$L_{\mathrm{buy.E.grid}}(t)$ 为 t 时刻电网交互电功率、售电单价、购电单价；$P_{\mathrm{GT}}(t)$、$P_{\mathrm{GB}}(t)$、$P_{\mathrm{P2G}}(t)$、$L_{\mathrm{sell.G.grid}}(t)$、$L_{\mathrm{buy.G.grid}}(t)$ 为燃气轮机、燃气锅炉耗气单位功率，P2G 设备产生天然气单位功率，购买、售卖天然气单位功率价格；$P_{\mathrm{BO}}(t)$、$P_{\mathrm{WH}}(t)$、$P_{\mathrm{EC}}(t)$、$P_{\mathrm{AC}}(t)$、$P_{\mathrm{HE}}(t)$、$E_{\mathrm{E}}(t)$、$E_{\mathrm{C}}(t)$、$E_{\mathrm{Q}}(t)$、$E_{\mathrm{G}}(t)$、$P_{\mathrm{PV}}(t)$、$P_{\mathrm{PW}}(t)$ 为电锅炉、余热回收装置、电制冷机、吸收制冷机、换热器、储电、储冷、储热、储气、光伏、风电的单位时间输入功率；K_{GT}、K_{GB}、K_{BO}、K_{WH}、K_{EC}、K_{AC}、K_{HE}、K_{E}、K_{C}、K_{Q}、K_{G}、K_{PV}、K_{PW} 为燃气轮机、燃气锅炉、电锅炉、余热回收装置、电制冷机、吸收制冷机、换热器、储电、储冷、储热、储气、光伏、风电单位时

间功率的维护成本系数；K_{P2G}为P2G设备的单位时间功率的维护成本系数。

系统的运行成本目标函数如下：

$$C_1=\sum_{t=1}^{T=24}\left[C_{\mathrm{e}}(t)+C_{\mathrm{g}}(t)+C_{\mathrm{o}}(t)\right] \tag{3-43}$$

系统二氧化碳的排放与原料中的碳含量有关，而在能源路由器系统中，天然气燃烧以及煤燃烧产电是主要的二氧化碳排放来源。本书主要考虑二氧化碳排放对环境的影响，折算为环境成本。故环境成本目标函数为

$$C_2=\sum_{t=1}^{T=24}\{\beta_{\mathrm{e}}P_{\mathrm{E.grid}}(t)+\beta_{\mathrm{g}}\left[P_{\mathrm{GT}}(t)+P_{\mathrm{GB}}(t)-P_{\mathrm{P2G}}(t)\right]\} \tag{3-44}$$

式中，$P_{\mathrm{E.grid}}(t)$、$P_{\mathrm{GT}}(t)$、$P_{\mathrm{GB}}(t)$、$P_{\mathrm{P2G}}(t)$为t时刻电网交互电功率，燃气轮机、燃气锅炉耗气单位功率，P2G装置产生天然气单位功率；β_{e}为单位电功率下二氧化碳的排放量，取为0.006 397 t/MW；β_{g}为单位天然气功率下二氧化碳排放量，这里取为0.002 4 t/MW。

以运行成本最低与环境成本最低为多目标优化函数：

$$C=\min\{C_1(t),\ C_2(t)\} \tag{3-45}$$

基于能源路由器的多能优化调度模型主要包括燃气轮机、燃气锅炉、换热器、电制冷机、吸收制冷机、电锅炉、P2G设备和余热回收装置、储电、储气、储热、储冷等，该模型将总的运行成本最小以及碳排放量最小作为目标函数，并满足系统的各种复杂约束，利用改进的无支配排序遗传算法(NSGA-II)求解能源路由器的多目标模型，出力结果如图3-23所示。

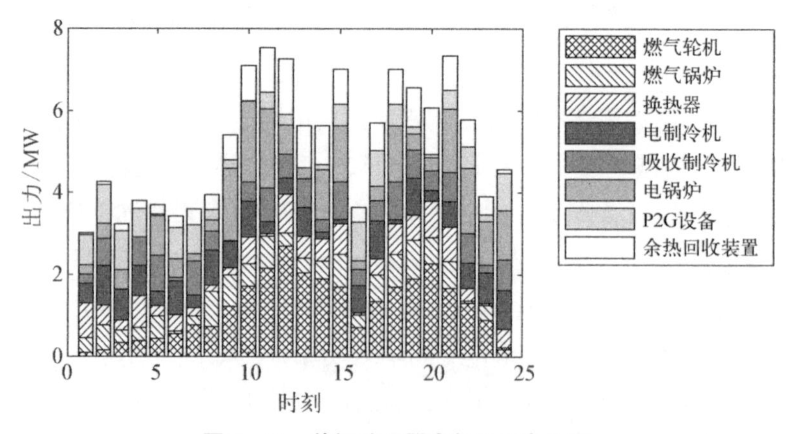

图3-23 能源路由器内部机组出力图

从图 3－23 可以明显看出，0:00～6:00，由于电网电价处于谷时段，电价较低，燃气轮机出力较少的一部分原因是负荷较少，另外一部分原因是风机发电充裕，可以为能源路由器提供电能。在 7:00～12:00 和 17:00～21:00 峰时段内，虽然光伏发电的上升量和下降量能够弥补风机出力的急剧下降量和上升量，但是整个能源路由器的电、气、热、冷负荷总体上升，所以光伏发电量不能完全支撑整个系统装置，此时燃气轮机被分配的出力量往上爬升，占总的功率比例最高，且出力趋势随着用户负荷的升降而变化。在 13:00～16:00，由于电、气、冷负荷急剧下降，设备的出力量也急剧下降，在整个 24 h 的运行调度中，电锅炉和燃气轮机出力的热量足够满足用户的热负荷，所以导致燃气锅炉的出力功率较少，而余热回收装置的热能出力量主要由燃气轮机决定，所以余热回收装置的出力量随燃气轮机出力量的变化而变化。

第4章

能源路由器的服务层

能源互联网是一种互联网与能源生产、传输、存储、消费以及能源市场深度融合的能源产业发展新形态，是推动世界能源革命的重要战略支撑，能源互联网的建设也必然经历智能家居/智能楼宇—智能园区—智慧城市的发展历程。作为能源互联网的核心，能源路由器是支撑能源互联网建设最重要的关键设备。以能源路由器为支点，对园区级能源局域网、区域广域网络以及城市系统进行设计，是能源路由器实现服务层优化设计的本质内容，也是推进能源互联网建设的必然选择。

4.1 园区级能源路由器服务层设计

通过实施园区级能源路由器规划设计，可充分利用多种能源形式的互补供给、协同优化，提高电厂发电利用率，提升园区清洁能源供应比例，从而提高区域能效，降低供能成本，实现发电企业、用户、电网公司等参与主体的多方共赢，实现经济效益、社会效益的双赢。具体而言，需要精心设计园区级能源局域网在能源系统、信息通信、运行控制上的整体架构，并且需要明确运营模式，进行相应的效益分析，开展示范应用。

园区级能源路由器规划的物理层就是以能源路由器为节点的园区级多能互补系统本身。在对综合能源系统进行规划时，最基本的方法就是通过能源元件的选址定容和能源网络的路径优化来实现园区系统的能源、经济、环境等目标。需要注意的是，园区的产业结构、能源类型、负荷特征、环境因素等都会对多能互补系统的源、网、荷、储规划产生影响。因此，需要针对性分析园区级能源局域网的规划，以园区定位为导向，同时考虑园区级能源局域网的能源规划和运营方案优化。以下以固废基地园区系统为例进行说明。

4.1.1 园区定位

1. 园区分类

如图 4－1 所示，按照园区的开发情况可以将待规划的园区分为两类，分别为新建园区和扩建园区。新建园区指需要从零开始规划的园区，而扩建园区指在现有基础上进行升级改造的园区。其中，根据经营活动的特征，园区还可以细分为工业园区、农业园区、商业/居住园区、旅游文化园区和公共服务园区。

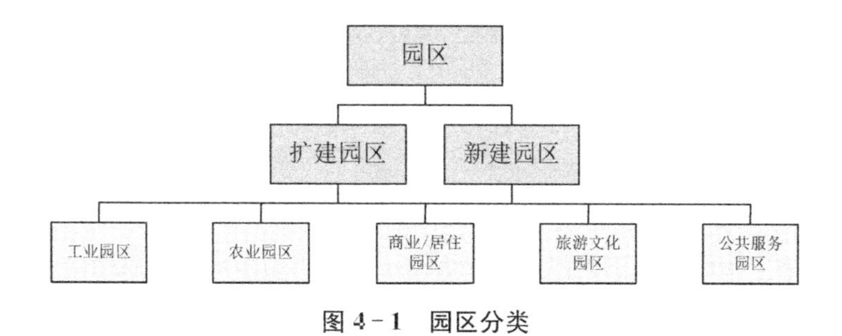

图 4－1　园区分类

对于新建园区，首先需对其进行园区定位，确定园区规模及负荷类型。园区定位要从所处区域的能源、经济、环境、负荷、政策等因素出发，发挥出区域的优势，合理确定园区的能源供需架构。能源、环境、政策等构成了一个园区的资源禀赋。园区要充分发挥资源优势，以有效利用为前提，进行园区定位。

对于扩建园区有必要进行园区发展规模及产业结构布局的研究，随着园区的发展，园区内原有设施逐步无法满足不断上升的能源需求，需要进行改造升级，这也是园区规划和发展中需要注意的内容。

1）农业园区

现代农业园区主要服务的对象为农业及相关产业。一般而言，农业园区就是集约化农业园，以获得经济效益、生态效益和社会效益为目标，同时促进地区农业的可持续发展。典型农业园区有果园、农场等。

2）商业/居住园区

商业/居住园区的发展出现在工业园区之后，其与工业园区是互补关系，是生产与消费间矛盾的产物。其形成过程可以表述如下：在购买力增长的刺激下，地区内会出现商业中心区，而中心区的出现必然会带来商业发展所引发的成本激增问题，从而将其他产业挤出。典型商业/居住园区有中央商务区、办公区等。居住园区是近年来出现的，其成因是现代城市功能结构和居住生活方式的变化，其本质还是一种人类居住聚落结构。居住园区的核心是以人为本，因此其相较于以往的居住地，更加强调居住的主体性、生态性、社会性、文化性和现代性。典型居住园区有公寓小区、高档别墅区等。商业/居住园区一般相毗邻，构成商业和生活相结合的生态环境。

3）旅游文化园区

旅游文化园区是指一定区域内，建立统一有效的管理机构，以旅游业为统筹，以产业融合为特征，以旅游生产要素和消费服务业态集聚为核心。典型旅游文化园区有景区、文化艺术中心等。

4）工业园区

全球的园区始于工业园区。工业园区通过规划建设合理的区位环境来吸引工业企业入驻，从而缓解了工业与城市间的矛盾问题，如环境污染、管理混乱等。工业园区的一般特征是企业在地理上聚集。但是如果企业间缺少产业关联，必然会导致整个工业园区的生产和交易成本很高，产品市场竞争优势不强，企业发展受到抑制。因此，新兴工业园区的构建都基于企业专业的分工与协作和产业协同效应。典型的工业园区有化工园区、生物科技园区、电子科技园区等。

5）公共服务园区

公共服务园区涉及政治、经济、教育、卫生等多个领域，其发展理念是满足公民生活发展的各类需求。公共服务园区有利于缓解我国当前面临的各种社会突出矛盾，是国家发展必不可少的园区。典型的公共服务园区有固废处理园区、高校区、污水处理区、政府行政区等。

2. 园区影响因素分析

1）能源因素

在节能减排全球化和能源互联网高速发展的背景下，清洁能源的利用技术更加成熟且日益灵活。国家发展和改革委员会与国家能源局等有关单位不断下发文件要求降低弃风率、弃光率。因此，合理利用清洁能源可以有效提升能源局域网的能源利用率和环境效益，符合社会发展的轨迹。园区能源禀赋因地而异，其决定着园区清洁能源的使用选择，需要在园区级能源局域网的规划中予以考虑。

（1）清洁能源的可利用性。

清洁能源的可利用性决定着其是否有足够的潜力来支撑能源局域网的开发利用，同时也进一步影响清洁能源利用方式及相关设备的选择。在园区级能源局域网的规划中，需要充分考虑清洁的利用潜力，其中清洁能源的可利用性决定着其是否有足够的潜力来支撑能源局域网的开发利用，同时也进一步影响到清洁能源利用方式及相关设备的选择，如风机、光伏发电的选型等。此外，清洁能源的可获得量与可利用量是两个不同的概念，在规划中应加以区分，重点考虑清洁能源的可利用性。清洁能源在某些园区中存在其特殊的源端，如农业园区都具有动物粪便等，城市固废处理园区有固废垃圾等特有资源可进行生物质能的转化。

(2) 清洁能源的互补性。

① 时空互补。

不同的清洁能源在时空层面上表现为不同的特性。我国的清洁能源在空间上总体表现为西多东少的局面。其中，风能资源在青藏高原、新疆北部、内蒙古及沿海等地区丰富，而在西南、华中等地区相对贫乏；太阳能资源则表现为从西往东、从北往南依次递减的态势；天然气也主要分布在西部和北部地区，但因为"西气东输""川气东送""北气南下""海气登陆"等管网工程的推进，天然气已经实现了全国范围内的输送流动。在时间层面上，可再生能源存在随时间波动的特性，如风能资源中的枯风期、水能资源中的枯水期以及最为明显的太阳能资源中的昼夜交替。然而，清洁能源可以在时空层面上达到互补状态，针对园区能源的时空特性，合理分配及利用清洁能源，在园区级能源局域网的规划中显得尤为重要。

② 可靠性、环境效益和经济效益互补。

清洁能源的可靠性、环境效益和经济效益各不相同，不同清洁能源在不同的方面有着自身的优势和缺陷，它们之间可以在形成优势互补的同时尽可能弥补缺陷，从而实现园区级能源局域网在可靠性、环境效益和经济效益三方面的互补，达到园区级能源局域网最优规划的目标。例如，天然气在供能可靠性和经济性上优于风、光，但在环境效益上却明显不足；而风、光的波动性又影响园区级能源局域网的稳定。为了更为清晰地分析比较，表 4 - 1 列出了清洁能源在可靠性、环境效益和经济效益三方面的特征。

表 4 - 1　清洁能源特征对比

种　类	平均发电成本/[元/(kW・h)]	碳排放/[g/(kW・h)]	可靠性
天然气	0.25～0.45	599	高
太阳能	2.5～5	0	低
风　能	0.5～0.6	0	低
地热能	0.45～0.9	91	中

③ 清洁能源的园区特有性。

清洁能源在某些园区中存在其特殊的源端，因此，在园区级能源局域网的规划中，除需要考虑普遍共有的清洁能源因素外，还需要对各类园区的源端进一步分析。园区特有的清洁能源大多属于生物质能，其表现出的形式多种多样，如沼气、乙醇、固体燃料等。如图 4-2 所示，根据园区分类对生物质能及其利用方式进行区分，可以发现旅游文化园区、农业园区及公共服务园区都存在可以转化的原材料来生产生物质能。

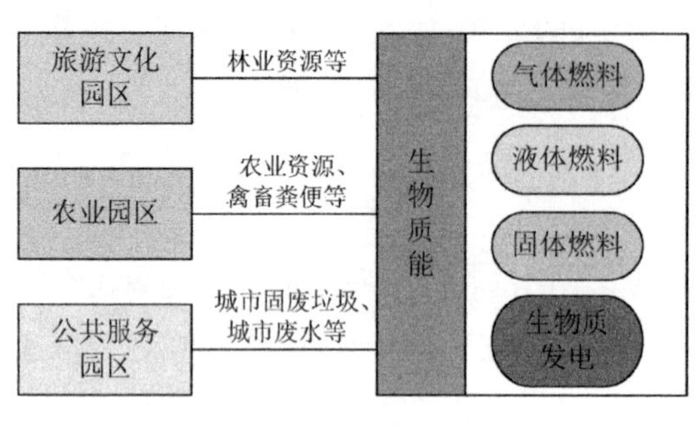

图 4-2 园区生物质能分析

2）负荷因素

园区因为其不同的功能特性呈现出不同的产业结构，因此其内部的能源消费特征会各不相同，具体为对能源需求的品种、数量、时间、方式等都不尽相同，从而表现为负荷特性的差异。针对以上所述的园区分类，表 4-2 对各个园区进行了详细的负荷特性分析。此外，因为园区内部多能系统间的耦合，其负荷之间存在一定的耦合特性，因此在面对这类负荷时需要解耦或多元综合考虑。

表 4-2 典型园区的负荷特性

园区分类	园区具体用途	负　荷　特　性
工业园区	化工园区、高新科技园区	对于天然气和热的需求较大，自带热源； 电能质量要求高，电负荷平稳
农业园区	农产品养殖加工	负荷分布广、要求不高，具有季节特征
商业园区	商场	总耗电量大，在工作时间存在稳定负荷，非工作时间无负荷
居住园区	公寓	以家用电器类负荷为主，时间特征与商业园区相反
旅游文化园区	景区	负荷分布广、要求不高，与游客的淡旺季特征紧密相关
公共服务园区	固废处理园区、高校区	园区内部电负荷可以忽略，热/冷负荷呈现季节特性，园区本身自带天然气源； 多以建筑形式呈现，电/热/冷负荷具有明显的时间特征

4.1.2　园区级能源系统模型

1. 能源路由器的服务层模型

在服务层，能源路由器可以看成一系列多能源装置组合后的节点，能源路由器的输入和输出可以是多种能源的组合。能源路由器中包含多种能源装置，按功能来分主要包含能源传输装置（电力线路、热力管道、气网管道等）、能源转换装置（热电联产 CHP、电锅炉、热交换器等）和储能装置（储热水箱、储气站等）。

对于综合能源系统，从本质上可以将其看作一个“黑箱”，可以不用关注系统内部能源之间复杂的耦合关系而只关注这个系统中能量的输入和输出。多种形式的能源从能源路由器模型的输入端口输入，通过能源路由器模型内部的多种能源设备进行传输、转换、存储，最终以多种形式从能源输出端口输出。

在图 4-3 所示的能源路由器中，模型左侧输入的$[I_1, I_2, \cdots, I_n]$表示的是能源路由器的原始能量输入向量，右侧输出的$[O_1, O_2, \cdots, O_n]$表示的是能源路由器内的能量输出向量。通过图 4-3 所示的模型，可以将能源路由器内输入能源与输出能源的关系表示为一个输入到输出的函数，如式（4-1）所示：

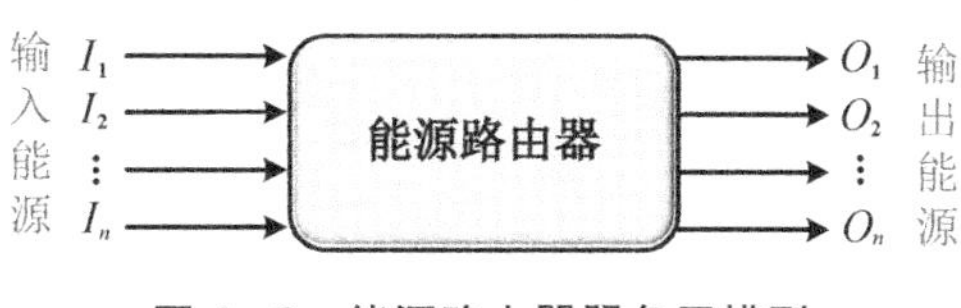

图 4-3　能源路由器服务层模型

$$O = f(I) \tag{4-1}$$

能源路由器服务层模型只关注输入和输出的能量形式，这一特性使得能源路由器模型具有很高的自由度和适用范围。只要建立的模型合理，能源路由器描述的系统规模可大可小，小到一个发电机组，如 CHP，大到一个园区、一座城市，甚至是一个国家的能源系统，均可采用此模型对其进行描述。

能源路由器内部的能源元件按照对能源实现的功能可分为能源传输装置、能源转化装置和能源存储装置。能源转换装置用于不同形式的能源之间的相互转换，如热电联产 CHP 可以将天然气转换为电能和热能，电锅炉可以将电能转换为热能等。能源传输装置的主要功能是对能源进行传输，如电缆和架空线路主要用于电能的传输，热能和天然气主要采取热力管道和气网管道传输的方式。能源存储装置是为了存储各种需要保存的能量形式，如蓄电池、储热装置和储气装置分别用于储电、储热和储气。表 4-3 列举了一些常见的能源传输装置、能源转换装置和能源存储装置。

表 4-3 能源传输、转换和存储装置

能源传输装置		能源转换装置	能源存储装置	
输电装置	架空线路	热电联产 CHP	储电装置	超导储能
	电缆	变压器		压缩空气储能
输热装置	热力管道	燃料电池		电容储能
		电锅炉		飞轮装置
		电解槽		蓄电池
		新能源机组		电动汽车
输气装置	气网管道	吸收制冷机	储热装置	储热水箱
		热交换器		热储罐
		P2G	储气装置	储气设备

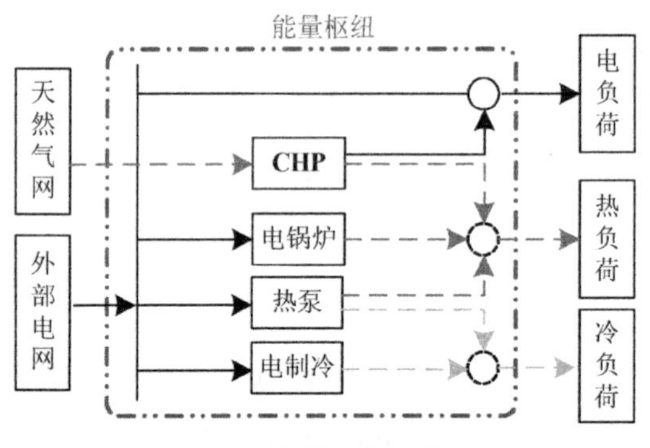

图 4-4 能源路由器服务层模型结构示例

通过表 4-3 可知，选用不同的设备，能源路由器就有不同的结构，并具有不同的功能和适应性。电热气耦合的能源路由器模型比较常见，本书也主要对此类能源路由器模型进行讨论。图 4-4 就是一个电热气耦合的能源路由器服务层模型结构示例。

2. 固废基地物质-能源系统模型

传统固废基地设施种类较少，能源处理方式单一，且能源浪费现象严重。固废基地物质-能源系统除具备一些传统固废基地的固有设施外，还规划了许多能源转换、传输和存储装置，是一个典型涉及电、热、气多种能源的综合能源系统。综合能源系统的研究可以遵循“多能源元件—元件集成—多能源网络”这一从简单到复杂的思路，并建立其数学物理模型。而固废基地物质-能源系统中除包含能量的梯次利用外，还有物质的流动。物质是能量的载体，没有物质，能量也无法流动，物质的流动与传输也少不了能量的驱动。所以，对固废基地物质-能源系统的建模也少不了对其中物质流的建模。

1）能量源、能源转换装置

固废基地通常包含的能量源有光伏发电、风电、CHP、燃气锅炉、电锅炉、燃气轮机、燃料电池、热交换器、电转气等，上述部分装置的能量方程在前述已经介绍过，还有少量的装置没有介绍，但是在很多研究报告中可以获得，本书不再详细说明。

2）能源传输装置

忽略能源自身的传输速度，能源传输装置的传输特性基本类似，其表达式可用式(4-2)表示：

$$\begin{cases} p_t^{\mathrm{out}} = p_t^{\mathrm{in}}(1 - k_{\mathrm{p,\,loss}} L_{\mathrm{p}}) \\ h_t^{\mathrm{out}} = h_t^{\mathrm{in}}(1 - k_{\mathrm{h,\,loss}} L_{\mathrm{h}}) \\ v_t^{\mathrm{out}} = v_t^{\mathrm{in}}(1 - k_{\mathrm{g,\,loss}} L_{\mathrm{g}}) \end{cases} \tag{4-2}$$

式中，p_t^{out}、h_t^{out} 和 v_t^{out} 为能源线路末端在 t 时刻输出的电、热、气；p_t^{in}、h_t^{in} 和 v_t^{in} 为能源管道在 t 时刻输入的电、热、气；$k_{\mathrm{p,\,loss}}$、$k_{\mathrm{h,\,loss}}$ 和 $k_{\mathrm{g,\,loss}}$ 为电、热、气线路的单位损耗率；L_{p}、L_{h} 和 L_{g} 为电、热、气能源线路的长度。

3）储能装置

假设在 Δt 时间内储能和放能的功率恒定，则充放能前后储电/热/气设备的能量关系如式(4-3)所示：

$$W(t) = W(t - \Delta t) + \left(Q_{\mathrm{c}} \eta_{\mathrm{c}} - \frac{Q_{\mathrm{d}}}{\eta_{\mathrm{d}}}\right) \Delta t \tag{4-3}$$

式中，$W(t-\Delta t)$ 和 $W(t)$ 表示储能或放能前后储能装置所存储的能量；Q_{c} 和 Q_{d} 分别表示储电/热/气设备存储和释放的能量；η_{c} 和 η_{d} 分别表示储能和放能的效率。为确保设备能稳定正常运行，需要满足以下约束条件：

$$\begin{cases} W_{\min} \leqslant W \leqslant W_{\max} \\ 0 \leqslant Q_{\mathrm{c}} \leqslant Q_{\mathrm{c,\,max}} \\ 0 \leqslant Q_{\mathrm{d}} \leqslant Q_{\mathrm{d,\,max}} \end{cases} \tag{4-4}$$

式中，$W_{\max}$ 和 $W_{\min}$ 分别表示储能的最大值和最小值；$Q_{\mathrm{c,\,max}}$ 和 $Q_{\mathrm{d,\,max}}$ 分别表示储能和放能的最大值。为了预留一定的调节裕量，将运行一个周期后的储能装置恢复到原来的储量，约束条件如下：

$$W_T = W_0 \tag{4-5}$$

式中，W_0和W_T分别表示优化调度周期始、末的储电/热/气量。

4）传统固废基地特有设备

固废基地的特有能源元件有垃圾焚烧发电厂、沼气发电厂、垃圾填埋场、渗沥液处理厂、沼气压缩提纯站、污水资源化利用中心和污泥处理厂等。

（1）垃圾焚烧发电厂（waste incineration power plant, WI）。

垃圾焚烧发电厂通过焚烧垃圾发电的同时会有余热产生，也会产生飞灰、炉渣和渗沥液等，其表达式如下：

$$\begin{cases} P^{\mathrm{WI}} = k_P M_{\mathrm{waste}}^{\mathrm{WI}} \\ Q^{\mathrm{WI}} = k_Q M_{\mathrm{waste}}^{\mathrm{WI}} \\ M_{\mathrm{ash}}^{\mathrm{WI}} = k_{\mathrm{ash}} M_{\mathrm{waste}}^{\mathrm{WI}} \\ M_{\mathrm{slag}}^{\mathrm{WI}} = k_{\mathrm{slag}} M_{\mathrm{waste}}^{\mathrm{WI}} \\ M_{\mathrm{leachate}}^{\mathrm{WI}} = k_{\mathrm{leachate}} M_{\mathrm{waste}}^{\mathrm{WI}} \end{cases} \tag{4-6}$$

式中，P^{WI} 和 Q^{WI} 分别表示垃圾焚烧发电厂的发电量（kW·h）和余热产生量（kW·h）；$M_{\mathrm{ash}}^{\mathrm{WI}}$、$M_{\mathrm{slag}}^{\mathrm{WI}}$ 和 $M_{\mathrm{leachate}}^{\mathrm{WI}}$ 分别表示飞灰产生量（t）、炉渣产生量（t）和渗沥液产生量（t）；$M_{\mathrm{waste}}^{\mathrm{WI}}$ 表示垃圾焚烧量。k_P、k_Q、k_{ash}、k_{slag}和k_{leachate}分别为单位垃圾焚烧后的发电量（kW·h/t）、余热量（kW·h/t）、飞灰产生率、炉渣产生率和渗沥液产生率。

（2）沼气发电厂（biogas power plant, BP）。

沼气发电厂与垃圾焚烧发电厂类似，通过沼气的燃烧来发电，同时会产出热能，其表达式如下：

$$\begin{cases} E^{\mathrm{BP}} = k_{\mathrm{BP}}^{e} V_{\mathrm{bgas}}^{\mathrm{BP}} \\ H^{\mathrm{BP}} = k_{\mathrm{BP}}^{h} V_{\mathrm{bgas}}^{\mathrm{BP}} \end{cases} \tag{4-7}$$

式中，E^{BP} 和 H^{BP} 为沼气发电厂的发电量和产热量；$V_{\mathrm{bgas}}^{\mathrm{BP}}$ 为沼气发电厂的沼气消耗量；k_{BP}^{e} 为沼气发电厂的发电效率；k_{BP}^{h} 为沼气发电厂的产热效率。

（3）垃圾填埋场（waste landfill, WL）。

垃圾填埋场是垃圾填埋的场所，在经过一段时间的反应后会产生沼气和渗沥液，其表达式如下。

$$V_{\mathrm{bgas}}^{\mathrm{WL}}=\begin{cases}2WV_0m(1-\omega)(1-\mathrm{e}^{-kt}), & t<T\\ 2WV_0m(1-\omega)(\mathrm{e}^{kT}-1)\mathrm{e}^{-kt}, & t\geqslant T\end{cases} \tag{4-8}$$

$$V_{\mathrm{tlea}}^{\mathrm{WL}}=k_{\mathrm{lea}}^{\mathrm{WL}}M_{\mathrm{waste}}^{\mathrm{WL}} \tag{4-9}$$

式中，$V_{\mathrm{bgas}}^{\mathrm{WL}}$、$m$、$k$、$t$ 和 T 分别表示沼气产量、垃圾年填埋量、衰减系数、年份和填埋场使用年限；W 和 ω 分别是湿垃圾的含量和含水率；V_0 是单位干垃圾的理论沼气产量；$k_{\mathrm{lea}}^{\mathrm{WL}}$ 是垃圾填埋场的渗沥液产生率；$V_{\mathrm{tlea}}^{\mathrm{WL}}$ 和 $M_{\mathrm{waste}}^{\mathrm{WL}}$ 是渗沥液产量和垃圾填埋量。

（4）渗沥液处理厂（leachate treatment plant，LT）。

渗沥液处理厂的作用是将垃圾焚烧和填埋后产生的渗沥液进行处理以达到排放标准，在渗沥液的处理过程中会产生沼气，其表达式如下：

$$\begin{cases}V_{\mathrm{gas}}^{\mathrm{LT}}=\gamma_{\mathrm{gas}}M_{\mathrm{leachate}}^{\mathrm{LT}}\\ P^{\mathrm{LT}}=\gamma_P M_{\mathrm{leachate}}^{\mathrm{LT}}\\ Q^{\mathrm{LT}}=\gamma_Q M_{\mathrm{leachate}}^{\mathrm{LT}}\end{cases} \tag{4-10}$$

式中，$M_{\mathrm{leachate}}^{\mathrm{LT}}$ 为渗沥液处理量；$V_{\mathrm{gas}}^{\mathrm{LT}}$ 为沼气产量；P^{LT} 和 Q^{LT} 为耗电量和耗热量；γ_{gas}、γ_{P} 和 γ_{Q} 分别为产气效率、耗电效率和耗热效率。

（5）沼气压缩提纯站（biogas compression and purification plant，BCP）。

沼气压缩提纯通过对沼气的压缩提纯来生产天然气，其表达式如下：

$$V_{\mathrm{CH_4}}^{\mathrm{BCP}}=k_{\mathrm{BCP}}V_{\mathrm{bgas}}^{\mathrm{BCP}} \tag{4-11}$$

式中，$V_{\mathrm{CH_4}}^{\mathrm{BCP}}$ 为天然气产量；k_{BCP} 为天然气产率；$V_{\mathrm{bgas}}^{\mathrm{BCP}}$ 为沼气消耗量。

（6）污水资源化利用中心。

对垃圾填埋场、渗沥液处理厂等的渗沥液进行集中处理后，供固废基地物质-能源系统回收利用，如绿化用水和供垃圾焚烧厂发电所需的循环冷却水等，其表达式如下：

$$V_{\mathrm{w}}^{\mathrm{a}}=V_{\mathrm{d}}k_{\mathrm{a}} \tag{4-12}$$

式中，V_{d} 为污水资源化利用中心处理的污水量；k_{a} 为污水资源化利用中心的转换效率；$V_{\mathrm{w}}^{\mathrm{a}}$ 为污水经过处理后得到的可用水量。

(7) 污泥处理厂。

污泥处理厂主要是处理污水资源化利用中心产生的深度脱水污泥,主要考虑对干化后的污泥进行焚烧处理,其表达式如下:

$$\begin{cases} E_{\mathrm{WN}} = e_{\mathrm{WN}} A_{\mathrm{WN}} \\ A'_{\mathrm{WN}} = k_{\mathrm{ts}} A_{\mathrm{WN}} \end{cases} \tag{4-13}$$

式中,E_{WN} 和 e_{WN} 分别为污泥处理厂消耗的电能和单位重量污泥消耗的电能;A_{WN} 为进入污泥处理厂的污泥量;A'_{WN} 为进入垃圾焚烧厂的污泥量;k_{ts} 为污泥处理厂的转换效率。

能源网络的潮流模型已有较多学者研究过,电力系统、天然气系统及热力系统潮流模型将在 4.1.3 节简述,详细模型可参考相关文献。

4.1.3 园区级能源路由器服务层规划模型

1. 物理规划架构

在对园区级能源局域网进行规划时,首先根据园区的定位来构建园区级能源局域网的物理规划架构,确定园区级能源局域网中所包含的能源元件及各种能源间的耦合方式和流动方向。物理规划架构具体的构建流程如图 4-5 所示,将物理规划架构分为供给侧、转换侧、输送侧、储能侧和负荷侧,并基于园区定位

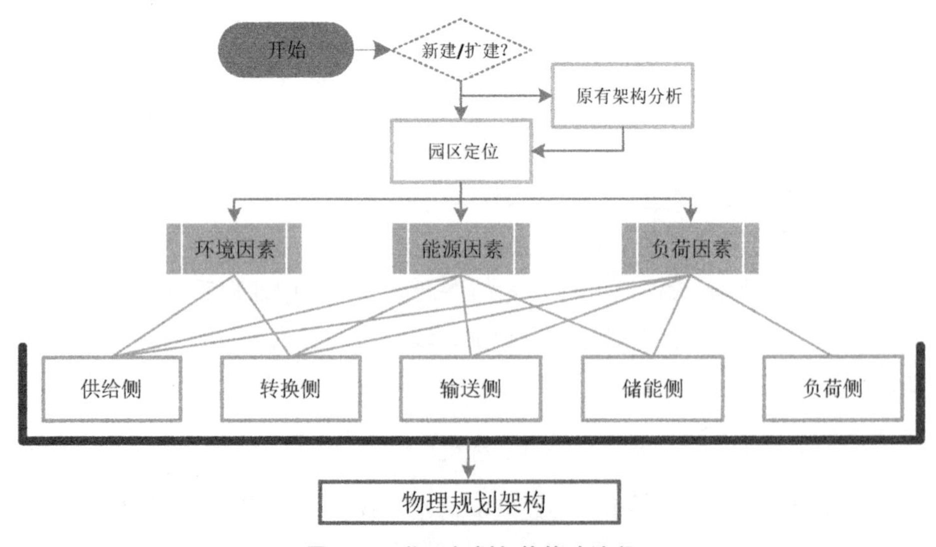

图 4-5　物理规划架构构建流程

中的环境因素、能源因素和负荷因素分析，将因素分析的影响精确到架构中的各个部分。

环境因素主要与能源的产生和转换相关，所以影响了供给侧和转换侧的元件。能源因素涉及了能源的产生、转换、输送和存储整个流程，所以其影响到除负荷侧之外的全部。负荷因素为整个架构中的最后一环，其可以回溯到架构中的每一部分，因此负荷因素影响到整个物理规划架构。此外，在搭建物理规划架构时，要确定园区级能源局域网是新建还是扩建。对于新建的园区，其物理规划架构可以依据园区定位来确定，但是扩建的园区必须考虑到其原有的物理规划架构。

如图 4-6 所示，园区级能源局域网物理规划架构显示了系统整体能源耦合流动的关系，而忽略了园区级能源局域网内部各部分的地理位置关系。其中，供给侧和转换侧的能源元件都分为典型元件和园区特有元件，储能侧默认为电、热/冷、气都予以考虑，输送侧为园区内部的电、热/冷、气管道，负荷侧为园区内部负荷。除了这些元件，因为园区级能源局域网的运行状态可以分为孤岛和并网两种，而我国目前的能源网络中只有电网和天然气网形成了大范围覆盖，所以在物理规划架构中园区外部网络只体现出与电、气网络的互动。需要注意的是，

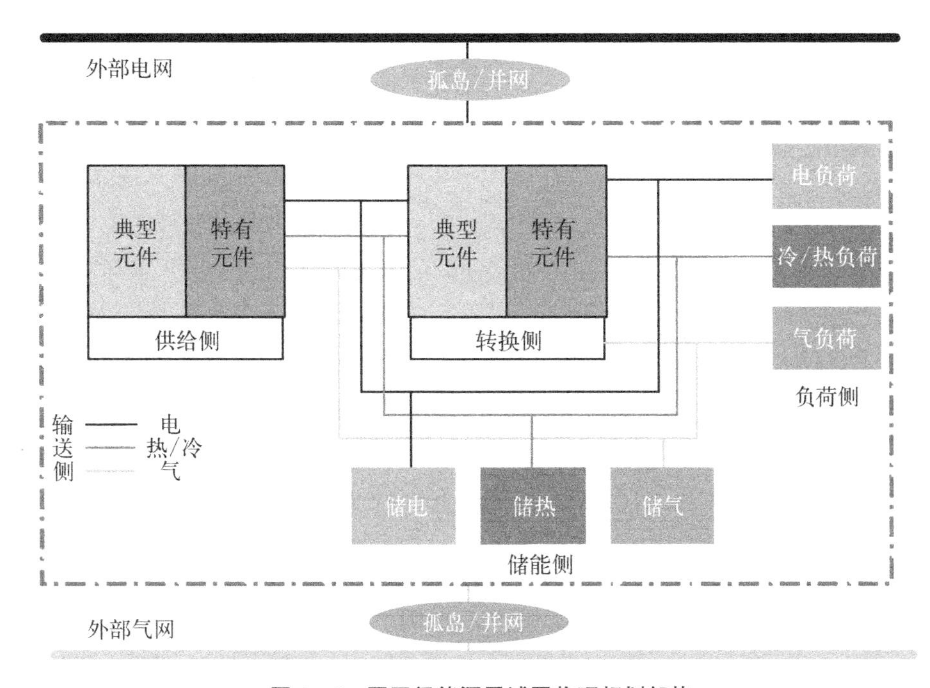

图 4-6　园区级能源局域网物理规划架构

图 4-6 中只是将供给侧、转换侧、负荷侧、储能侧和输送侧在能流关系上聚合在一起表示，并不说明这些元件在园区级能源局域网内部是地理位置上的聚合。

2. 规划模型

1）规划思路

园区级能源局域网从能源、经济和环境三方面进行规划，能源方面考虑各种能源的利用率，经济方面包含投资费用、能源销售利益及运维费用，环境方面主要是碳排放成本及环境维护。此外，为了目标的简化，将所有目标都统一为费用的量纲。

在实现园区级能源局域网的规划问题时，既要考虑其在能源、经济、环境方面的目标，还要注意多能协调的优势，将多能协同调度的优化问题融入规划模型中。具体规划的总体思路是首先将能源元件的参数作为决策变量，目标为园区级能源局域网的年费用，其中包含能源、经济、环境三方面转换后的所有费用，而运行费用也在其中。运行费用则由各个能源元件协同调度优化量计算而得，这些调度量都受限于能源元件的参数。因此，这两个步骤将相互制约，在反复迭代之后将会得到更符合实际的规划方案。因此，二层规划模型较为适宜应用在能源互联网的规划中。

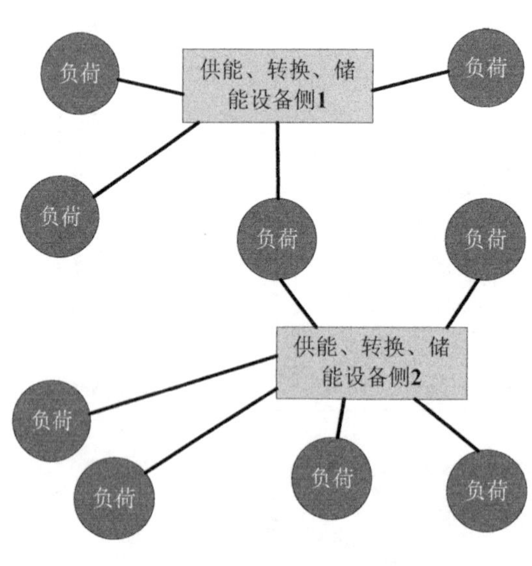

图 4-7　能源元件选址及能源网络优化思路

需要注意的是，本部分将在能源元件的选址问题和能源网络优化问题上进行组合处理。在园区级能源局域网中，供能元件、转换元件和储能元件间的能源网络越短越好，这样可以减少网络损耗。因此，可以将供能、转换及储能元件考虑为在同一位置，统称为设备侧的位置。那么能源元件的选址问题和能源网络优化问题就可以转换为对设备侧个数、位置及设备侧到负荷侧最短路径的优化问题，如图 4-7 所示。

2）二层规划模型

在二层规划模型中，上层模型得到的规划结果将参与到下层模型的目标函数和约束条件的构建当中，而下层模型的最优目标值也将作为上层目标中的一部分，上下层规划模型间相互制约。经过循环迭代后，就可以实现上下层同时最优。二层规划模型的一般表达式如下：

$$\begin{cases} \min F_{\text{up}} = F(x, F_{\text{low}}) \\ \text{s.t. } C(x) \leqslant 0 \\ \min F_{\text{low}} = f(x, y) \\ \text{s.t. } c(x, y) \leqslant 0 \end{cases} \tag{4-14}$$

式中，F_{up}为上层模型的目标值；$F(x)$为上层模型的目标函数；x 为上层模型的决策变量；$C(x)$为上层模型的约束条件；F_{low}为下层模型的目标值；$f(x, y)$为下层模型的目标函数；y 为下层模型的决策变量；$c(x, y)$为下层模型的约束条件。

上层模型以年度总费用为目标，以能源元件参数为决策量，下层模型以年度运行费用为目标，以能源元件调度量为决策量。

上层目标函数是年度总费用 F_{up}最少，其中包含能源元件的投资费用 C_{inv}、运行费用 C_{ope}、清洁能源补贴费用 C_{allo}和环境维护费用 C_{ep}，其中，运行费用为下层模型的目标，具体表达式如下：

$$F_{\text{up}} = C_{\text{inv}} + C_{\text{ope}} + C_{\text{ep}} - C_{\text{allo}} - C_{\text{save}} \tag{4-15}$$

下层目标函数为年度运行费用最少，包括能源交易费 C_{trade}、维护费 C_{man}、碳排放成本 C_{co_2}和可再生能源利用率提升导致的成本节省费用 C_{save}，其表达式如下：

$$F_{\text{low}} = C_{\text{ope}} = C_{\text{man}} + C_{\text{co}_2} + C_{\text{trade}} - C_{\text{save}} \tag{4-16}$$

下层约束条件分为能量平衡和元件容量限制。能量平衡指在 t 时刻园区级能源局域网中的所有能量的输入和输出相等，其具体表达式如下：

$$\begin{cases} \sum_j P_{t,j}^{\text{load}} + P_{\text{sell},t} + \sum_i P_{t,i}^{\text{in}} = P_{\text{buy},t} + \sum_i P_{t,i}^{\text{out}} - P_{\text{loss},t} \\ \sum_j H_{t,j}^{\text{load}} + \sum_i H_{t,i}^{\text{in}} = \sum_i H_{t,i}^{\text{out}} - H_{\text{loss},t} + H_x \\ \sum_j V_{t,j}^{\text{load}} + V_{\text{sell},t} + \sum_i V_{t,i}^{\text{in}} = V_{\text{buy},t} + \sum_i V_{t,i}^{\text{out}} - V_{\text{loss},t} \end{cases} \tag{4-17}$$

式中，$P_{t,j}^{\mathrm{load}}$、$H_{t,j}^{\mathrm{load}}$、$V_{t,j}^{\mathrm{load}}$ 为电、热/冷、气负荷；$P_{t,i}^{\mathrm{in}}$、$H_{t,i}^{\mathrm{in}}$、$V_{t,i}^{\mathrm{in}}$ 为元件消耗的电、热/冷、气量；$P_{t,i}^{\mathrm{out}}$、$H_{t,i}^{\mathrm{out}}$、$V_{t,i}^{\mathrm{out}}$ 为元件生产的电、热/冷、气量；$P_{\mathrm{loss},t}$、$H_{\mathrm{loss},t}$、$V_{\mathrm{loss},t}$ 为线路电、热/冷、气损耗；H_x 为排放出的多余热量，该值为一个正数；$P_{\mathrm{sell},t}$ 和 $P_{\mathrm{buy},t}$ 分别为购电量和售电量；$V_{\mathrm{sell},t}$ 和 $V_{\mathrm{buy},t}$ 分别为购气量和售气量。

元件容量限制指元件在 t 时刻的调度量不能超过其容量限制，即

$$D_{\min} \leqslant D_{t,i} \leqslant D_{\max} \tag{4-18}$$

能源元件运行时，在 t 时刻的调度量不能超过其本身容量限制，即

$$T_{i,\min} \leqslant T_{i,t} \leqslant T_{i,\max} \tag{4-19}$$

式中，$T_{i,\min}$表示能源元件 i 的容量下限；$T_{i,\max}$表示能源元件 i 的容量上限。

4.1.4 固废基地的示例分析

如图 4-8 所示，以固废基地为核心搭建城市固废基地园区系统，固废基地内部主要包括垃圾填埋场、垃圾焚烧发电厂、沼气发电厂、渗沥液处理厂、污水资源化利用中心和污泥处理厂等传统设施。此外，对固废的处理也需要外部输入的各种能源，所以要实现固废基地内部物质和能源的循环，还需要在固废基地中规划一些能源设备，包括能源传输、能源转化和能源存储设备，使固废基地从原来的“能源利用方式单一、能源浪费较严重”变成“能源综合高效利用、物质闭路循环”，实现“循环、低碳、绿色、健康”的发展理念。

考虑固废基地物质-能源系统内部一定的电、热、气负荷需求，选取典型日进行分析。输入该固废基地物质-能源系统每日处理垃圾量 6 000 t，调度周期取 24 h，单位调度时间选 1 h。固废基地物质-能源系统内部可规划的能源设备有风机、光伏系统、CHP 系统、垃圾焚烧发电厂、垃圾填埋场、渗沥液处理厂、沼气发电厂、沼气压缩提纯站、P2G 设备、储能设备等。为了验证所提出的规划方法的有效性，分别构建以下三种场景对固废基地物质-能源系统的规划结果进行分析，如表 4-4 所示。

场景 1 在传统固废基地的模式上，增添了沼气压缩提纯站和 P2G 设备；场景 2 在场景 1 的基础上，为固废基地配置了储能设备；场景 3 在场景 2 的基础上，为固废基地配置了 CHP 系统。

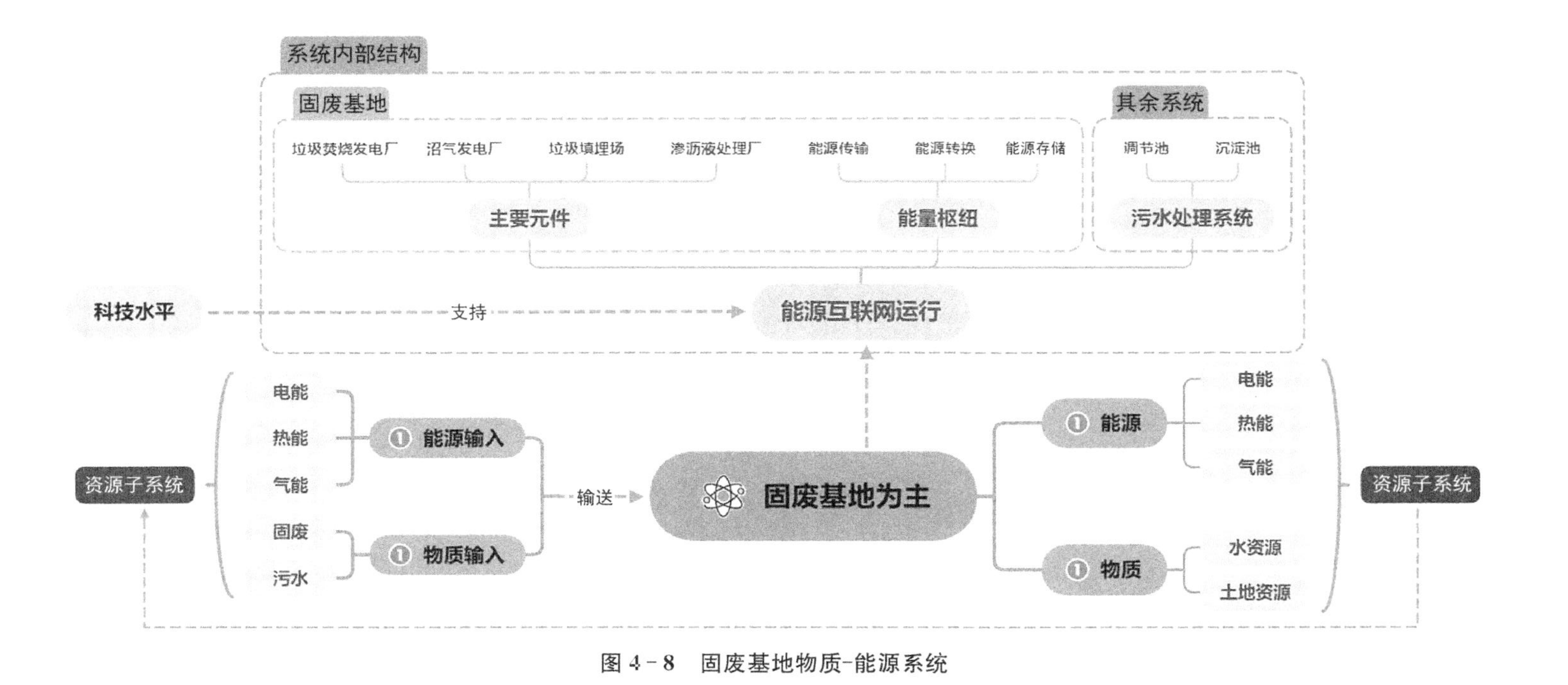

图 4－8　固废基地物质-能源系统

表 4-4 场 景 设 置

设　　备	场景 1	场景 2	场景 3
风机	√	√	√
垃圾填埋场	√	√	√
垃圾焚烧发电厂	√	√	√
渗沥液处理厂	√	√	√
沼气发电厂	√	√	√
沼气压缩提纯站	√	√	√
P2G 设备	√	√	√
储电设备		√	√
储热设备		√	√
储气设备		√	√
CHP 系统			√

1. 基础数据

该固废基地物质-能源系统内部的能源设备的安装容量上下限、单位容量投资成本、单位容量、运维成本等参数如表 4-5 所示。图 4-9(a)为容量 4MW 的机组典型日内的出力情况和风机的利用率。固废基地物质-能源系统内部负荷如图 4-9(b)所示，能源价格如图 4-9(c)所示。

表 4-5 能源设备参数

设　　备	安装容量上限	安装容量下限	单位容量投资成本	单位容量运维成本
风机	4 MW	0	12 500 元	0.01 元
垃圾填埋场	6 000 t/d	1 000 t/d	6.142 9 元	0.84 元
垃圾焚烧发电厂	6 000 t/d	0	3 557.1 元	13.5 元
渗沥液处理厂	5 000 m^3	0	18 386 元/m^3	5.93 元/m^3
沼气发电厂	20 000 kW	0	1700 元/kW	0.07 元/kW
沼气压缩提纯站	10 000 m^3	0	65 元/m^3	0.05 元/m^3
P2G 设备	1 000 kW	0	800 元/kW	0.04 元/kW
储电设备	1 000 kW	0	140 元/(kW・h)	0.003 元/(kW・h)
储热设备	1 000 kW	0	5 元/(kW・h)	0.002 元/(kW・h)
储气设备	1 000 m^3	0	6 428 元/m^3	0.3 元/m^3
CHP 系统	1 000 kW	0	6 113 元/kW	0.018 元/kW

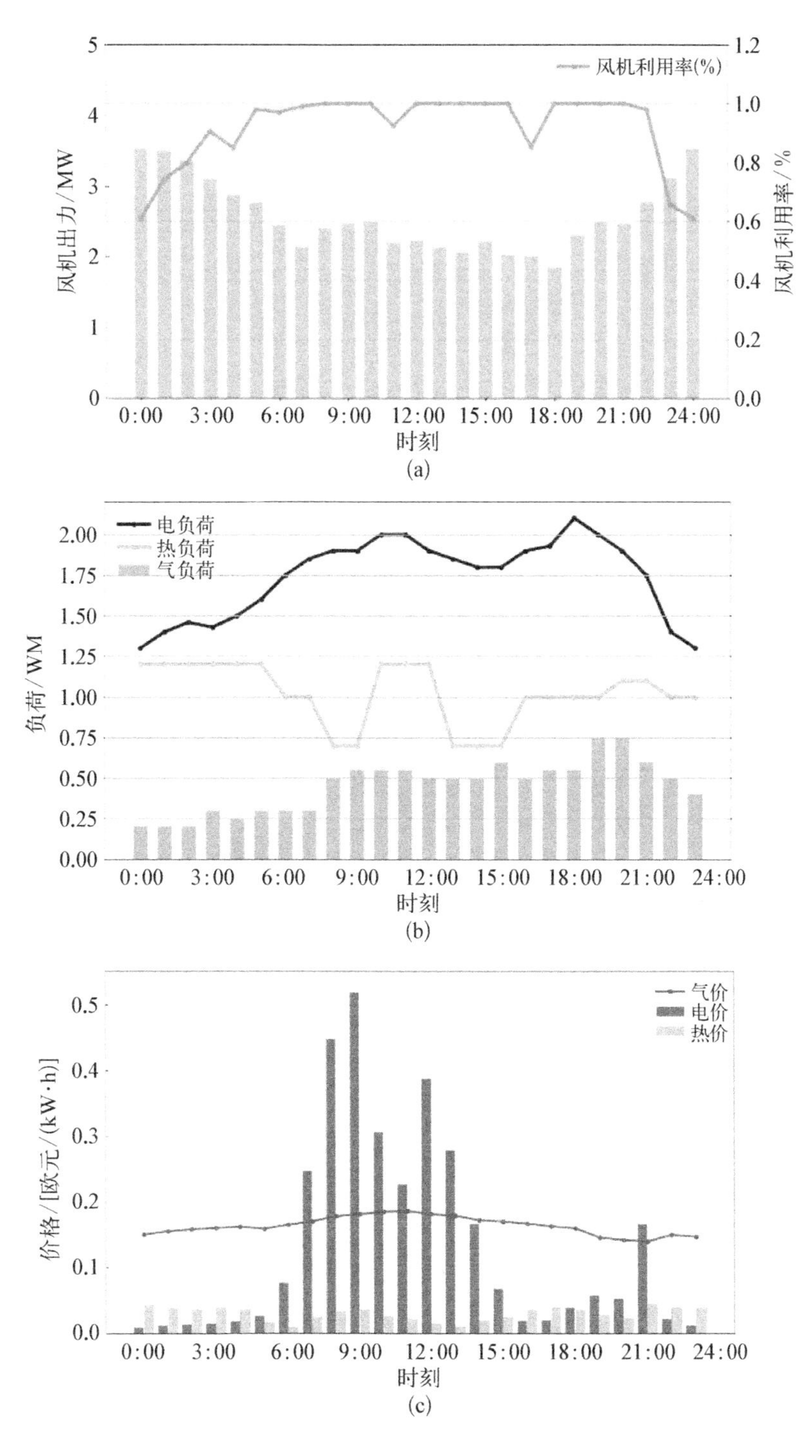

图 4-9　固废基地内部典型日风机出力、负荷情况和能源价格

(a) 典型日 4 MW 风机出力；(b) 典型日系统内部负荷；(c) 典型日能源价格

表4-6给出了一些中转站的投资成本等参数，表4-7给出了垃圾焚烧发电厂和垃圾填埋场的一些成本参数。表4-8给出了规划过程中的其他参数。

表4-6 中转站投资成本

	工程投资/万元	占地面积/m^2	额定日处理能力/t
大型中转站	3 262.5	1.75万	725
中型中转站	1 200	9 500	300
小型中转站	262.5	2 500	75

表4-7 垃圾焚烧发电厂和垃圾填埋场成本(单位：元/天)

	垃圾清运成本	运营和基建成本	土地占用成本	环境污染成本	总成本	效益
垃圾焚烧发电厂	58.5	177.26	185.94	772	1 134	182
垃圾填埋场	58.5	201.74	1 799.76	22	2 082	0

表4-8 其他参数

符号	物理意义	取值	符号	物理意义	取值
k_P	单位垃圾焚烧后的发电量(kW·h)	495.3	k_Q	单位垃圾焚烧后的余热量(kW·h)	18.34
k_{ash}	飞灰产生率	5%	k_{slag}	炉渣产生率	25%
$k_{leachate}$	垃圾焚烧渗沥液产生率	0.22	k_{BP}^{e}	沼气发电厂的发电效率(kW/m^3)	1.7
k_{BP}^{h}	沼气发电厂的产热效率(kW/m^3)	1.2	k_{lea}^{WL}	垃圾填埋场的渗沥液产生率	0.8
V_0	单位干垃圾理论沼气产量(m^3/t)	34.18	V_{gas}^{LT}	渗沥液处理厂沼气产量(m^3/m^3)	20.5
γ_Q	耗热效率	0.38	k_{BCP1}	天然气产率	0.5
k_{BCP2}	BCP天然气产率	50%	—	P2G效率(m^3/kW)	0.45
—	充电效率	90%	—	放电效率	90%
—	充热效率	90%	—	放热效率	90%
—	充气效率	59%	—	放气效率	75%

2. 结果分析

表4-9给出了三种不同场景下固废基地物质-能源系统内部各种能源设备的容量规划结果。表4-10和图4-10给出了不同场景下投资成本、能源元件运维成本、固废基地物质-能源系统总收益的对比情况。以场景3为例，图4-11

和图4－12详细展示了在场景3中，整个固废基地物质-能源系统的能源利用情况和系统内部的物质流动转换结果。

表4－9　能源设备容量规划结果

	场景1	场景2	场景3
垃圾填埋场/(t/d)	1 015	1 156	1 107
垃圾焚烧发电厂/(t/d)	5 994	5 870	5 882
渗沥液处理厂/m^3	2 130	2 216	2 180
沼气发电厂/kW	20 292	10 367	11 151
沼气压缩提纯站/m^3	491	8 856	8 835
P2G设备/kW	771.26	554	706
储电设备/kW	0	98	744
储热设备/kW	0	279	503
储气设备/m^3	0	892	274
CHP系统/kW	0	0	373

表4－10　不同场景下各项指标对比

场景	投资成本/(元/天)	能源元件运维成本/(元/天)	总收益/(元/天)
1	262 013.69	88 566.55	146 172.70
2	235 677.49	89 351.10	160 977.12
3	246 060.15	88 453.10	157 140.34

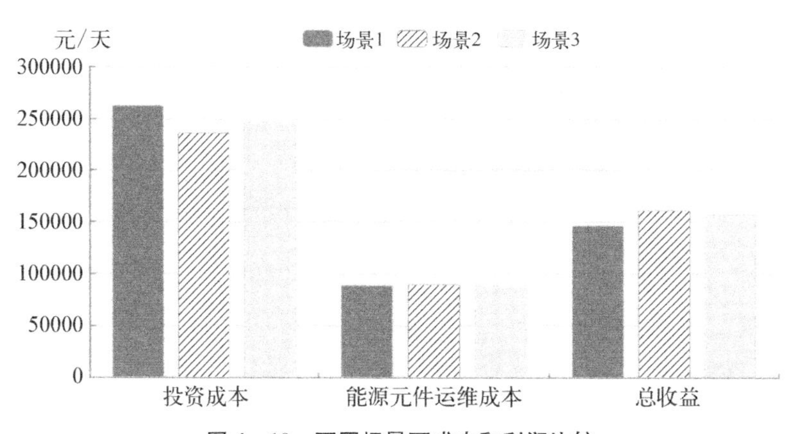

图4－10　不同场景下成本和利润比较

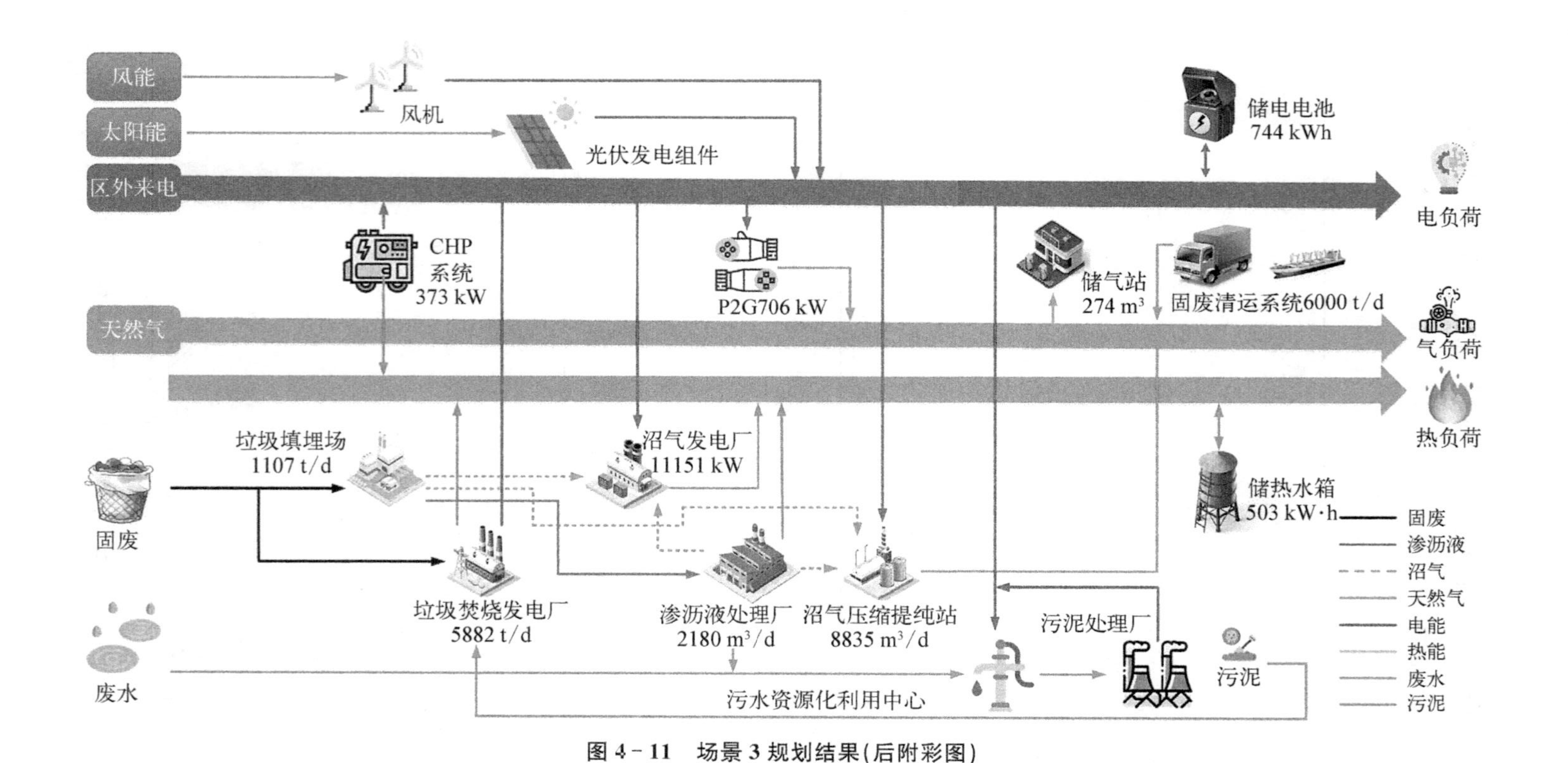

图 4-11 场景 3 规划结果(后附彩图)

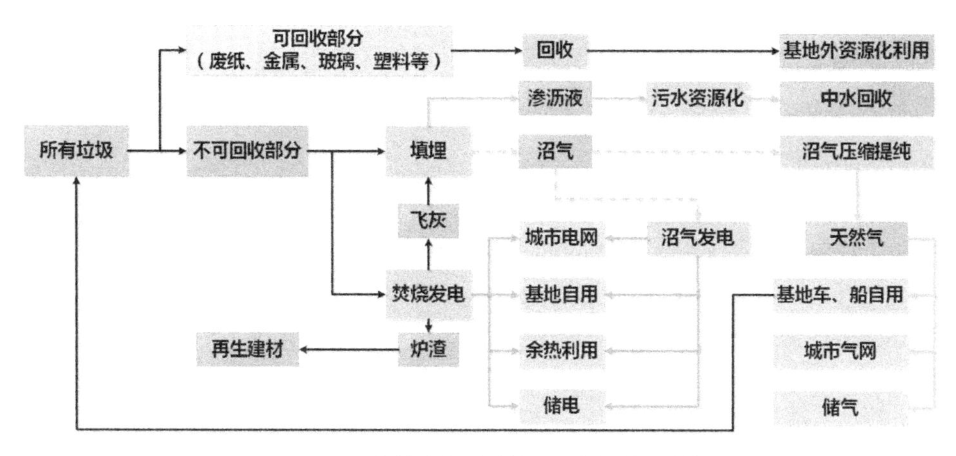

图4-12 固废基地物质-能源系统物质流动情况

1）场景对比分析

对比场景1和2，从表4-10的数据可知，场景2比场景1的投资成本降低了26 336.2元/天，投资成本减少了10.05%。虽然场景2比场景1多配置了储能设备，固废基地的投资成本却下降了，这主要是由于场景1中沼气发电厂的规划容量过大，导致投资过高，而增加了储能设备后，虽然新增了储能设备的投资成本，但是沼气发电厂的投资成本下降幅度更高，所以最后投资成本反而下降了。

此外，场景2中沼气发电厂的容量大约是场景1的50%，由此使得场景2中沼气发电量降低，而沼气压缩提纯站的安装容量上升，固废基地物质-能源系统内天然气产量提高，进一步提升了储气设备的安装容量。而场景2中天然气产量提高，故P2G的容量也有所下降。场景2的运维成本略高主要是因为在场景2中，由于配置了储气设备，沼气发电厂和沼气压缩提纯站的调度量比场景1有所提升，故导致场景2的运维费用有所上升。但就总体情况而言，场景2的总效益有所上升，说明储能设备能够提高整个固废基地的经济性。

场景3比场景2多配置了CHP系统，投资成本有所增加，主要原因是沼气发电厂的投资成本下降幅度与沼气压缩提纯站的投资成本上升幅度基本持平，而系统内还规划了更高容量的储能设备和CHP系统，所以总的投资成本有所上升。此外，通过比较场景2和场景3可以看出，由于配置了CHP系统，CHP系统需要消耗天然气产出电能和热能，场景3中储电设备和储热设备的容量有所上升，储气设备的容量有所下降。而场景3的运维成本由场景2的89 351.10

元/天降为 88 453.10 元/天，运维成本下降了 1%，但是由于投资略高，最后总收益少于场景 2 的收益情况。总体来说，CHP 系统能够降低固废基地的运维成本。

2) 系统内部能源利用分析

以场景 3 为例，分析固废基地物质-能源系统内部的能源利用情况，图 4-12 展示了固废基地物质-能源系统内部能源流动情况。

垃圾进入固废基地后，分别进入垃圾填埋场和垃圾焚烧发电厂。垃圾填埋场填埋垃圾后产生沼气和渗沥液，沼气可以用于发电和产余热或者直接经压缩提纯后转换为天然气。垃圾焚烧发电厂可以输出电能、热能和渗沥液。另外，固废基地内部规划了储能设备，可以根据能源价格选择合适的时间将能源外售，否则可以将能源存储起来，等能源价格高的时候再选择外售。

可以看出，在传统固废基地的基础上规划一系列的多能设备，可以使得固废基地的能源利用形式更多样化，相较于传统固废基地的能源浪费较严重，经规划后的固废基地物质-能源系统能源利用效率有很大提升。除了能够满足系统自身的能源需求，还能有多余的能源外售，经济效益显著，如图 4-13(a)所示。此外，图 4-13(b)显示出，固废基地物质-能源系统充分利用了沼气，有效减少了碳排放量，对环境十分友好。

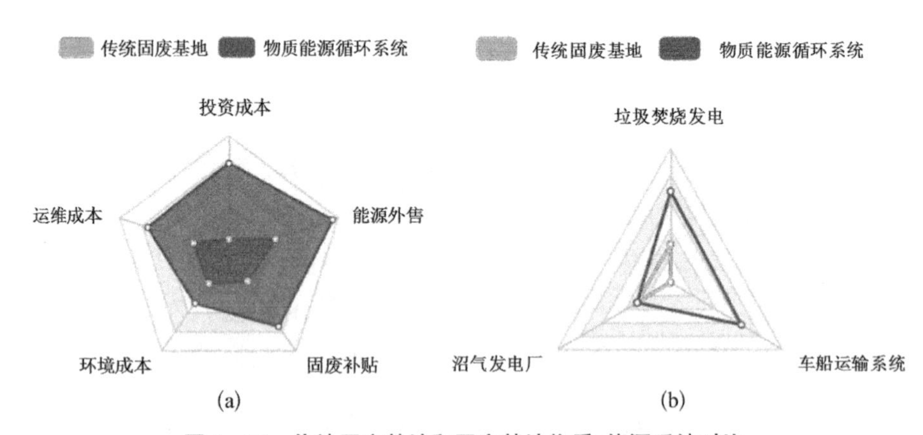

图 4-13　传统固废基地和固废基地物质-能源系统对比

(a) 经济效益对比；(b) 碳减排量对比

从能源角度看，垃圾焚烧发电厂产生的多余热量可以供给渗沥液处理厂或者外售；沼气从原先的直接燃烧排放或低效发电变成了压缩提纯后的车船使用及外售。从经济角度看，可以同时考虑电/热/气的能源价格，通过电/热/气的协调实现整个系统的利益最大化。从环境角度看，运输垃圾的车船燃料从传统能源变成沼气，将增大二氧化碳减排量。

4.2　区域能源广域网能源路由器服务层设计

4.2.1　虚拟能源路由器的概念

在一个更大的区域内，多个园区级能源局域网之间会通过电、热、气共融网络连接在一起构成区域能源广域网，而为了使得区域内分散的能源路由器在能源互联网的运行中表现出更高的效益，就需要顶层的虚拟能源路由器（virtual energy router，VER）对能源路由器进行集中管理运行，如图 4－14 所示。

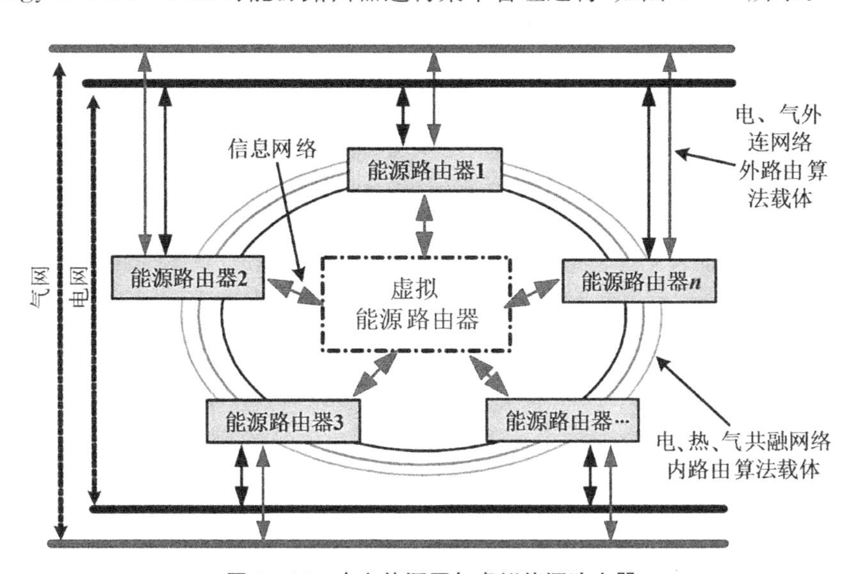

图 4－14　广义能源网与虚拟能源路由器

顶层的虚拟能源路由器通过信息通信和智能计算技术实现多个分散的能源路由器的聚合和多能协调优化，并作为一个特殊的能源路由器参与到能源网络和市场的运作中，从而实现规模化的能源、经济和环境效益，其本质是一种能源路由器的集中管理系统。

目前，园区级能源局域网在规划或运行时，往往只考虑了自身利益，这就难免导致能源元件配置和运行的不合理，导致能源互联网在能源、经济、环境方面的整体效益并非最优，甚至可能影响到系统的安全性。

虚拟能源路由器可以很好地解决上述问题。虚拟能源路由器的核心为路由算法，可以分为内路由算法和外路由算法。内路由算法的目的是在满足能源互联网需求的同时，实现虚拟能源路由器所聚合的多个路由器的最优出力分配和协调调度，包括路由器内的多能互补及路由器间的多能共融，从而达到能源、经济和环境的最优。内路由算法的载体就是能源路由器间的电、热、气共融网络。外路由算法是虚拟能源路由器作为一个有机整体在能源互联网中参与调度时所遵循的指令，其考虑到能源互联网的安全稳定和市场机制。外路由算法的载体就是电、气外连网络。

4.2.2 区域能源广域网能源路由器规划模型

1. 能源路由器扩展模型

为了更好地在虚拟能源路由器中分析各个能源路由器中的多种能源的转化、存储和分配，通过矩阵的表达方式，将多种能源的输入、转化和输出连接在一起，更能直观地体现出能量交互和耦合。其一般表达式如下：

$$O = CI \tag{4-20}$$

$$\begin{bmatrix} O_1 \\ O_2 \\ \vdots \\ O_n \end{bmatrix} = \begin{bmatrix} C_{11} & C_{21} & \cdots & C_{n1} \\ C_{12} & C_{22} & \cdots & C_{n2} \\ \vdots & \vdots & \vdots & \vdots \\ C_{1n} & C_{2n} & \vdots & C_{nn} \end{bmatrix} \begin{bmatrix} I_1 \\ I_2 \\ \vdots \\ I_n \end{bmatrix} \tag{4-21}$$

式中，I、C、O 分别为能源理由器的输入、转换、输出矩阵；O_1、I_1 分别为能源 1 的输出和输入；C_{12} 为能源 1 和 2 之间的转换因素，能源 1 和 2 之间的转换因素主要有两个，一个是能源分配，即输入的能源按比例分配到不同的能源转换元件，另一个是能源元件的效率，因此 C_{12} 可以表示为

$$C_{12} = a_{12} b_{12} \tag{4-22}$$

式中，a_{12} 为分配系数，同种能源的分配系数和为 1；b_{12} 为元件转换效率。

在 4.1 节中介绍的园区级能源局域网的架构中还涉及较多的储能设备、能量传输环节以及园区特有的能源元件，为了使得能源理由器模型的层次结构更为清晰，对原有能源理由器模型进行扩展建模。将能源路由器分为供给侧、转换侧、负荷侧来进行扩建。同时，在转换侧和负荷侧中考虑能量传输的损耗，以此

来体现能量传输环节。

在供给侧，除来自外部能源网络的能量输入外，还有可再生能源及一些园区特殊设备，如 P2G 设备等。因此，供给侧可以表示为

$$I = I^{\text{basic}} + I^{\text{P2G}} \tag{4-23}$$

式中，I、I^{basic}、I^{P2G} 分别为总输入、基础设备、P2G 设备矩阵。

转换侧包含两部分：一部分为能量转换设备，其起到了连接供需的作用；另一部分为供给侧到转换侧的能量传输环节。转换侧表达式如下：

$$\begin{bmatrix} OC_{\text{e}} \\ OC_{\text{h}} \\ OC_{\text{g}} \end{bmatrix} = \left(\begin{bmatrix} C_{\text{ee}} & C_{\text{eg}} \\ C_{\text{he}} & C_{\text{hg}} \\ C_{\text{ge}} & C_{\text{gg}} \end{bmatrix} - \begin{bmatrix} CT_{\text{e}} & 0 \\ 0 & 0 \\ 0 & CT_{\text{g}} \end{bmatrix} \right) \begin{bmatrix} I_{\text{e}} \\ I_{\text{g}} \end{bmatrix} \tag{4-24}$$

式(4-24)可以写成式(4-25)：

$$OC = (C + CT) I \tag{4-25}$$

式中，C 为转换矩阵；CT 为供给侧至转换侧的传输损耗矩阵；OC 为转换侧输出矩阵；CT_{e} 为供给侧到转换侧所有的电网损耗系数；CT_{g} 为供给侧到转换侧所有的气网损耗系数。

负荷侧除去电、热、气负荷外，还含有多能储能设备及转换侧至负荷侧的传输环节，其能量关系如式(4-26)所示，也可将其写成(4-27)：

$$\begin{bmatrix} O_{\text{e}} \\ O_{\text{h}} \\ O_{\text{g}} \end{bmatrix} = \begin{bmatrix} OT_{\text{e}} & 0 & 0 \\ 0 & OT_{\text{h}} & 0 \\ 0 & 0 & OT_{\text{g}} \end{bmatrix} \begin{bmatrix} OC_{\text{e}} \\ OC_{\text{h}} \\ OC_{\text{g}} \end{bmatrix} + \begin{bmatrix} S_{\text{e}} \\ S_{\text{h}} \\ S_{\text{g}} \end{bmatrix} \tag{4-26}$$

$$O = OT \cdot OC + S \tag{4-27}$$

式中，OT_{e}、OT_{h}、OT_{g} 分别为转换侧至负荷侧的所有电、热、气网损耗系数；S_{e}、S_{h}、S_{g} 分别为电、热、气储能设备的能量输出；O、OT、S 分别为输出矩阵、转换侧至负荷侧的传输损耗矩阵、储能矩阵。

综上，联立供给侧、转换侧、负荷侧所有的能量方程，可以得到能源理由器扩展模型，其具体表达式如下：

$$O = OT(C + CT)(I^{\text{basic}} + I^{\text{P2G}} + \cdots) + S \tag{4-28}$$

式中，对于不同园区特有元件的功能差异，可以在模型相应处不断修改，缩短了不同园区重复建模的时间，提高了建模效率。同时，扩展模型考虑了能源传输环节的损耗，对于能源路由器的表达更为精准。

2. 电、热、气潮流模型

关于电力系统潮流方程的研究成熟，其一般表达式如下：

$$\begin{bmatrix}\Delta P \\ \Delta Q\end{bmatrix} = J \begin{bmatrix}\Delta\theta \\ \Delta V\end{bmatrix} \tag{4-29}$$

天然气在管道中传输时，由气压差形成流动，其流量由气压差和管道参数所决定，不同压力等级的天然气流量公式如下：

$$q_{ij} = \begin{cases} 5.72\times10^{-4}\sqrt{\dfrac{(p_i - p_j)D^5}{f\cdot L\cdot \rho_r}}, & p\in(0,\ 0.75] \\ 7.57\times10^{-4}\ \dfrac{T_n}{p_n}\sqrt{\dfrac{({p_i}^2 - {p_j}^2)D^5}{f\cdot L\cdot \rho_r}}, & p\in(0.75,\ 7] \end{cases} \tag{4-30}$$

式中，q_{ij}为节点i和j间管道标准状况下的流量；p_i为节点i的气压；D、L为管道的直径和长度；ρ_r为相对密度；f为摩擦系数；T_n与p_n为标准状况下的温度与压力，式中气压的单位为 bar(1 bar$=10^5$ Pa)。

在天然气系统的稳态研究中，基尔霍夫定律同样适用，因此可以得到节点方程如下：

$$AQ + Q_l = 0 \tag{4-31}$$

式中，A为节点与管道的关联矩阵；Q为节点流量向量；Q_l为节点负荷向量。

热力系统以水为载体通过管道传输热量，因此其求解模型分为水力模型和温度模型来进行描述。其中水力模型如下：

$$A_W m = m_q \tag{4-32}$$

式中，A_W为节点与管道的关联矩阵；m为管道流量向量；m_q为节点注入水流量向量。

节点的热功率计算公式如下：

$$H = C_p m_q (T_{\mathrm{i}} - T_{\mathrm{o}}) \tag{4-33}$$

式中，H 为节点热功率向量；C_p 为水的比热容；T_i、T_o 为供水和出水温度。

节点的温度方程如下：

$$\begin{cases} C_s(T_s - T_a) = b_s \\ C_r(T_r - T_a) = b_r \end{cases} \tag{4-34}$$

式中，C_s、C_r 为节点供水温度和回水温度的关联矩阵；T_s、T_r、T_a 为供水温度、回水温度、环境温度向量；b_s、b_r 为常数向量。

3. 关联模型

关联模型是 VER 中多个 ER 的电、热、气三种能源元件选址定容之间的关联方程，如式(4-35)所示，关联方程反映了 VER 中电、热、气三者进行联合规划时的相互制约关系。

$$f(\overbrace{\sum_{i,t} \underbrace{E_{i,t}, H_{i,t}, V_{i,t}}_{ER_1(EH_1)}, \sum_{j,t} \underbrace{E_{j,t}, H_{j,t}, V_{j,t}}_{ER_2(EH_2)}, \cdots, \sum_{k,t} \underbrace{E_{k,t}, H_{k,t}, V_{k,t}}_{ER_n(EH_n)}}^{VER}) = 0 \tag{4-35}$$

式中，$E_{i,t}$、$H_{i,t}$、$V_{i,t}$ 为 ER_1 中第 i 个能源元件在 t 时刻的电、热、气能源状态，以 P2G 设备为例，其能源状态 E 为负值，H 为 0，V 为正值，表明其消耗电生产气。同时，单个 ER 以能源路由器扩展模型来整体表征 ER 的运行特性。

$$\begin{cases} f_{pb}(E_{i,t}^{ER_1}, \quad E_{j,t}^{ER_2}, \cdots, \quad E_{k,t}^{ER_n}) = 0 \\ f_{hb}(E_{i,t}^{ER_1}, \quad E_{j,t}^{ER_2}, \cdots, \quad E_{k,t}^{ER_n}) = 0 \\ f_{vb}(E_{i,t}^{ER_1}, \quad E_{j,t}^{ER_2}, \cdots, \quad E_{k,t}^{ER_n}) = 0 \end{cases} \tag{4-36}$$

$$f_{ren}(I_{m,t}, P_{rate,m}) = P_{m,t}, \ m = 1, 2, \cdots, n_{ren} \tag{4-37}$$

$$f_{sp}(A_{n,t}, P_{rate,n}, H_{rate,n}, V_{rate,n}) = P_{n,t}^{sp}, \\ H_{n,t}^{sp}, V_{n,t}^{sp} \quad n = 1, 2, \cdots, n_{sp} \tag{4-38}$$

式(4-35)中电、热、气的位置和容量关系是隐含关系，并不能显性地表达，由式(4-36)～式(4-38)组成。其中，式(4-36)是能量关联方程，表示了 ER 间电、热、气能量平衡关系，从而可以初步确定各 ER 的年度发电、热、气量，从而进行后续的选址定容计算。能量关联方程(4-36)中各元件的电、热、气能源状态需要分别根据第3章建立的元件模型求得。电能中的可再生能源由园区的环境因素所决定，光伏电站的发电量取决于光伏电站所在地的光照强度、温度及光伏电站的额定功率，如式(4-37)所示，$I_{m,t}$为影响可再生能源发电的环境因素，$P_{\text{rate},m}$为可再生能源额定功率；$P_{m,t}$为第m个可再生能源在t时刻的电能输出。电、热、气能中园区特有的能源元件的能源状态由园区特有的能流关系所限制，例如，固废处理园区的垃圾焚烧发电厂及垃圾填埋场发电量和产气量由固废处理园区垃圾进入量所限制，如式(4-38)所示，$A_{n,t}$为园区特有能流关系因素，$P_{\text{rate},n}$、$H_{\text{rate},n}$、$V_{\text{rate},n}$为能源元件的额定容量，$P_{n,t}^{\text{sp}}$、$H_{n,t}^{\text{sp}}$、$V_{n,t}^{\text{sp}}$为能源元件输出的电、热、气能。

关联模型可以反映VER中所有能源元件的能源状态，实现了VER中所有能源元件的联合规划，在规划期就考虑了VER的规模化效益。同时，每个ER通过EH扩展模型的连接体现了ER内及ER间的多能互补特征。其中，可再生能源模型(式(4-37))中可以体现出可再生能源的时空互补特征。例如，ER_1中含有风电，ER_2中含有光伏和水电，可以将光伏发电模型按照水电站丰、平、枯水期的发电特点，将一年内光照强度与光伏组件温度也划分为三个不同场景，可以充分反映光伏电站在丰、平、枯水期与水电站对应的功率变化关系。同时，针对风电的枯风期，可以分析ER_2中光伏和水电的发电量对于ER_1的增补。另外，可再生能源的影响因素与可再生能源的地理位置分布是紧密相连的。例如，水电站的净水头、光伏电站的光照和温度以及风电站的风速分别反映了水、光、风电站的地理位置分布，关联模型通过式(4-36)将可再生能源的地理位置联系起来，可以在容量优化时考虑到空间关系。

VER联合规划问题中，需要考虑多个ER的多能共融关系，统一元件的选址定容，这样才能够实现容量匹配，提高能源利用率、环境友好度及经济效益。

建立关联模型时，首先分别建立能源模型，得到能源状态与地理位置及容量的关系，再结合能量关联方程，便共同构成了关联模型，式(4-35)其实是关于VER中能源元件地理位置及容量的隐函数，反映了VER中能源元件在选址定容时相互制约影响的关系。如果将各ER分别进行独立的规划，并且独立规划结果满足关联模型的约束，则该结果符合了VER的关联关系，是VER联合规划的结果。

4. 能源广域网规划模型

1) 规划思路

与园区级能源局域网的规划思路相似，在能源广域网的规划中，从能源、经济和环境三方面进行规划，能源方面考虑各种能源的利用率，经济方面包含投资费用、能源销售利益及运维费用，环境方面主要是碳排放成本及环境维护。此外，为了目标的简化，将所有目标都统一为费用的量纲。

在能源广域网的规划中，依据所提出的 VER 的概念，将 VER 的内路由算法引入规划流程中，考虑多个 ER 间的协调优化过程，从而进一步提高规划结果在 VER 使用中的合理性。因此，本章的规划问题也是典型的二层规划问题，规划的总体思路是首先将能源元件的参数作为决策变量，目标为园区级能源局域网的年费用，其中包含能源、经济、环境三方面转换后的所有费用，运行费用也在其中。运行费用则由各个能源元件协同调度优化量计算而得，这些调度量都受限于能源元件的参数。因此，这两个步骤将相互制约，在反复迭代之后将会得到更符合实际的规划方案。

需要注意的是，本节能源元件的选址问题与第 2 章不同，能源元件不再是统一设备侧的选址问题，在本节的规划中，园区级能源局域网通过能源路由器扩展模型考虑为整体化的能源路由器，而忽略能源路由器内部的选址和路径，着重针对能源元件在不同园区级能源局域网(能源路由器)间的选址及不同能源路由器间的电、热、气共融网络的路径规划。

能源元件在多个能源路由器间的选址可以分为三类：第一类是特有元件的选址，其选址由园区定位所限制，如垃圾焚烧发电厂的位置可选点只有所有的固废处理园区；第二类为可再生能源元件的选址，其也是由园区定位所限定，在园区定位结果给出了适合安装某一可再生能源的园区后，才可以确定可再生能源的可选位置，如风电的安装位置只能是在园区定位中显示有丰富风能资源的园区；第三类则是典型的能源元件的选址，如燃气锅炉、储能元件等，这类元件在所有的能源路由器中都可以安装。

能源路由器间电、热、气共融网路的路径规划问题，将共融网络分为电、热、气网络的新建、不变及扩容共 9 类，采用两组 0 - 1 变量进行表征，分别代表是否新建和是否扩容。规划思路的整体流程具体如图 4 - 15 所示。

2) 区域能源广域网规划模型

区域能源广域网的模型如图 4 - 15 所示。上层模型以年度总费用为目标，能源元件参数为决策量，下层模型以年度运行费用为目标，能源元件调度量为决策量。

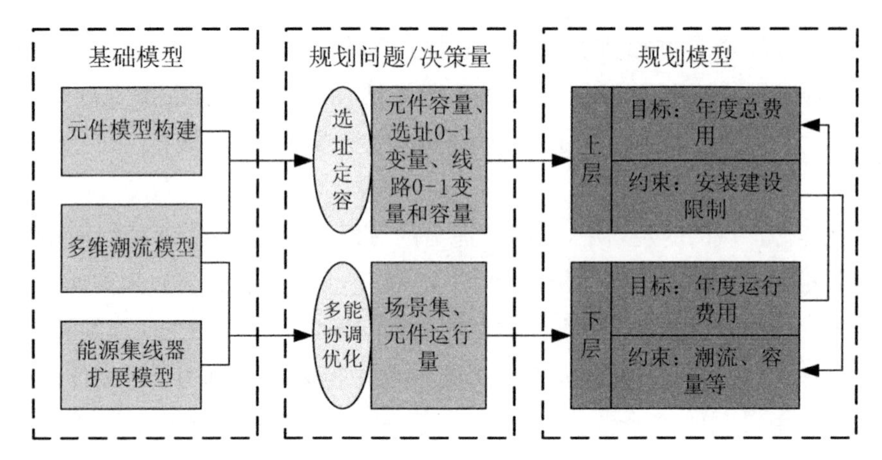

图 4-15　区域能源广域网规划算法

（1）上层模型。

上层模型的目标是年度总费用 F_{up} 最少，其中包含能源元件的投资费用 C_{inv}、运行费用 C_{ope}、清洁能源补贴费用 C_{allo} 和环境维护费用 C_{ep}，其中，运行费用为下层模型的目标，具体表达式如下：

$$F_{up}=C_{inv}+C_{ope}+C_{ep}-C_{allo}-C_{save} \tag{4-39}$$

上层的约束条件主要分为三类：第一类是能源元件的可安装容量限制；第二类是园区内部能流关系所形成的相互限制；第三类是 0-1 变量的逻辑关系约束，具体表达式如下：

$$\begin{cases}V_{i,\ \min}\leqslant V_i\leqslant V_{i,\ \max}\\G_{i,\ j}(V_{i,\ j})\leqslant 0\\L_{i,\ j}(x,\ y)\leqslant 0\end{cases} \tag{4-40}$$

式中，$V_{i,\ \min}$、$V_{i,\ \max}$ 为可安装容量的上、下限；$G_i(V_i)$ 为关于容量的能流关系引发的约束条件；$L_{i,\ j}(x,\ y)$ 为 0-1 变量的逻辑关系约束。

（2）下层模型。

下层模型的目标为年度运行费用最少，包括能源交易费 C_{trade}、维护费 C_{man}、碳排放成本 C_{co_2} 和可再生能源利用率提升导致的成本节省费用 C_{save}，其表达式如下：

$$F_{low}=C_{ope}=C_{man}+C_{co_2}+C_{trade}-C_{save} \tag{4-41}$$

下层约束条件分为潮流约束和容量限制。潮流约束的具体表达式如下：

$$
\begin{cases}
f_{\mathrm{E}}(x_{\mathrm{e}},\ x_{\mathrm{h}},\ x_{\mathrm{v}},\ x_{\mathrm{er}})=0 \\
f_{\mathrm{H}}(x_{\mathrm{e}},\ x_{\mathrm{h}},\ x_{\mathrm{v}},\ x_{\mathrm{er}})=0 \\
f_{\mathrm{V}}(x_{\mathrm{e}},\ x_{\mathrm{h}},\ x_{\mathrm{v}},\ x_{\mathrm{er}})=0 \\
f_{\mathrm{ER}}(x_{\mathrm{e}},\ x_{\mathrm{h}},\ x_{\mathrm{v}},\ x_{\mathrm{er}})=0
\end{cases}
\tag{4-42}
$$

式中，x_{e}、x_{h}、x_{v}、x_{er}为电、热/冷、气、能源路由器变量。

容量限制指元件在 t 时刻的调度量不能超过其容量限制：

$$
D_{\min} \leqslant D_{t,\ i} \leqslant D_{\max} \tag{4-43}
$$

4.2.3　多能源路由器的协同分析

本节以如图 4 - 16 所示的区域内 3 个园区级能源局域网为例进行区域能源广域网的规划。园区 1 为固废处理园区，其园区定位所确定的物理规划架构和参数与 4.1.4 节算例相同。园区 2 为化工园区，因为化工厂需要天然气作为原料进行生产，所以其内部负荷除常规的电、热/冷负荷外，还存在气负荷，具体如图4 - 17(a) 所示，化工园区的负荷因为生产的不间断性需求而波动不大。化工园区内部根据其负荷特征和能源因素可以规划建设的能源元件有风机、光伏、燃气轮机、燃气锅炉、热泵、电制冷机、吸收制冷机、P2G 设备和储能装置。园区 3 为居住园区，其负荷如图 4 - 17(b)所示，因为居民的日常行为特性，所以

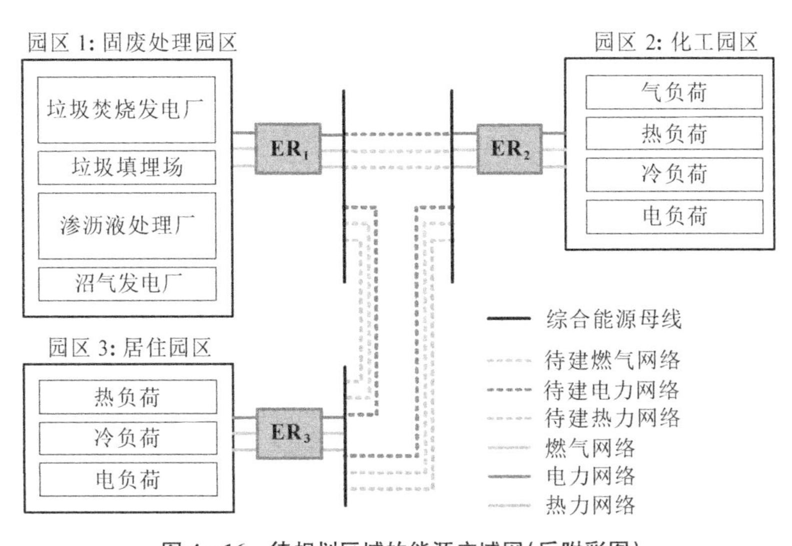

图 4 - 16　待规划区域的能源广域网(后附彩图)

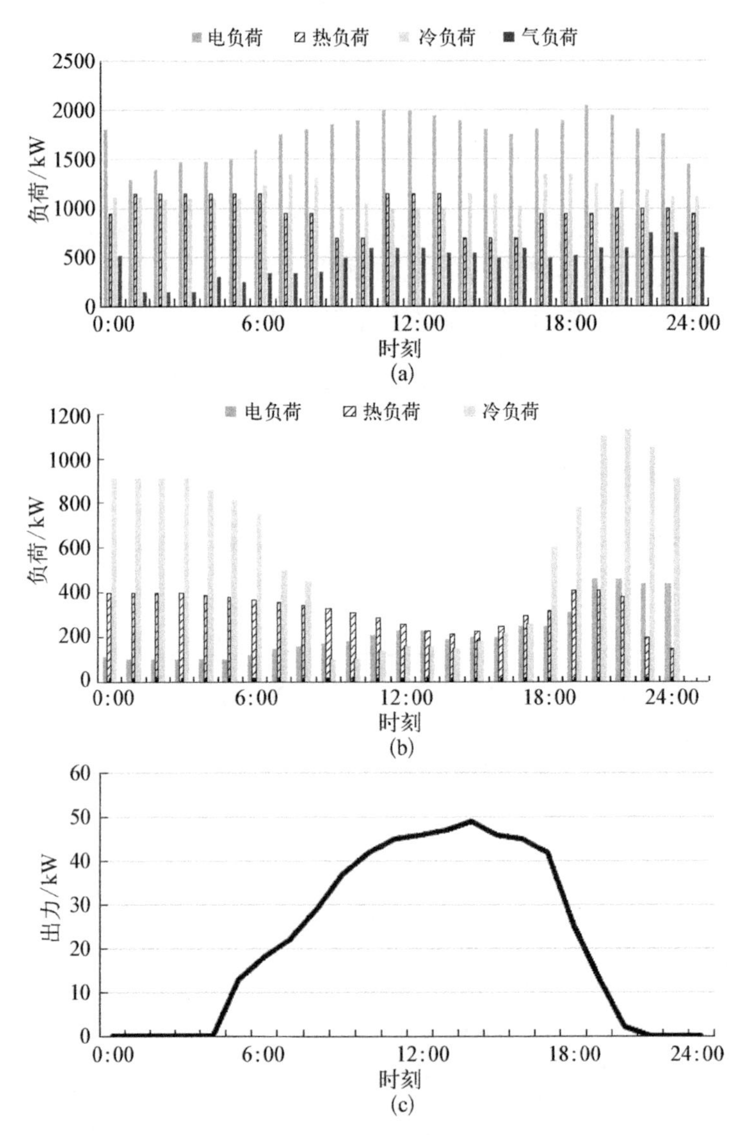

图 4-17 能源广域网各个部分的负荷特性和光伏出力曲线

其热、冷负荷都呈明显的凹型，而电负荷只有在下班时间有明显的增长。居住园区根据负荷和能源因素可以规划的能源元件有光伏、燃气轮机、燃气锅炉、电制冷机、吸收制冷机、热泵和储能装置，但是因为居住园区定位强调以人为本的舒适性和安全性，在此将影响居住体验的燃气轮机、燃气锅炉不考虑在居住园区的规划架构中。该地区光伏特性出力曲线如图 4-17(c)所示。

规划中涉及的能源元件的参数如表 4-11 所示。

表 4－11　能源元件参数

能源元件	单位容量投资费用	运维费用	可规划位置
垃圾填埋场	6.142 9 元	0.84 元	1
垃圾焚烧发电厂	3 557.1 元	13.5 元	1
渗沥液处理厂	18 386 元/m^3	5.93 元/m^3	1
沼气发电厂	1 700 元/kW	0.007 4 元/kW	1
沼气压缩提纯站	65 元/m^3	0.052 5 元/m^3	1
P2G 设备	800 元/kW	0.042 元/kW	1,2
风机	12 500 元/kW	0.01 元/kW	1,2
光伏	8 500 元/kW	0.01 元/kW	2,3
燃气轮机	15 000 元/kW	0.025 元/kW	2
燃气锅炉	340 元/kW	0.02 元/kW	2
热泵	3 000 元/(kW · h)	0.009 7 元/(kW · h)	2,3
电制冷机	1 100 元/kW	0.01 元/kW	2,3
吸收制冷机	1 100 元/kW	0.008 元/kW	2,3
储电设备	142.86 元/(kW · h)	0.000 27 元/(kW · h)	1,2,3
储热设备	321.6 元/(kW · h)	0.031 5 元/(kW · h)	1,2,3
储气设备	5 元/m^3	0.000 24 元/m^3	1,2,3

在电力、热力和燃气网络中选择不同类型的管道会导致布线成本的差异，如表 4－12 所示。

表 4－12　能源网络线路参数

能源网络	种　类	新建/(10^4 元/km)	扩建(10^4 元/km)
电网	架空线路	5	3
	电　缆	27	22
热网	$\phi920\times12$	43	20
	$\phi820\times10$	33	18
	$\phi720\times10$	29	17
	$\phi620\times9$	22	14
	$\phi520\times7$	18	11
气网	DN－150	50	23

结合遗传算法及约束线性化进行求解，规划结果如图 4－18 和表 4－13 所示。

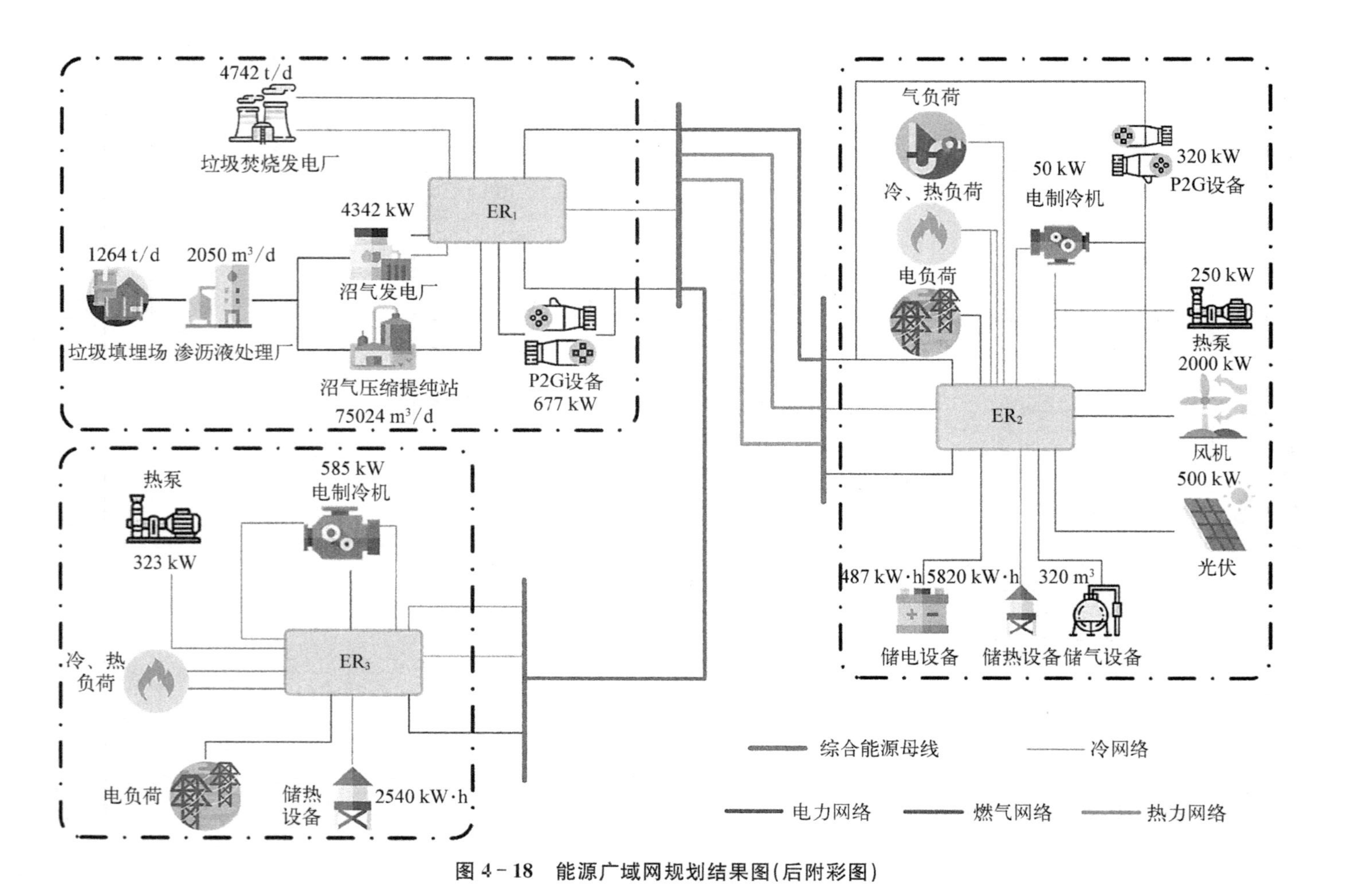

图 4-18 能源广域网规划结果图(后附彩图)

表 4-13　元件容量

元　　件	园区 1 容量	园区 2 容量	园区 3 容量
垃圾填埋场	1 264 t/d	—	—
垃圾焚烧发电厂	4 742 t/d	—	—
渗沥液处理厂	2 050 m^3/d	—	—
沼气发电厂	4 342 kW	—	—
沼气压缩提纯站	75 024 m^3/d	—	—
风机	—	2 000 kW	—
光伏	—	500 kW	0 kW
P2G 设备	677 kW	320 kW	—
燃气轮机	—	0 kW	—
燃气锅炉	—	0 kW	—
热泵	—	250 kW	323 kW
电制冷机	—	50 kW	585 kW
吸收制冷机	—	0 kW	0 kW
储电设备	0 kW・h	487 kW・h	0 kW・h
储热设备	0 kW・h	5 820 kW・h	2 540 kW・h
储气设备	0 m^3	320 m^3	0 m^3

在园区 1 中，沼气发电厂、沼气压缩提纯站和 P2G 设备的容量分别为 4 342 kW、75 024 m^3/d 和 677 kW。作为一个能源供应园区，园区 1 没有规划储能装置。尽管沼气发电厂在环境和能源效率方面存在缺陷，但仍计划用园区 1 来支持园区 2 和 3 的电和热负荷。在园区 2 中，总负荷可以达到 5000 kW，可以由园区 1 支持。由于模拟了电能的销售利润，风机和光伏的容量分别为 2 000 kW 和 500 kW。园区 3 的能源来源是园区 1 的电力传输。在园区 3，电力负荷很小，小于 1 200 kW。光伏投资成本高达 8 500 元/千瓦，所以园区 3 没有安装光伏。园区 2、3 都有储能的储备能力。在园区 2，电、热、气的储备容量分别为 487 kW・h、5 820 kW・h 和 320 m^3。在园区 3，热的储备容量为 2 540 kW・h。

由于园区 2 和 3 的电、热负荷需求依赖于园区 1 的提供，所以沼气发电厂虽然在环境和能源效率上并不占优，但依旧规划了较少的容量以应付负荷需求。而园区 1 完全属于一个供能型园区，所以其内部没有规划任何储能设备。在园区 2 中，电负荷可以由园区 1 进行支撑，但由于在电能销售利润的刺激下，风、光的容量并不为 0。园区 3 的能源来源是园区 1 对其的电能输送以及内部光伏发电的规划，因为园区 1 电能充足，园区 3 电负荷较小，且光伏投资成本不低，所以园区 3 并未规划光伏。园区 2 和 3 的储能都是一定的备用量规划。此外，冷负荷在各个园区之间没有网络共通，所以园区 2 和 3 的冷负荷都是通过内部的电制冷机和吸收制冷机来解决的。

表 4－14　区域顶层虚拟能源路由器规划结果

ER	ER_1	ER_2	ER_3
ER_1	—	(1, 1, 1)	(1, 0, 0)
ER_2	(1, 1, 1)	—	(0, 0, 0)
ER_3	(1, 0, 0)	(0, 0, 0)	—

表 4－14 显示了区域顶层虚拟能源路由器网络的规划结果。表中三个参数分别表示在 ER 之间是否建立电力、热力和燃气网络的能源路径。从表 4－14 可以看出，在 ER_1 和 ER_2 之间建立了新的电力、热力和燃气能源路径，而在 ER_1 和 ER_3 之间建立了电力能源路径。

ER_2 和 ER_3 的电力负荷需要 ER_1 提供的电力，因此需要在 ER_1 和 ER_2 之间以及 ER_1 和 ER_3 之间建立新的电力网络。同时，ER_2 也有一部分气负荷，其范围为 1 000～1 300 kW。ER_2 依靠 ER_1 提供天然气，因此需要在 ER_1 和 ER_2 之间建立一个新的天然气网络。ER_1 和 ER_2 之间的距离比 ER_1 和 ER_3 之间短 1 000 m。为了减少热量损失，在 ER_1 和 ER_2 之间建立一个热网。同时，为了避免热传输效率低下的风险，在园区 3 中规划了热泵和储热装置。此外，园区之间没有冷网络。因此，园区 2 和 3 的冷负荷分别由 50 kW 和 585 kW 的内部电力制冷机提供。

如果不考虑顶层虚拟能源路由器的内路由算法，即各园区独立规划，其在能源、经济、环境方面与本节的规划结果对比如表 4－15 和图 4－19 所示。在投资和运维的比较中，总成本基本没有变化，采用路由算法后从 13 113 万元下降到 12 986 万元。ER_2 和 ER_3 由于燃气轮机、燃气锅炉和其他装置的计划容量增加而增加了成本。增加的原因是园区 2、3 对电、热/冷、气的需求。然而，采用路由算法后，能源购买成本从 352.56 万元减少到 0 元。

表 4-15　区域规划与独立规划对比

	费用/万元		能源利用率/%			碳排放/(t/d)
	投资+运维	能源购买	电	热	气	
区域规划	12 986	0	1	1	0.91	5 774.2
独立规划	13 113	352.56	0.97	1	0.89	12 342.3

在能效比较中，采用路由算法时，电的利用率从 97%提高到 100%，燃气的利用率从 89%提高到 91%。在碳排放的比较中，无路由算法的大量碳排放主要是由于 ER_2、ER_3 中的燃气轮机和燃气锅炉的容量增加以及 ER_1 中的沼气发电厂的容量增加。在独立规划中，园区 3 的能源设备为了满足负荷需求而包括燃气轮机和燃气锅炉，这不仅增加了污染物的排放，还影响了园区的居住环境。从表 4-15 可以看出，采用路由算法时，碳排放量是不采用路由算法时的 47%，极大地提高了环境效益，有利于节能和低碳经济的发展。

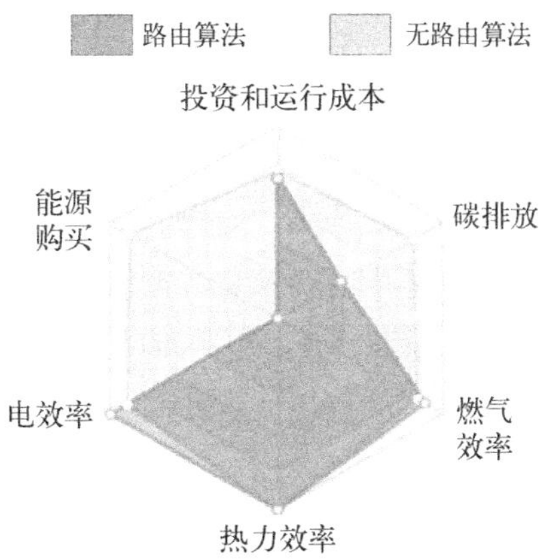

图 4-19　规划效益比较

4.3　城市物质-能源网络规划设计

现代城市是一个规模庞大、关系复杂、影响因素众多、多目标、多层次、多功能的动态开放系统，也是人类最重要的活动范围之一。随着人口数量的增加、产业集聚和城市建设规模的不断扩大，能源供应与环境问题凸显，成为制约城市发展的关键因素。建设城市能源互联网、实现开放的信息能源一体化架构，是解决城市发展面临的能源及环境问题的理想方案之一。

4.3.1　可持续发展城市的物质-能量生态系统

1. 城市人口-经济-资源系统

城市固废处理园区对城市的物质-能源系统的实现至关重要，因此，这里以

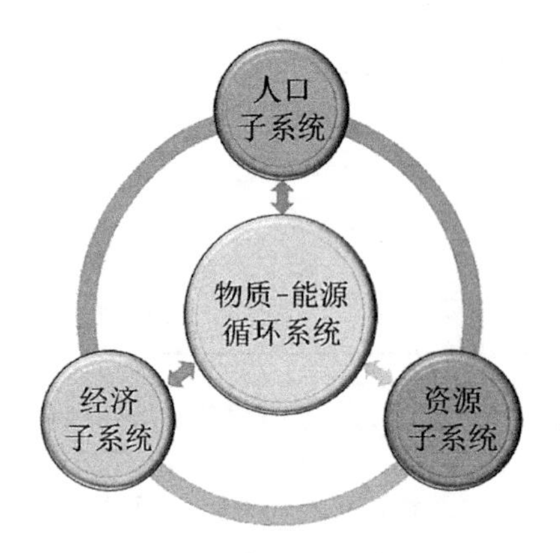

图 4-20 城市物质-能源系统

固废处理园区为基点，考虑城市的物质-能源系统。固废处理过程中与城市其他社会子系统相关联，这些关联的要素可归为三类：人口、经济和资源，如图 4-20 所示。为了研究固废处理过程中和城市其他社会子系统之间的关系，需要对每类子系统进行分析，研究社会子系统对固废基地物质-能源系统的影响和作用。

1）人口子系统

社会的进步和发展离不开人类，城市的可持续发展离不开人类的活动和人在其中发挥的作用。人口数量是衡量人口子系统规模的直接量化数据。而研究一个城市的人口子系统除关注人口数量外，还要关注体现人口结构的关键指标——劳动力数量。一个城市的劳动力数量、增长速率和结构变化共同决定了该城市的发展状况。人口子系统为城市的发展提供了劳动力保障，人口数量和结构（主要是劳动力占总人口的比重）影响着城市的经济发展水平和生态环境质量，这种影响是深刻且复杂的。

如图 4-21 所示，城市人口数量与自然因素和社会因素相关。自然因素主要指出生率和死亡率。社会因素主要指城市的人口迁入率和迁出率。同时由于一个城市的资源是有限的，人口数量又与城市的人口承载能力挂钩。关注一个城市的人口子系统，除要关注人口数量外，更重要的是研究人口结构。如果一个城市的人口老龄化，那么这个城市的劳动力占比肯定不高。同时人口子系统又

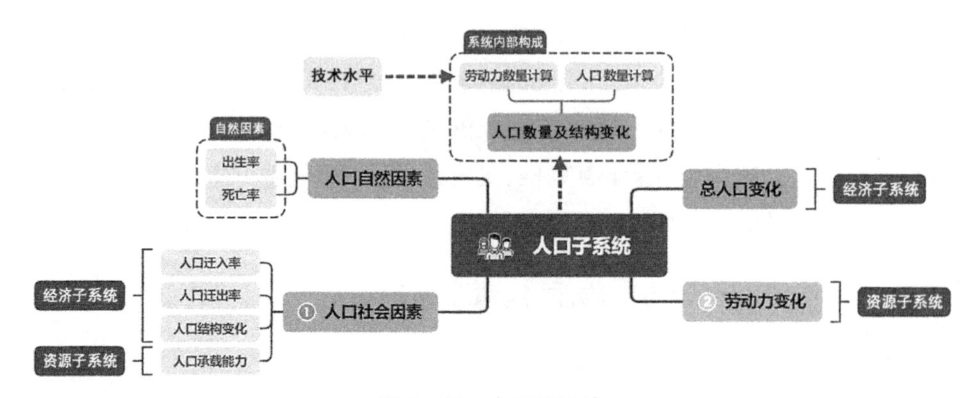

图 4-21 人口子系统

与资源子系统和经济子系统互相影响。一方面，人口的增长及人口质量的提高，能促进城市科技、生产力的不断进步，进一步促进教育、经济和社会的发展；但是从另一方面来看，人口的增长会消耗更多的资源，产生更多的废弃物，给资源系和环境造成了巨大压力，阻碍城市的健康发展。

所以，城市在发展过程中要控制好人口的数量和结构，促使城市在健康发展的同时，减轻对资源和环境的压力，使城市能够可持续发展。

2）经济子系统

经济子系统属于整个城市的动力子系统，它是整个城市的核心部分。经济是基础，城市要想获得可持续发展，其经济子系统必须健康有活力。只有实现经济子系统又快又好发展并且保持长期的稳定性，整个城市的资源利用率才会越来越高，生态环境才能越来越好，社会才能保持长期持续发展。

如图 4－22 所示，该经济子系统采用了国内生产总值(GDP)、投资等一系列经济影响因素刻画经济生产运作活动。通过引入能源需求量和物质资源需求量模拟资源子系统对经济子系统的作用和影响；通过引入城市人口数量等刻画人口子系统对经济子系统的作用。同时，经济子系统也影响着人口子系统和资源子系统的运行。

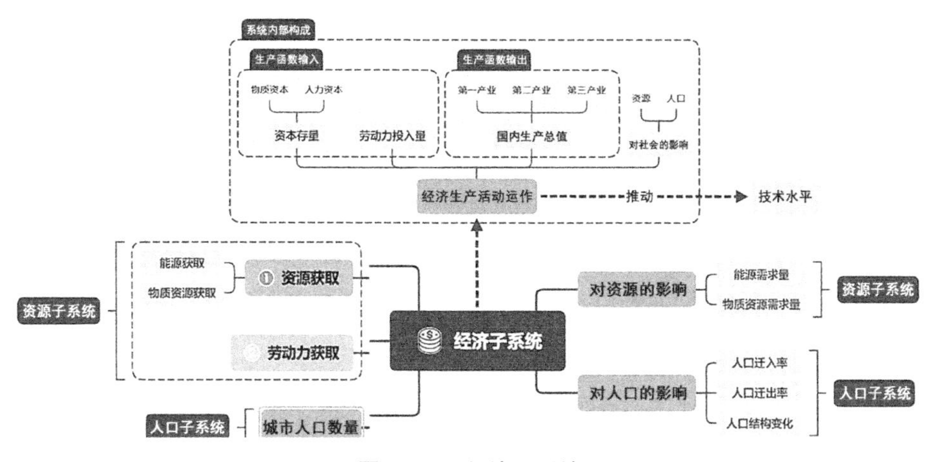

图 4－22　经济子系统

经济子系统通过产业之间的产业链使资源变成产品在市场流通，产品被人类消费后变为废弃物进入固废基地物质-能源系统，在固废基地物质-能源系统中被资源化回收利用后转为新的产品重新回到社会大循环中。在这个过程中实现了物质的闭路循环和能量、信息等的流动，促进了固废基地物质-能源系统的发展，对固废基地物质-能源系统形成一个正向的压力。同时，经济的发展会促进全社会技术水平的提高，给固废基地物质-能源系统新的反馈，两者相互促进，相互影响。

原材料、劳动力人口、能源、资金等作为城市经济活动的输入，经过城市生产活动产出人们需要的物资，为人们的日常生活提供便利。同时，在这个过程中，也会产生很多副产品和废弃物，给城市环境带来许多不利影响。如果不能够很好地处理城市经济活动带来的废弃物与城市环境之间的关系，会对城市的可持续发展产生不利影响。世界卫生组织指出，城市的可持续发展应在资源最小利用的前提下，使城市经济朝更富效率、稳定和创新的方向演进。

3）资源子系统

资源是在一定条件下，能够为人类所利用的一切物质、能量和信息的总称。资源是一切可持续发展的物质基础。对城市可持续发展最有意义的资源是城市本身及腹地的资源，主要为可以被城市利用的矿产资源、生物资源、水资源和各种能源。土地上承载的是城市的发展与文明的进步，也是城市建设的重要物质资源。

资源的消耗利用直接关系到污染物的排放程度，资源的利用再生与固废基地物质-能源系统的状态密不可分。从总体上来看，资源的总量、消耗状况和再生能力不仅仅与经济子系统、人口子系统有紧密联系，也是关系到城市能否可持续发展的关键要素。通过对资源子系统与人口、经济子系统各个环节中的关键要素的分析和研究，得到了刻画资源子系统的主要关系图，如图 4－23 所示。资源子系统是一个庞大的系统，通过对原始资源和能源的加工处理，可以得到新的物质资源和能源，同时资源子系统也会产出一部分的废弃物，包括固废、废水和废气。而这些废弃物输入固废基地物质-能源系统后，经过资源化回收利用等处

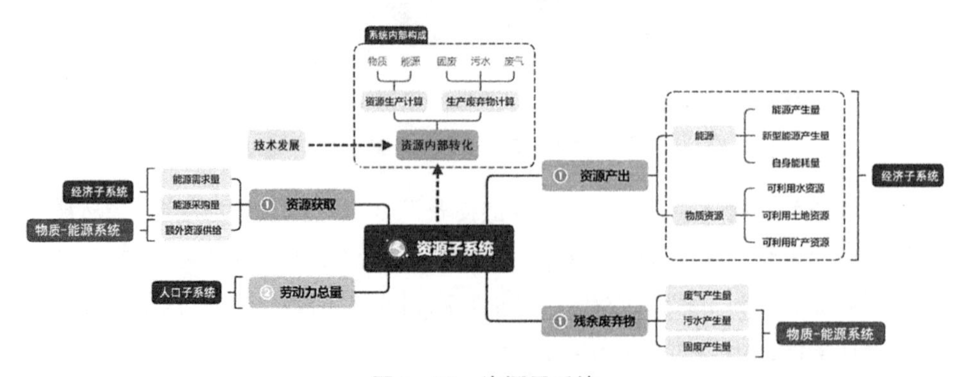

图 4－23　资源子系统

理，又将以新的物质资源或能源重新回到资源子系统中，这样就形成了资源—产品—废弃物—再生资源的循环。

资源子系统属于整个系统的保障子系统，为整个系统尤其是经济子系统的运行提供必要的物质保障。资源是城市发展的重要基础，没有充足的必备资源城市将难以发展。不合理地利用资源，将导致资源浪费和枯竭，逐渐阻碍城市进一步发展。从资源角度来讲，城市可持续发展就是要合理利用资源，不断提高其使用效率和综合利用水平，以实现资源的长期持续利用。

2. 可持续发展城市的物质-能量生态系统

从对固废基地物质-能源系统结构及城市社会子系统的分析可以看出，城市固废基地物质-能源系统和社会子系统共同构成了城市的可持续发展系统，这个复合大系统在结构上具有自己的特点。

首先，从系统的构成来看它具有复杂性。城市可持续发展系统不仅包含自然方面的资源子系统和固废基地物质-能源系统，又包含了人文方面的人口、经济子系统，而且各子系统内部又由复杂的因子组成，增加了系统分析的复杂性。

其次，从结构的联系来看它具有联系上的复杂性和双向性。组成城市物质-能量生态系统的各个子系统之间既存在着自然要素之间的有机联系和无机联系，又有人文要素之间的生产联系和生活联系，还有自然要素与人文要素之间大跨度的直接或间接的相互作用关系，而且各子系统内部组成要素之间也存在着负载的相互作用和相互联系。随着技术水平的提高，这种相互联系不断加深，紧密程度不断增大，成为“牵一发而动全身”的系统。正因如此，人类对系统的干预和调控就显得尤为显著。

从图 4 - 24 可以看出，整个物质-能量生态系统包含两个循环：一个是固废基地的物质-能源系统内部的循环；另一个是固废基地物质-能源系统和城市人口-经济-资源系统构成的社会大循环。

通过对物质-能源系统的规划和优化，固废基地物质-能源系统能够实现能源的自给自足，同时保证其能够获得能源、经济、环境上的最优。在此基础上，考虑城市人口-经济-资源系统与固废基地物质-能源系统的耦合关系，计算考虑到未来发展趋势后的固废基地物质-能源系统的规划结果，评估整个城市的可持续发展能力。

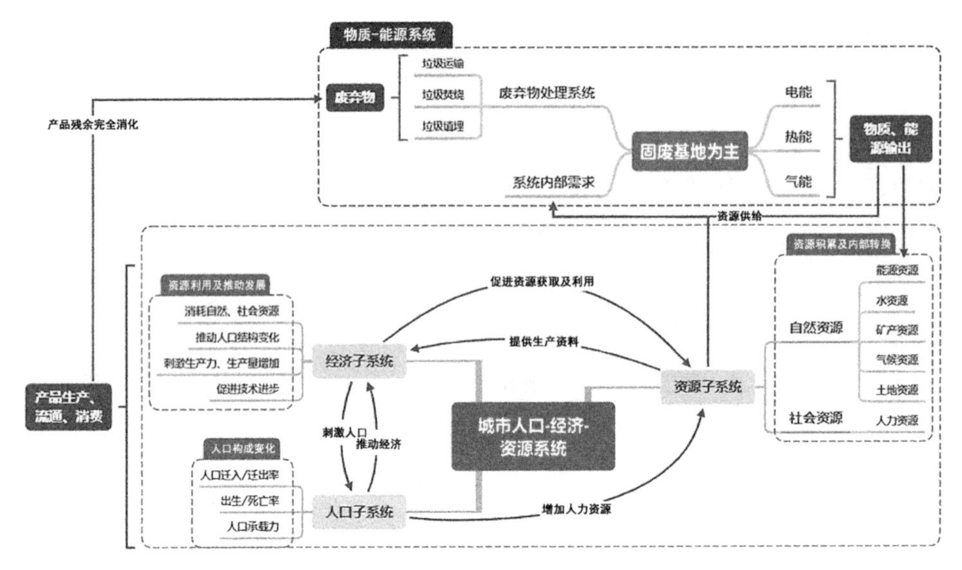

图 4-24　可持续城市物质-能量生态系统模型

4.3.2　评估指标体系

固废基地物质-能源系统主要考虑的是物质循环和能量流动情况，而物质是能量的载体，故对固废基地物质-能源系统可持续发展能力的评估主要集中在对能源的评估上。

现有对能源的评估方法主要是热力学第一定律和热力学第二定律。热力学第一定律主要考虑的是能源的利用程度，即“量”上的利用程度。但是不同品位的能源，其不仅有“量”的差异，还有“质”的差异。能源品味是对能源从“质”上面的分级，是指能源所含有用成分的百分率。有用成分百分率越高则品位越高。例如，当比较不同温度的热源时，高温热源被认为是高品位能源，低温热源则被认为是低品位能源。

任何形式的能量从本质上来说都是由太阳能转换而来的，所以可以将太阳能作为基准，衡量各种能量的能值。能值是一种新的对于能源和物质的度量标准，由 H. T. Odum 在 20 世纪 80 年代末创立。能值是一种能量、物质或者服务所蕴含的另外一种能量（主要考虑太阳能）的多少，将这种用于衡量能量多少的物理量，称为太阳能值。在对物质和能源的能值分析中，一个比较重要的参数是太阳能值转换效率，主要指的是生产 1 J 的产品或者服务，需要的太阳能值，其单位为 sej/J。太阳能值与太阳能值转换效率之间的关系如下：

$$M = T \times B \tag{4-44}$$

式中，M 为太阳能值；T 为太阳能值转换效率；B 为可用能。

而能值分析法采用太阳能作为基准，可以有效衡量能源和物质所含能量的多少，但是这种方法忽略了能源的品位和物质的品级，即不同品位的能源和不同品级的物质所含的能值是不同的。

若能量具有统一的量纲，就能通过数量的差异来评价能量的多少，正如热力学第一定律评估能效往往也是注重能量"量"的差异，却往往忽略能量"质"的不同。而要对能源进行正确评估，则要同时考虑能源"质"和"量"的差异。

类似于能源品位的概念，物质也有品级的概念。以水为例，我国水质按功能高低依次分为五类，如表 4-16 所示。从表中可以看出，随着水的等级提高，水质状况逐渐恶劣，从原来的经过简单处理便能作为饮用水源到不能作为饮用水源，水的品级逐渐下降。从Ⅴ类水到Ⅰ类水，要转变成人们生活可用的饮用水，所需要的能量是逐渐减少的。如果不考虑水的品级，Ⅰ类水和Ⅱ类水具有相同的太阳能值，但是从上面的分析可知，Ⅰ类水品级是比Ⅱ类水更高的，所以对于等量的Ⅰ类水和Ⅱ类水，Ⅰ类水的太阳能值应当略高于Ⅱ类水。

表 4-16　水质分类

分　类	水　质　状　况
Ⅰ	水质良好，只需经过简单处理，即可供生活饮用
Ⅱ	水质受轻度污染，经常规净化处理后，可供生活饮用
Ⅲ	水质经过处理后，能供生活饮用
Ⅳ	水质恶劣，不能作为日常水源饮用
Ⅴ	

对于这里建立的固废基地物质-能源系统规划的评估指标，显然传统的评估方案无法体现固废基地物质-能源系统的可持续发展性。图 4-24 中所示的固废基地物质-能源系统的评估指标，除要考虑能源的"量"与"质"外，还要涉及物质的"量"与"质"。

图 4-25 表现了物质和能量品级的转换，不同能源之间不仅有"量"的差异，更有能源品位的差异，同理，不同物质之间应当也有品级的差异。当日常生产生活活动中，人们利用了高品级的物质后，物质品级逐渐降低，最终变为废弃物进

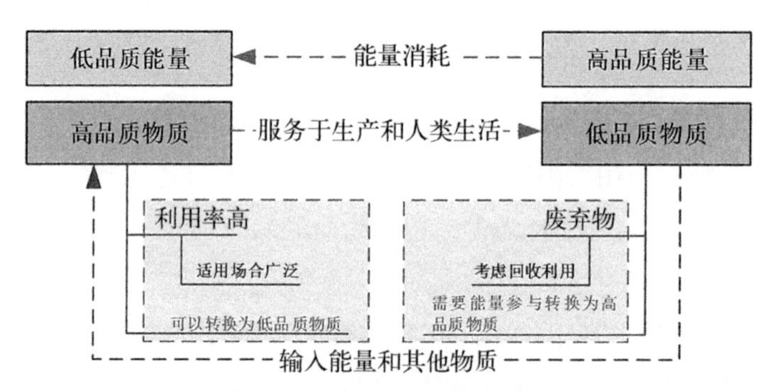

图 4-25 物质与能量品级的转换

入固废基地物质-能源系统中。而固废基地物质-能源系统的目的是尽可能地将低品级的废弃物进行回收再利用，提高废弃物的品级，而在这个“逆生产”的过程中，需要有能量和其他物质的参与。物质从低品级变为较高品级的过程中，需要有能量的参与，而过程结束后能量由高品位的能量变为低品位的能量。

因此，对于固废基地物质-能源系统的可持续发展指标，本节结合能值分析法与提出的物质品级和能源品位，提出了如式(4-45)所示的计算方法：

$$M=\alpha\beta\times T\times B \tag{4-45}$$

式中，α 为物质品级系数；β 为能源品位系数。

式(4-45)考虑了不同品级物质和不同品位能源的区别，通过引入物质品级系数和能源品位系数，修正了太阳能值转换效率，可以更加准确地衡量太阳能值。

根据上述改进能值的计算方法，提出了固废基地物质-能源系统的评价指标，如表 4-17 所示。

表 4-17 评价指标

指标名称	计算公式	含义
自有能值	S	系统本身含有的能值
输入能值	I	外界输入系统的能值(包含能源、资金和服务等)
输出能值	O	系统向外界输出的能值(包含能源、产品等)
耗散能值	L	系统耗散的能值
废弃物能值	W	系统最终排放到外界的废弃物能值
利用能值	U	系统生产运行利用的能值

续　表

指标名称	计算公式	含　　义
能值利用率	$R_e = U/(S+I)$	系统的运行效率
能值废弃率	$R_{sw} = W/(O+W)$	系统的循环能力
可持续发展指数	$\eta = OS/((I+S)I)$	系统的可持续发展能力

采用 4.1 节的系统，计算了三个场景下的评价指标。根据表 4 - 17 所示的指标，固废基地物质-能源系统内部的自有能值包含系统内部所有的可再生能源；输入能值包含系统从外界购入的电、热、气等能源，输入的固废和占用的土地等；输出能值包含系统产出的电、热、气能源及一些资源化利用的产品；废弃物能值包括残余固废等；利用能值包含系统内部设备运行使用的电、热、气能。通过对物质和能源的太阳能值和太阳能转换效率进行计算，最终得出各个指标，如表 4 - 18 所示。

表 4 - 18　不同场景下的指标计算结果

指　标	传统固废基地	场景 1	场景 2	场景 3
S/sej	3.32×10^{16}	3.71×10^{16}	3.71×10^{16}	3.71×10^{16}
I/sej	2.78×10^{17}	2.25×10^{17}	2.21×10^{17}	2.21×10^{17}
O/sej	1.31×10^{18}	1.89×10^{18}	1.86×10^{18}	1.79×10^{18}
W/sej	3.29×10^{18}	4.36×10^{19}	4.36×10^{19}	4.37×10^{19}
U/sej	1.30×10^{17}	1.30×10^{17}	1.30×10^{17}	1.30×10^{17}
R_e	0.42	0.50	0.50	0.50
R_{sw}	0.72	0.96	0.96	0.96
η	0.50	1.12	1.21	1.16

若 $\eta<1$，表明系统处于资源消费阶段；若 $1<\eta<10$，则表明系统的可持续发展潜力较大；若 $\eta>10$，则表明系统不发达。从表 4 - 18 中可以看出，未经过规划的传统固废基地的可持续发展指数较低，为 0.5 左右，说明没有经过规划的固废基地物质-能源系统处于资源消费阶段，而经过规划后的三个场景下的可持续发展指数均有所提升，且处于 $1<\eta<10$ 的范围，表明系统的可持续发展潜力较大，系统可以良性发展，说明通过规划提高了系统的可持续发展能力。

4.3.3 可持续发展分析

以上海市为研究对象，考虑上海市人口-经济-资源系统的影响，建立上海市物质-能量生态系统的系统动力学模型，量化固废基地物质-能源系统的影响因素，对固废基地物质-能源系统的发展趋势进行预测。并将预测结果纳入规划模型中，得出 2018—2027 年固废基地物质-能源系统能源设备的规划情况。整个仿真模拟时间为 2000—2027 年。其中 2000—2017 年为实际数据，2018—2027 年为计算数据，仿真时间步长为 1 年。

1. *原始数据*

本节所用的原始数据来源于《上海统计年鉴》。表 4-19 中给出了上海市 2000—2017 年人口-经济-资源系统和城市固废处理的相关数据。

表 4-19 2000—2017 年上海市人口-经济-资源系统和城市固废处理数据

年份	生产总值/亿元	人口总数/万人	劳动参与率	能源消费总量/万吨标准煤	固废产生量/万 t	污水排放量/亿 t	废气排放量/亿 m^3
2000	4 771.17	1 608.6	0.46	5 413.45	1 928.352	19.37	5 755
2001	5 210.12	1 668.33	0.45	5 819.92	2 191.854	19.5	6 964
2002	5 741.03	1 712.97	0.46	6 168.31	2 195.165	19.21	7 440
2003	6 694.23	1 765.84	0.46	6 722.27	2 272.447	18.22	7 799
2004	8 072.83	1 834.98	0.46	7 303.35	2 420.5	19.34	8 834
2005	9 247.66	1 890.26	0.46	7 974.25	2 585.92	19.97	8 482
2006	10 572.24	1 964.11	0.45	8 604.89	2 721.49	22.37	9 428
2007	12 494.01	2 063.58	0.44	9 374.6	2 856.1	22.66	9 591
2008	14 069.86	2 140.65	0.49	9 894.52	3 023.35	22.6	10 436
2009	15 046.45	2 210.28	0.48	10 050.05	2 964.59	23.05	10 059
2010	17 165.98	2 302.66	0.47	10 671.39	3 180.36	24.82	12 969
2011	19 195.69	2 347.46	0.47	10 927.63	3 146.2	19.86	13 692
2012	20 181.72	2 380.43	0.47	11 015.28	2 914.81	22.05	13 361
2013	21 818.15	2 415.15	0.47	11 345.69	2 789.49	22.3	13 344
2014	23 567.7	2 425.68	0.56	11 084.63	2 533.19	22.12	13 007
2015	25 123.45	2 415.27	0.56	11 387.44	2 481.27	22.41	12 802
2016	28 178.65	2 419.7	0.56	11 712.4	2 309.5	22.08	12 669
2017	30 632.99	2 418.33	0.57	11 858.96	2 373.58	21.2	13 867

图 4-26(a)给出了 2000—2017 年上海市的人口出生率、死亡率、迁入率和迁出率曲线,从图中可以看出,近年来上海市人口出生率呈稳步上升趋势,2012 年后出生率保持在 9‰左右,死亡率比较平稳。2000—2010 年上海市人口迁入率起伏较大,但是 2010 年后,迁入率呈现下降趋势。人口迁出率在近年有上升趋势。图 4-26(b)给出了 2000—2017 年上海市人口总数变化以及劳动力所占比例,可以看出,上海市人口总数保持稳步增长,劳动力人口与人口总数增长趋势大致相同,但 2013 年后劳动力人口略有下降。图 4-27 给出了上海市 2000—2017 年第一产业、第二产业和第三产业的产值。从图 4-27 中可以看出,上海市第一产业产值占比很小,第二产业产值逐年上升,但增幅不大,第三产业的产值逐年增加且增长速度较快。

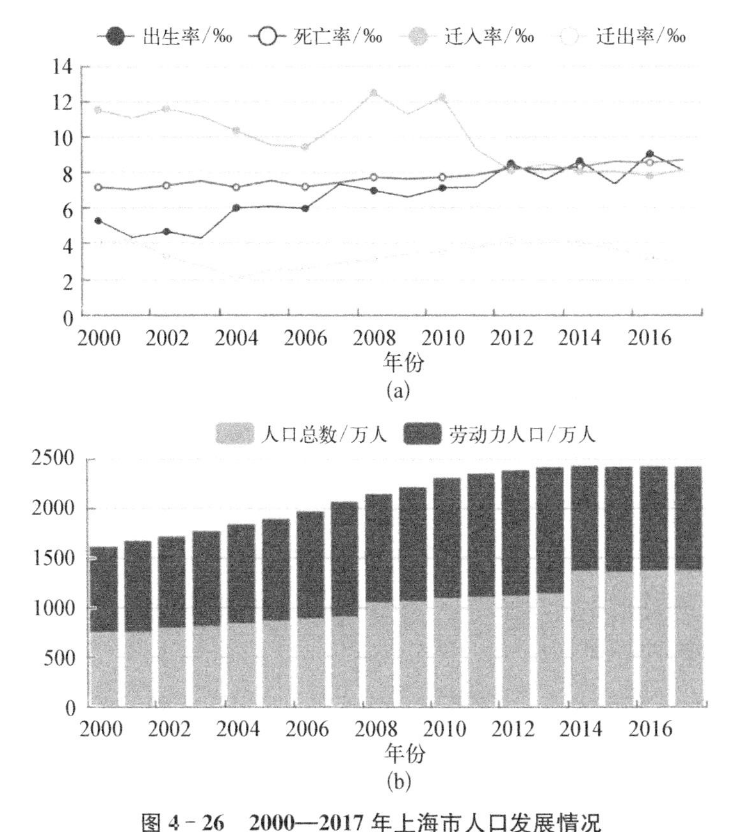

图 4-26　2000—2017 年上海市人口发展情况

(a) 2000—2017 年上海市出生死亡率和迁入迁出率曲线;(b) 2000—2017 年劳动力人口变化情况

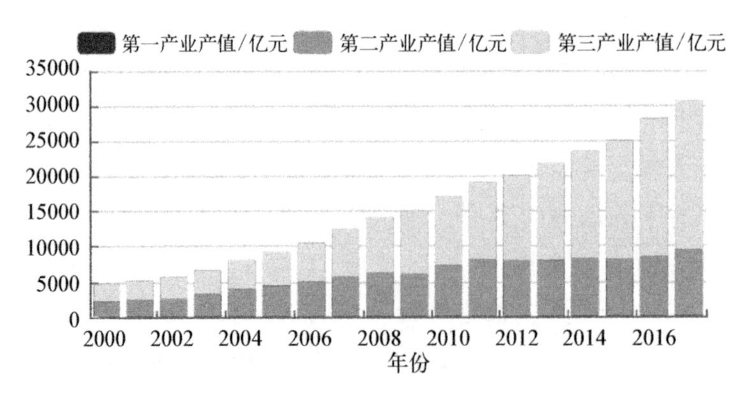

图 4－27　2000—2017 年上海市三产产值比较

图 4－28 给出了 2000—2017 年上海市能源终端消费量和能源消费总量曲线。从图 4－28 中可以看出，2000—2012 年上海市能源消费量增速明显，2012 年后，能源消费量增速放缓，维持在一定水平。

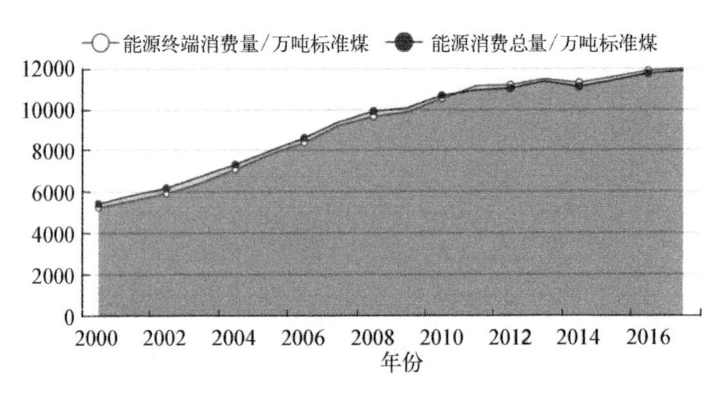

图 4－28　2000—2017 年上海市能源消费情况

图 4－29 是 2000—2017 年上海市固废处理情况。从图 4－29 中可以看出，2000—2008 年工业固废逐年上升，到 2010 年左右，工业固废总量开始逐年下降。2010—2017 年生活垃圾总量基本保持不变。在固废处理方面，固废主要还是采取了填埋的处理方式，但固废焚烧量也有上升趋势，近几年，对于固废的处理方式，填埋和焚烧比例大致相同。

2. 结果分析

1）小规模固废基地物质-能源系统

图 4－30 给出了 2018—2027 年固废基地物质-能源系统内能源设备每年的规划容量值。由于系统日处理的垃圾量按照每年 4％的增长率提升，所以垃圾

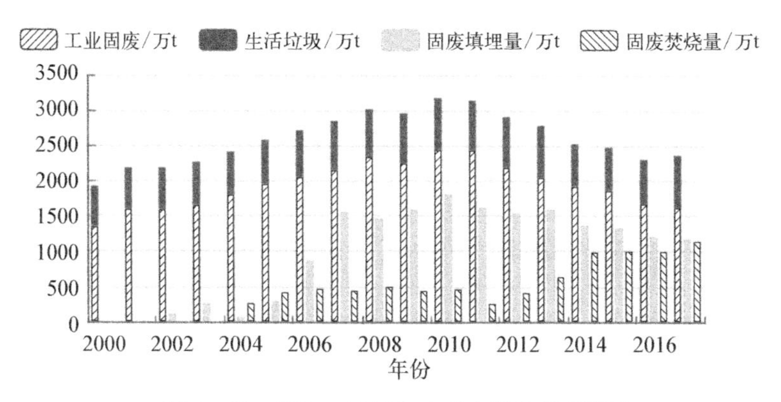

图4-29　2000—2017年上海市固废处理情况

填埋场和垃圾焚烧发电厂的容量也相应提升，只有这样才能保证固废基地物质-能源系统实现固废的完全消纳，垃圾填埋场容量最终维持在1350 t/d。同时渗沥液处理厂的容量不断提升，产生的沼气也会逐渐增多，沼气发电厂和沼气压缩提纯站的规划容量也会不断提高。沼气发电厂容量在2018—2020年基本保持不变，此后2020—2022年、2022—2025年和2025—2027年，每个阶段都比上一阶段容量提升了2 000 kW。沼气压缩提纯站容量在2018—2021年基本保持不变，此后2021—2025年和2025—2027年，每个阶段都比上一阶段容量提升了2 000 kW。其他设备的容量也稳步提升，P2G设备的容量最大增到了950 kW。

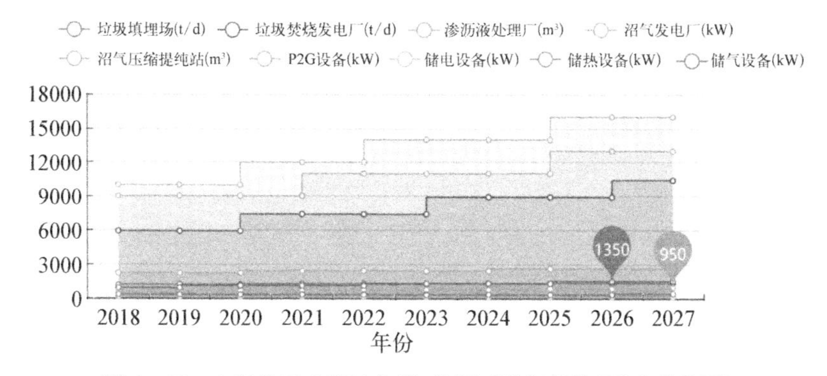

图4-30　小规模固废基地物质-能源系统规划结果(后附彩图)

为了验证固废基地物质-能源系统能否将一个城市的固废完全消纳，同时提升固废基地物质-能源系统的能源利用率，以获得最大的经济效益和环境效益，这里以实际的上海市2000—2017年人口、生产总值、固废量等作为基础数据，预测了2018—2027年的结果，如表4-20所示。在此基础上，结合第3章的规划模型,以单一输入方案和多输入方案进行两组对比仿真。

表 4-20 2018—2027 年预测结果

年份	生产总值/亿元	人口/万人	固废排放量/万 t	污水排放量/亿 m^3
2018	33 047.2	2 424.992	2 425.196	21.919 87
2019	35 561.53	2 437.17	2 464.348	22.069 14
2020	38 176	2 454.062	2 491.037	22.218 41
2021	40 890.6	2 474.88	2 505.262	22.367 69
2022	43 705.33	2 498.976	2 507.022	22.516 96
2023	46 620.19	2 525.81	2 496.319	22.666 23
2024	49 635.17	2 554.93	2 473.152	22.815 5
2025	52 750.29	2 585.957	2 437.522	22.964 78
2026	55 965.54	2 618.577	2 389.427	23.114 05
2027	59 280.92	2 652.53	2 328.87	23.26

2) 单一输入固废基地物质-能源系统

本组仿真不考虑人口、经济、资源子系统的变化,只考虑城市固废量的变化,对固废基地物质-能源系统内部能源设备容量进行规划,图 4-31 和图 4-32 为规划结果。

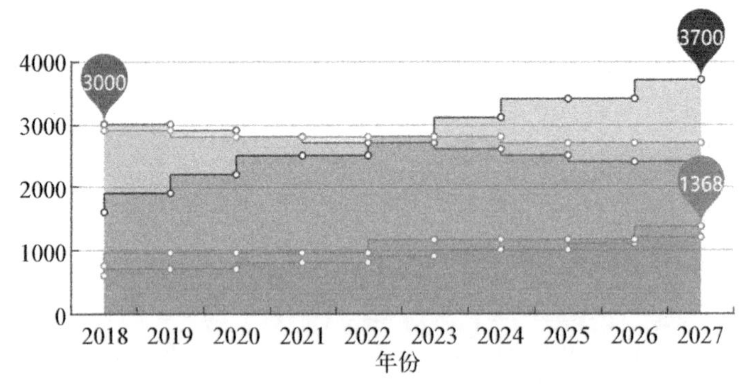

图 4-31 单一输入固废基地物质-能源系统规划结果 1(后附彩图)

可以看出,随着固废的变化,垃圾焚烧发电厂的容量在 2018—2024 年基本保持不变,从 2024 年开始垃圾焚烧发电厂的容量每年逐渐提升,而垃圾填埋场的容量 2018 年即为最大值,容量为 3 000 t/d,此后每年垃圾填埋场的容量都逐渐下降。总体看来,此时固废基地物质-能源系统还是能够满足完全消

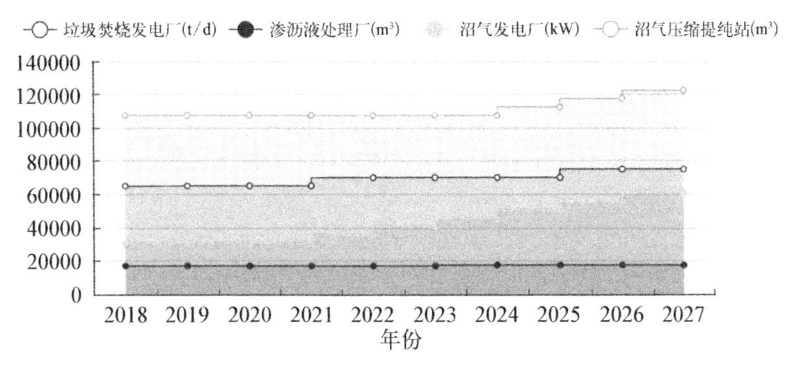

图 4-32　单一输入固废基地物质-能源系统规划结果 2(后附彩图)

纳所有固废的要求。渗沥液处理厂的容量 2018—2027 年基本保持不变,这是由于垃圾填埋场的容量逐渐下降,导致渗沥液产生量会逐渐减小。沼气发电厂容量在 2018—2021 年基本保持不变,此后每年沼气发电厂的容量都有所提升,而沼气压缩提纯站的容量在 2018—2024 年基本保持不变,从 2024 年开始其容量逐渐提升。P2G 设备的容量也逐渐递增,最终达到了 3 700 kW。在储能装置的规划上,可以看出,储热设备的容量逐年下降,而储电和储气设备的容量逐年增加。

3) 多输入固废基地物质-能源系统

本组仿真同时考虑人口、经济、资源子系统的变化和城市固废量的变化,将这些变化量作为规划模型输入,结合规划模型再次对固废基地物质-能源系统内部能源设备容量进行规划,图 4-33 和图 4-34 为采用循环更新算法求解规划模型最终得到的能源设备的容量规划结果。

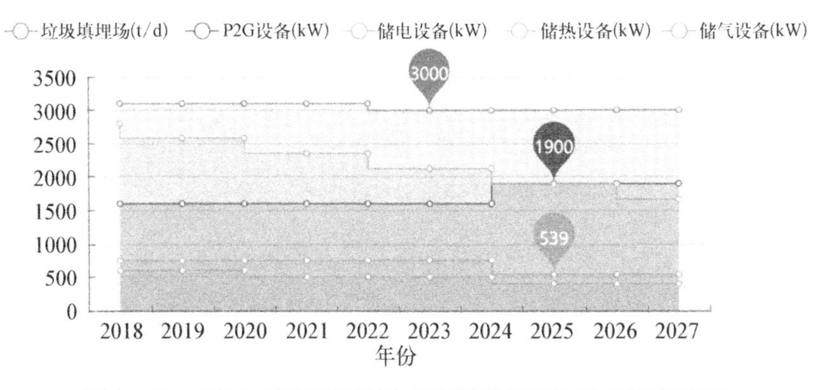

图 4-33　多输入固废基地物质-能源系统规划结果 1(后附彩图)

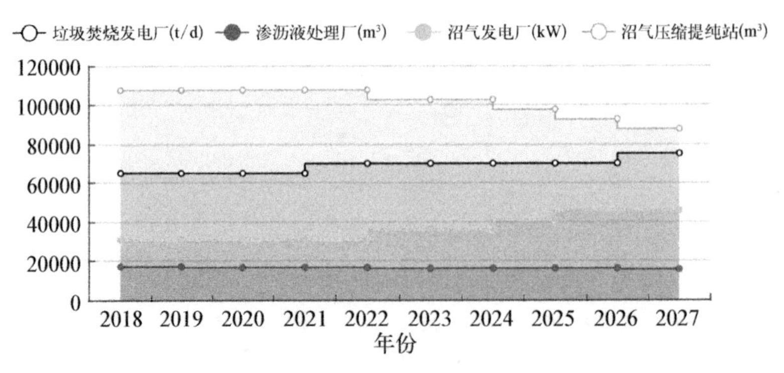

图 4-34　多输入固废基地物质-能源系统规划结果 2(后附彩图)

可以看出，垃圾焚烧发电厂的容量有所提升，而垃圾填埋场的容量有所下降，这是由于考虑经济水平和科技水平的变化，对固废处理方式等工艺会有所改进，对固废的资源化利用会更多，而对垃圾填埋的量会下降。这也符合目前对于垃圾处理方式变化的趋势。垃圾填埋量的减少，可以逐渐减少垃圾填埋场的占地面积，使得原本被占用的土地资源被置换出来，如图 4-35 所示。而垃圾焚烧发电厂容量将会不断增加，以保证固废的完全消纳，同时会产生更多的电能和热能。渗沥液处理厂的容量基本保持不变。而沼气发电厂的容量逐渐提升，沼气压缩提纯站的容量逐渐下降，这也影响了储气设备的容量，储气设备的容量逐渐下降。而 P2G 设备容量一开始基本保持不变，从 2024 年开始 P2G 设备容量有了小幅提升。

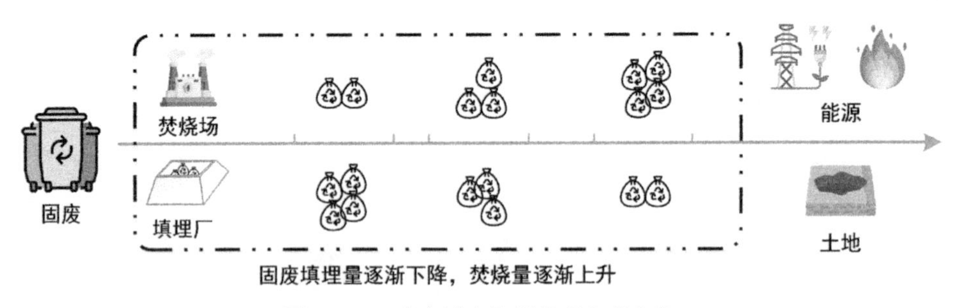

图 4-35　未来城市垃圾处理方式变化

可以计算出 2018—2027 年城市的可持续发展指数，如图 4-36 所示。

从图 4-36 中可以看出，无论是单一输入方案下还是多输入方案下，整个系统 2018—2027 年的可持续发展指数均处在 1～10 的范围内，表明城市的可持续发展潜力较大。且多输入方案下，每年的可持续发展指数均比单一输入方案高，

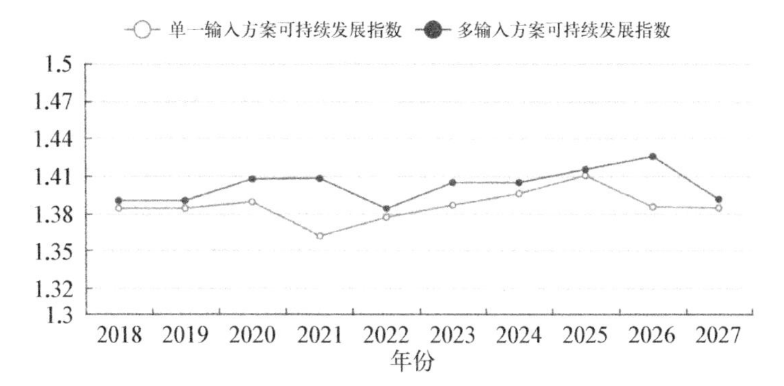

图4-36 单一输入方案和多输入方案可持续发展指数对比

表明考虑了城市的发展趋势后，在城市社会子系统和固废基地物质-能源系统的影响下，整个城市的可持续发展能力有所提高。

对固废基地物质-能源系统的规划，可以有效提升其消纳垃圾的能力，使城市其他系统产出的废弃物都能在固废基地物质-能源系统中得到处理，同时固废基地物质-能源系统对废弃物的处理实现了废弃物最大化的回收利用，降低了末端不可处理的废气量，使尽可能多的能源、资源和产品重新回到社会生产的大循环中，使城市实现可持续发展。

参考文献

[1] 中国环境网.中国已成世界第一大能源生产国和消费国[J].中国环境科学，2014(5)：1346－1346.

[2] Rifkin J. Third industrial revolution：how lateral power is transforming energy，the economy，and the world[M]. New York：Palgrave Macmillan Trade. 2011：33－72.

[3] 田世明，栾文鹏，张东霞，等.能源互联网技术形态与关键技术[J].中国电机工程学报，2015，35(14)：3482－3494.

[4] 孙宏斌，郭庆来，潘昭光.能源互联网：理念、架构与前沿展望[J].电力系统自动化，2015，39(19)：1－8.

[5] 周孝信，陈树勇，鲁宗相，等.能源转型中我国新一代电力系统的技术特征[J].中国电机工程学报，2018，38(7)：1893－1904＋2205.

[6] 解大，郃俊，王瑟澜，等.城市固废综合利用基地与能源互联网[M].上海：上海交通大学出版社，2017.

[7] Aien M，Hajebrahimi A，Fotuhi-firuzabad M. A comprehensive review on uncertainty modeling techniques in power system studies[J]. Renewable and Sustainable Energy Reviews，2016，57：1077－1089.

[8] 马钊，周孝信，尚宇炜，等.未来配电系统形态及发展趋势[J].中国电机工程学报，2015，35(6)：1289－1298.

[9] Gu W，Wu Z，Bo R，et al. Modeling，planning and optimal energy management of combined cooling，heating and power microgrid：a review[J]. International Journal of Electrical Power & Energy Systems，2014，54：26－37.

[10] Kim K D，Kumar P R. Cyber-physical systems：a perspective at the

centennial[J]. Proceedings of the IEEE, 2012,100(Special Centennial Issue): 1287 - 1308.

[11] 周孝信,曾嵘,高峰,等.能源互联网的发展现状与展望[J].中国科学：信息科学,2017,47(2)：149 - 170.

[12] 董朝阳,赵俊华,文福拴,等.从智能电网到能源互联网：基本概念与研究框架[J].电力系统自动化,2014,38(15)：1 - 11.

[13] 刘振亚.全球能源互联网跨国跨洲互联研究及展望[J].中国电机工程学报,2016,36(19)：5103 - 5110+5391.

[14] 孙宏斌,郭庆来,潘昭光,等.能源互联网：驱动力、评述与展望[J].电网技术,2015,39(11)：3005 - 3013.

[15] Qadrdan M, Wu J, Jenkins N, et al. Operating strategies for a GB integrated gas and electricity network considering the uncertainty in wind Power forecasts [J]. IEEE Transactions on Sustainable Energy, 2014, 5(1): 128 - 138.

[16] 郭庆来,辛蜀骏,孙宏斌,等.电力系统信息物理融合建模与综合安全评估：驱动力与研究构想[J].中国电机工程学报,2016,36(6)：1481 - 1489.

[17] 严太山,程浩忠,曾平良,等.能源互联网体系架构及关键技术[J].电网技术,2016,40(1)：105 - 113.

[18] 慈松,李宏佳,陈鑫,等.能源互联网重要基础支撑：分布式储能技术的探索与实践[J].中国科学：信息科学,2014,44(6)：762 - 773.

[19] Fan L, Gao W, Wang Z. A model for regional energy utilization by offline heat transport system and distributed energy systems—case study in a smart community, Japan [J]. Energy and Power Engineering, 2013, 5 (3): 190 - 205.

[20] Pignolet Y-A, Elias H, Kyntaja T, et al. Future internet for smart distribution systems [C]//2012 3rd IEEE PES Innovative Smart Grid Technologies Europe (ISGT Europe). Berlin, Germany: IEEE, 2012: 1 - 8.

[21] Huang A Q, Crow M L, Heydt G T, et al. The future renewable electric energy delivery and management (FREEDM) system: the energy internet[J]. Proceedings of the IEEE, 2011, 99(1): 133 - 148.

[22] Boyd J. An internet-inspired electricity grid[J]. IEEE Spectrum, 2013, 50 (1): 12 - 14.

[23] 王喜文,王叶子.德国信息化能源(E-Energy)促进计划[J].电力需求侧管理,2011,13(4)：75 - 76+80.

[24] 邓雪梅.日本数字电网计划[J].世界科学,2013,7：9 - 19.

[25] 国务院.国务院关于积极推进“互联网+”行动的指导意见：国发(2015)40 号.

[26] 国家发展和改革委员会,国家能源局,工业和信息化部.关于推进“互联网+”

智慧能源发展的指导意见：发改能源[2016]392 号.
[27] 国家能源局.国家能源局关于组织实施“互联网＋”智慧能源(能源互联网)示范项目的通知：国能发科技[2017]20 号.
[28] 蒲天骄,刘克文,陈乃仕,等.基于主动配电网的城市能源互联网体系架构及其关键技术[J].中国电机工程学报,2015,35(14)：3511 - 3521.
[29] 杨方,白翠粉,张义斌.能源互联网的价值与实现架构研究[J].中国电机工程学报,2015,35(14)：3495 - 3502.
[30] 曾鸣,杨雍琦,刘敦楠,等.能源互联网“源-网-荷-储”协调优化运营模式及关键技术[J].电网技术,2016,40(1)：114 - 124.
[31] 孙秋野,滕菲,张化光,等.能源互联网动态协调优化控制体系构建[J].中国电机工程学报,2015,35(14)：3667 - 3677.
[32] 龚钢军,张哲宁,张心语,等.分布式信息能源系统的耦合模型、网络架构与节点重要度评估[J].中国电机工程学报,2020,40(17)：5412 - 5426.
[33] 曹军威,孟坤,王继业,等.能源互联网与能源路由器[J].中国科学：信息科学,2014,44(6)：714 - 727.
[34] 喻峰.模块化多电平换流器快速仿真模型及控制策略研究[D].上海：上海交通大学,2014.
[35] 王继业,李洋,路兆铭,等.基于能源交换机和路由器的局域能源互联网研究[J].中国电机工程学报,2016,36(13)：3433 - 3439＋3362.
[36] 买坤,边晓燕,张小平,等.基于信息物理融合系统的能源路由器[J].现代电力,2017,34(6)：1 - 8.
[37] 赵争鸣,冯高辉,袁立强,等.电能路由器的发展及其关键技术[J].中国电机工程学报,2017,37(13)：3823 - 3834.
[38] 宗升,何湘宁,吴建德,等.基于电力电子变换的电能路由器研究现状与发展[J].中国电机工程学报,2015,35(18)：4559 - 4570.
[39] 李子欣,高范强,赵聪,等.电力电子变压器技术研究综述[J].中国电机工程学报,2018,38(5)：1274 - 1289.
[40] 赵彪,赵宇明,王一振,等.基于柔性中压直流配电的能源互联网系统[J].中国电机工程学报,2015,35(19)：4843 - 4851.
[41] 文武松,赵争鸣,莫昕,等.基于高频汇集母线的电能路由器能量自循环系统及功率协同控制策略[J].电工技术学报,2020,35(11)：2328 - 2338.
[42] 兰征,涂春鸣,肖凡,等.电力电子变压器对交直流混合微网功率控制的研究[J].电工技术学报,2015,30(23)：50 - 57.
[43] 冯高辉,赵争鸣,袁立强.基于能量平衡的电能路由器综合控制技术[J].电工技术学报,2017,32(14)：34 - 44.
[44] Miao J, Xie D, Fan R. One-step MPPT method based on five-parameter

model of PV panel[J]. The Journal of Engineering. 2017,13: 917 - 921.

[45] Yu F, Lin W, Wang X, et al. Fast voltage-balancing control and fast numerical simulation model for the modular multilevel converter[J]. IEEE Transactions on Power Delivery, 2015, 30(1): 220 - 228.

[46] Zhu M, Li G, Da X. Adaptive multi-variable coordinated control and safe operating characteristics for MMC under unbalanced AC grid [C]// International Conference on Electrical Machines & Systems. IEEE, 2017.

[47] 陶海波,杨晓峰,李泽杰,等.电能路由器中基于 MMC 的超级电容储能系统及其改进 SOC 均衡控制策略[J].电网技术,2019,43(11): 3970 - 3978.

[48] 韩继业,李勇,曹一家,等.一种新型的模块化多电平型固态变压器及其内模控制策略[J].中国科学: 技术科学,2016,46(5): 518 - 526.

[49] 赵博文.基于 MMC 的多端直流网络控制方法研究[D].上海: 上海电机学院,2019.

[50] 李建国,赵彪,宋强,等.适用于中压直流配网的多电平直流链固态变压器[J].中国电机工程学报,2016,36(14): 3717 - 3726.

[51] Huang X, Wang K, Fan B, et al. Robust current control of grid-tied inverters for renewable energy integration under non-ideal grid conditions. IEEE Transactions on Sustainable Energy,2020,11(1): 477 - 488.

[52] Wu H, Zhang J, Xing Y. A family of multiport buck-boost converters based on DC-link-inductors (DLIs)[J]. IEEE Transactions on Power Electronics, 2015, 30(2): 735 - 746.

[53] Chen Y, Wang P, Elasser Y, et al. Multicell reconfigurable multi-input multi-output energy router architecture [J]. IEEE Transactions on Power Electronics, 2020, 35(12): 13210 - 13224.

[54] Miao J, Zhang N, Kang C, et al. Steady-state power flow model of energy router embedded AC network and its application in optimizing power system operation[J]. IEEE Transactions on Smart Grid, 2018,9(5): 4828 - 4837.

[55] 李翔.基于三相平衡调节的 H 桥链式 STATCOM 研究[D].上海: 上海电机学院,2019.

[56] 刘凤君.多电平逆变技术及其应用[M].北京: 机械工业出版社,2007.

[57] 曲学基,曲敬铠,于明扬.电力电子整流技术及应用[M].北京: 电子工业出版社,2008.

[58] 马腾飞,吴俊勇,郝亮亮,等.基于能源集线器的微能源网能量流建模及优化运行分析[J].电网技术,2018,42(1): 179 - 186.

[59] 李洋,吴鸣,周海明,等.基于全能流模型的区域多能源系统若干问题探讨[J].

电网技术,2015,39(8):2230-2237.

[60] 徐飞,闵勇,陈磊,等.包含大容量储热的电-热联合系统[J].中国电机工程学报,2014,34(29):5063-5072.

[61] 李鹏飞.基于SST与MMC的能源路由器的拓扑与控制研究[D].上海:上海电机学院,2020.

[62] 王伟亮,王丹,贾宏杰,等.能源互联网背景下的典型区域综合能源系统稳态分析研究综述[J].中国电机工程学报,2016,36(12):3292-3305.

[63] 王伟亮,王丹,贾宏杰,等.考虑运行约束的区域电力-天然气-热力综合能源系统能量流优化分析[J].中国电机工程学报,2017,37(24):7108-7120.

[64] Pan Z, Guo Q, Sun H. Interactions of district electricity and heating systems considering time-scale characteristics based on quasi-steady multi-energy flow [J]. Applied Energy, 2016, 167: 230-243.

[65] 林威,靳小龙,穆云飞,等.区域综合能源系统多目标最优混合潮流算法[J].中国电机工程学报,2017,37(20):5829-5839.

[66] 徐宪东,贾宏杰,靳小龙,等.区域综合能源系统电/气/热混合潮流算法研究[J].中国电机工程学报,2015,35(14):3634-3642.

[67] 顾伟,陆帅,王珺,等.多区域综合能源系统热网建模及系统运行优化[J].中国电机工程学报,2017,37(5):1305-1315.

[68] Da X, Chen A, Gu C, et al. Time-domain modeling of grid-connected CHP for interaction of CHP and power grid[J]. IEEE Transactions on Power Systems, 2018,33(6):6430-6440.

[69] Sheikhi A, Rayati M, Bahrami S, et al. Integrated demand side management game in smart energy hubs[J]. IEEE Transactions on Smart Grid, 2015, 6 (2): 675-683.

[70] Lv Z, Kong W, Zhang X, et al. Intelligent security planning for regional distributed energy internet[J]. IEEE Transactions on Industrial Informatics, 2020, 16(5): 3540-3547.

[71] Gao M, Wang K, He L. Probabilistic model checking and scheduling implementation of an energy router system in energy internet for green cities [J]. IEEE Transactions on Industrial Informatics, 2018, 14(4): 1501-1510.

[72] 王成山,洪博文,郭力,等.冷热电联供微网优化调度通用建模方法[J].中国电机工程学报,2013,33(31):26-33.

[73] 立梓辰.基于能源路由器的运行工况集的能量流控制研究[D].上海:上海电机学院,2021.

[74] 吕天光,艾芊,孙树敏,等.含多微网的主动配电系统综合优化运行行为分析与建模[J].中国电机工程学报,2016,36(1):122-132.

[75] 滕云,孙鹏,罗桓桓,等.计及电热混合储能的多源微网自治优化运行模型[J].中国电机工程学报,2019,39(18):5316-5324+5578.

[76] 任娜,王雅倩,徐宗磊,等.多能流分布式综合能源系统容量匹配优化与调度研究[J].电网技术,2018,42(11):3504-3512.

[77] 孙秋野,赵美伊,陈月,等.能源互联网多能源系统最优功率流[J].中国电机工程学报,2017,37(6):1590-1599.

[78] 陈洋.能源路由器的信息层与服务层控制算法研究[D].上海:上海电机学院,2021.

[79] Jadidbonab M, Mohammadi-Ivatloo B, Marzband M, et al. Short-term self-scheduling of virtual energy hub plant within thermal energy market[J]. IEEE Transactions on Industrial Electronics, 2021,68(4):3124-3136.

[80] Quelhas A, Gil E, McCalley J D, et al. A multiperiod generalized network flow model of the U.S. Integrated energy system: part I—model description [J]. IEEE Transactions on Power Systems,2007,22(2):829-836.

[81] Quelhas A, McCalley J D. A multiperiod generalized network flow model of the U.S. Integrated energy system: part II—simulation results[J]. IEEE Transactions on Power Systems, 2007,22(2):837-844.

[82] Martinez-Mares A, Fuerte-Esquivel C R. A unified gas and power flow analysis in natural gas and electricity coupled networks[J]. IEEE Transactions on Power Systems,2012,27(4):2156-2166.

[83] Gu C, Tang C, Xiang Y, et al. Power-to-gas management using robust optimisation in integrated energy systems[J]. Applied Energy, 2019,236:681-689.

[84] Liu X, Mancarella P. Modelling, assessment and Sankey diagrams of integrated electricity-heat-gas networks in multi-vector district energy systems [J]. Applied Energy, 2016,167:336-352.

[85] 别朝红,王旭,胡源.能源互联网规划研究综述及展望[J].中国电机工程学报,2017,37(22):6445-6462+6757.

[86] 王毅,张宁,康重庆.能源互联网中能量枢纽的优化规划与运行研究综述及展望[J].中国电机工程学报,2015,35(22):5669-5681.

[87] 韦晓广,高仕斌,臧天磊,等.社会能源互联网:概念、架构和展望[J].中国电机工程学报,2018,38(17):4969-4986+5295.

[88] 程浩忠,胡枭,王莉,等.区域综合能源系统规划研究综述[J].电力系统自动化,2019,43(7):2-13.

[89] 徐筝,孙宏斌,郭庆来.综合需求响应研究综述及展望[J].中国电机工程学报,2018,38(24):7194-7205+7446.

[90] 李阳，郇嘉嘉，曹华珍，等.基于综合能源协同优化的配电网规划策略[J].电网技术，2018，42(5)：1393－1400.

[91] 陈爱康，胡静哲，陆轶祺，等.梯级水光蓄系统规划关联模型的建模[J].中国电机工程学报，2020，40(4)：1106－1116＋1403.

[92] 史昭娣，王伟胜，黄越辉，等.多能互补发电系统储电和储热容量分层优化规划方法[J].电网技术，2020，44(9)：3263－3271.

[93] Li P，Sheng W，Duan Q，et al. A lyapunov optimization-based energy management strategy for energy hub with energy router [J]. IEEE Transactions on Smart Grid，2020，11(6)：4860－4870.

[94] Guo H，Wang F，Zhang L，et al. A hierarchical optimization strategy of the energy router-based energy internet [J]. IEEE Transactions on Power Systems，2019，34(6)：4177－4185.

[95] Zhang X，Shahidehpour M，Alabdulwahab A，et al. Optimal expansion planning of energy hub with multiple energy infrastructures [J]. IEEE Transactions on Smart Grid，2017，6(5)：2302－2311.

[96] Zhang L，Chen A，Gu H，et al. Planning of the multi-energy circular system coupled with waste processing base：a case from China[J]. Energies，2019，12(20)：3190.

[97] 邵成成，王锡凡，王秀丽，等.多能源系统分析规划初探[J].中国电机工程学报，2016，36(14)：3817－3829.

[98] 吉平，周孝信，宋云亭，等.区域可再生能源规划模型述评与展望[J].电网技术，2013，37(8)：2071－2079.

[99] 任洪波，邓冬冬，吴琼，等.基于热电共融的区域分布式能源互联网协同优化研究[J].中国电机工程学报，2018，38(14)：4023－4034.

[100] Zhao P，Gu C，Hu Z，et al. Distributionally robust hydrogen optimization with ensured security and multi-energy couplings[J]. IEEE Transactions on Power Systems，2020，36(1)：504－513.

[101] 沈欣炜，郭庆来，许银亮，等.考虑多能负荷不确定性的区域综合能源系统鲁棒规划[J].电力系统自动化，2019，43(7)：34－41.

[102] 宋阳阳，王艳松，衣京波.计及需求侧响应和热/电耦合的微网能源优化规划[J].电网技术，2018，42(11)：3469－3476.

[103] Karthikeya B R，Negi P S，Srikanth N. Wind resource assessment for urban renewable energy application in Singapore[J]. Renewable Energy，2016，87：403－414.

[104] 张儒峰，姜涛，李国庆，等.考虑电转气消纳风电的电-气综合能源系统双层优化调度[J].中国电机工程学报，2018，38(19)：5668－5678＋5924.

[105] Zhou N, Xie D, Gu C, et al. Coordinated planning of multi-area multi-energy systems by a novel routing algorithm based on random scenarios [J]. International Journal of Electrical Power & Energy Systems, 2021, 131(6): 1-12.
[106] 夏雪薇,魏霞,陈洁,等.风电-P2G与燃气采暖多能耦合系统规划分析[J].太阳能学报,2021,42(6): 356-363.
[107] Abeysekera M, Wu J, Jenkins N, et al. Steady state analysis of gas networks with distributed injection of alternative gas[J]. Applied Energy, 2016, 164: 991-1002.
[108] 张露青,陈爱康,顾玖,等.基于多能源网络路由算法的区域能源广域网协同规划[J].中国电机工程学报,2020,40(23): 7499-7511.
[109] Pan Z, Guo Q, Sun H. Interactions of district electricity and heating systems considering time-scale characteristics based on quasi-steady multi-energy flow [J]. Applied Energy, 2016, 167: 230-243.
[110] Zhang S, Pei W, Xiao H, et al. Enhancing the survival time of multiple islanding microgrids through composable modular energy router after natural disasters[J]. Applied Energy, 2020, 270: 115138.
[111] 黄伟,刘文彬.基于多能互补的园区综合能源站-网协同优化规划[J].电力系统自动化,2020,44(23): 20-28.
[112] Hua H, Qin Y, Hao C, et al. Optimal energy management strategies for energy Internet via deep reinforcement learning approach [J]. Applied energy, 2019, 239: 598-609.
[113] 陈爱康.能源互联网多能协同规划与控制[D].上海: 上海交通大学,2019.
[114] Bracco S, Dentici G, Siri S. Economic and environmental optimization model for the design and the operation of a combined heat and power distributed generation system in an urban area. Energy, 2013, 55: 1014-1024.
[115] 张刚,张峰,张利,等.考虑多种耦合单元的电气热联合系统潮流分布式计算方法[J].中国电机工程学报,2018,38(22): 6594-6605.
[116] 田立亭,程林,郭剑波,等.基于能值分析的多能互补综合能源系统价值评估方法[J].电网技术,2019,43(8): 2925-2934.
[117] Zhao P, Gu C, Cao Z, et al. A cyber-secured operation for water-energy nexus[J]. IEEE Transactions on Power Systems, 2021, 36(4): 3105-3115.
[118] 胡枭,尚策,陈东文,等.考虑能量品质的区域综合能源系统多目标规划方法[J].电力系统自动化,2019,43(19): 22-38+139.
[119] 郭尊,李庚银,周明,等.计及综合需求响应的商业园区能量枢纽优化运行[J].电网技术,2018,42(8): 2439-2448.

[120] 崔全胜，白晓民，董伟杰，等.用户侧综合能源系统规划运行联合优化[J].中国电机工程学报，2019，39(17)：4967－4981＋5279.

[121] 王成山，吕超贤，李鹏，等.园区型综合能源系统多时间尺度模型预测优化调度[J].中国电机工程学报，2019，39(23)：6791－6803＋7093.

[122] 杨承，王平，刘换新，等.分布式燃气-蒸汽联合循环供能系统热经济性分析[J].中国电机工程学报，2019，39(18)：5424－5432＋5590.

[123] 郑超铭，黄博南，王子心，等.计及网络传输损耗的电热综合能源系统多目标优化调度[J].电网技术，2020，44(1)：141－149.

[124] 李扬，韦钢，李功新，等.含 DG 的主动配电网供电路径优化的研究[J].中国电机工程学报，2018，38(7)：1971－1979＋2212.

[125] 张露青.基于城市可持续发展的固废基地物质-能源系统规划研究[D].上海：上海交通大学，2020.

[126] 冯智慧，吕林，许立雄.基于能量枢纽的沼-风-光全可再生能源系统日前-实时两阶段优化调度模型[J].电网技术，2019，43(9)：3101－3109.

[127] 舒康安，艾小猛，方家琨，等.基于价格引导的气电联合系统双层优化模型[J].电网技术，2019，43(1)：100－108.

[128] 吕翠美，吴泽宁.区域水资源生态经济系统可持续发展评价的能值分析方法[J].系统工程理论与实践，2010，30(7)：1293－1298.

[129] 解大，罗天，顾承红，等.开放能源市场中并网式热电联产的利润优化运行策略[J].中国电机工程学报，2018，38(3)：685－696.

[130] 张改景.可再生能源可持续性评价的能值分析法研究[C]//全国暖通空调制冷 2010 年学术年会学术文集.中国建筑学会暖通空调分会、中国制冷学会空调热泵专业委员会：中国制冷学会，2010：186－191.

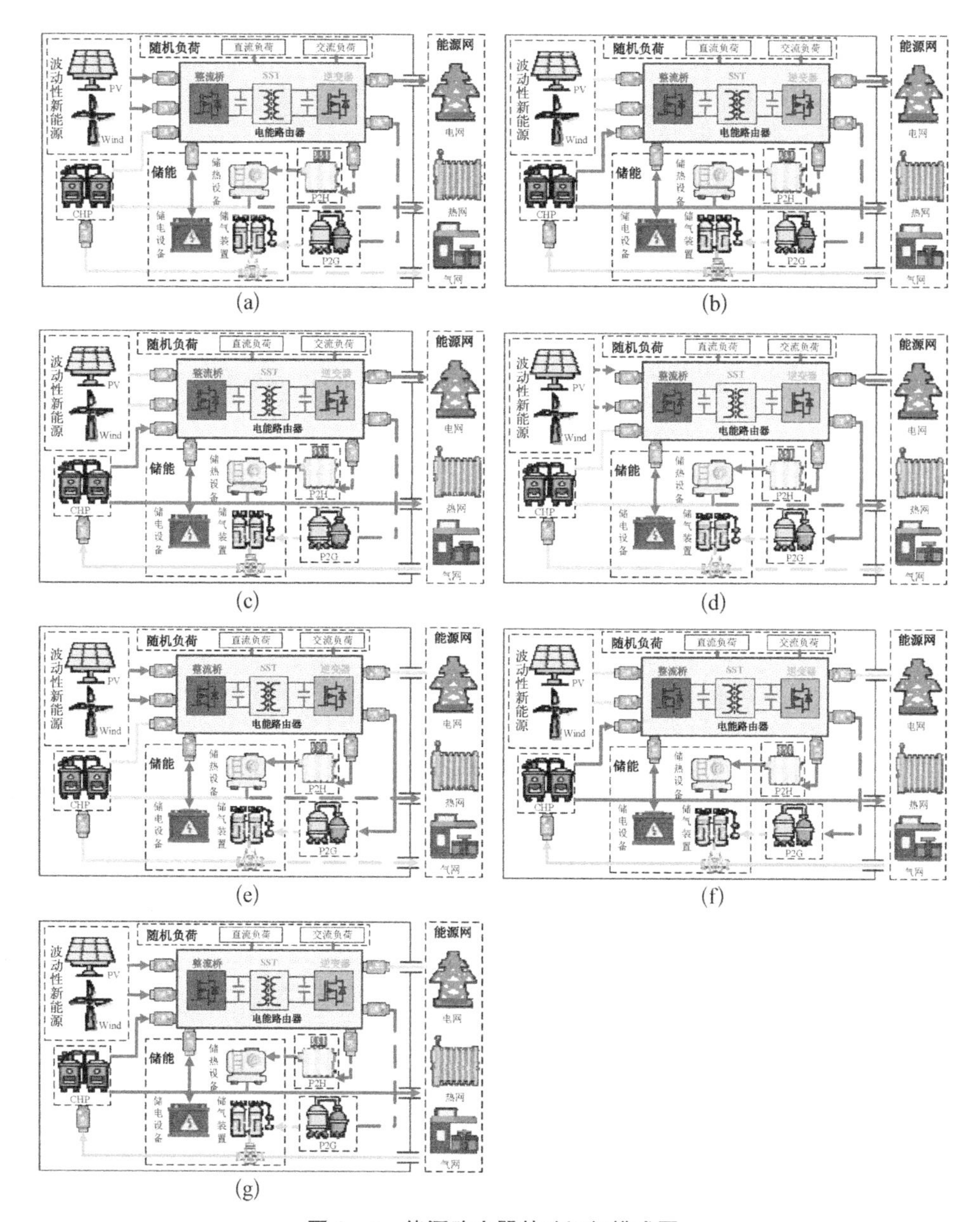

图 3-6　能源路由器基础运行模式图

(a) 新能源并网供电模式的能量流向；(b) CHP 并网供电模式的能量流向；(c) 新能源＋CHP 并网供电模式的能量流向；(d) 电网供电模式的能量流向；(e) 新能源向主动负荷供电模式的能量流向；(f) CHP 向主动负荷供电模式的能量流向；(g) 新能源＋CHP 向主动负荷供电模式的能量流向

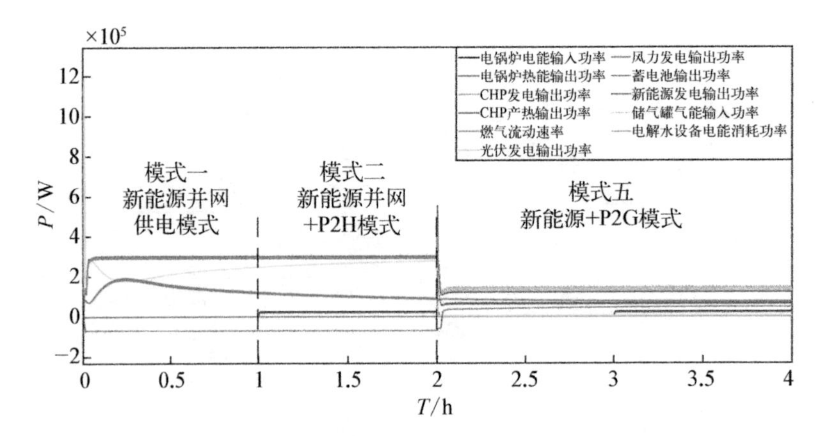

图 3 - 13　新能源峰级状态下能源路由器各端口的能量流动

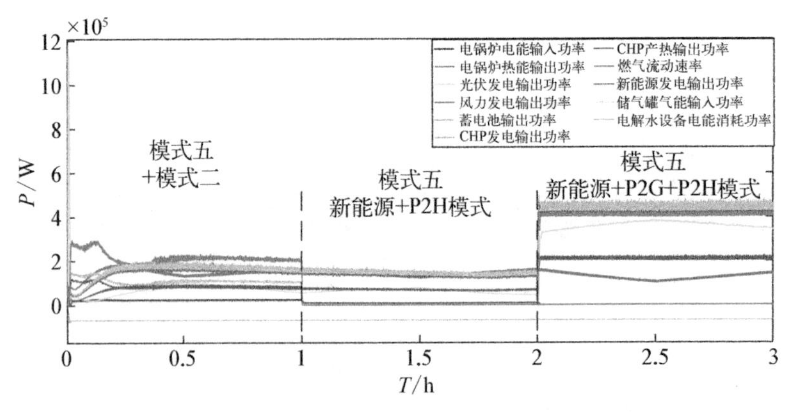

图 3 - 16　新能源中级状态下能源路由器各端口的能量流动

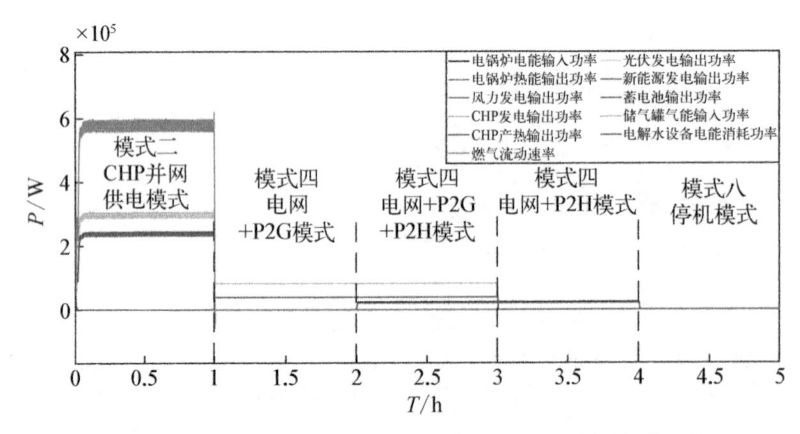

图 3 - 18　新能源谷级状态下能源路由器各端口的能量流动

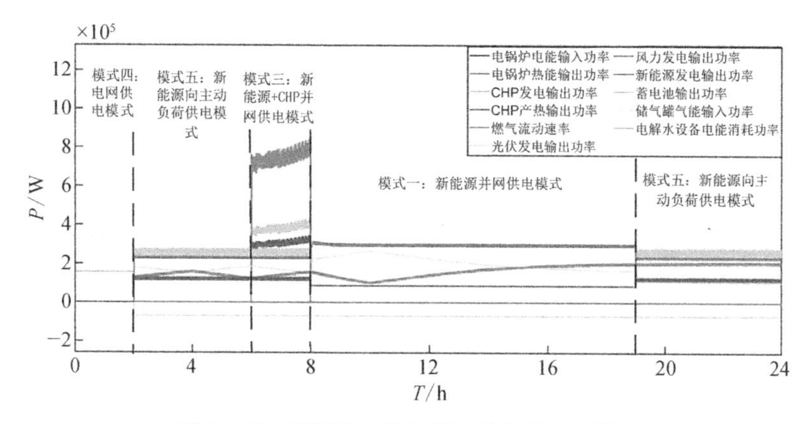

图 3-22　能源路由器各端口的能量流动情况

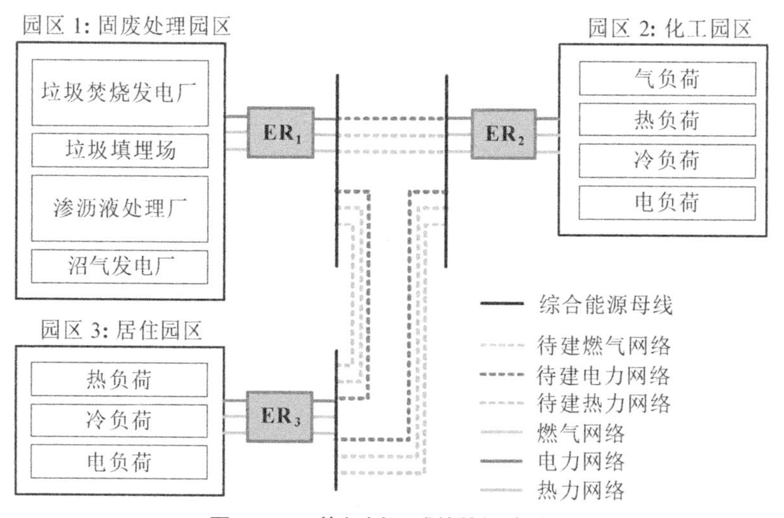

图 4-16　待规划区域的能源广域网

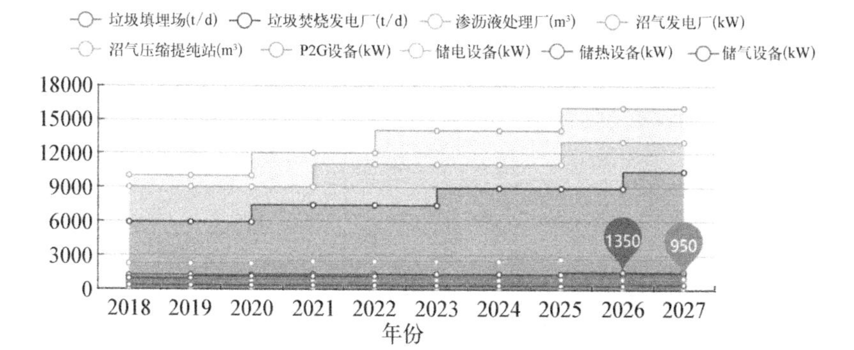

图 4-30　小规模固废基地物质-能源系统规划结果

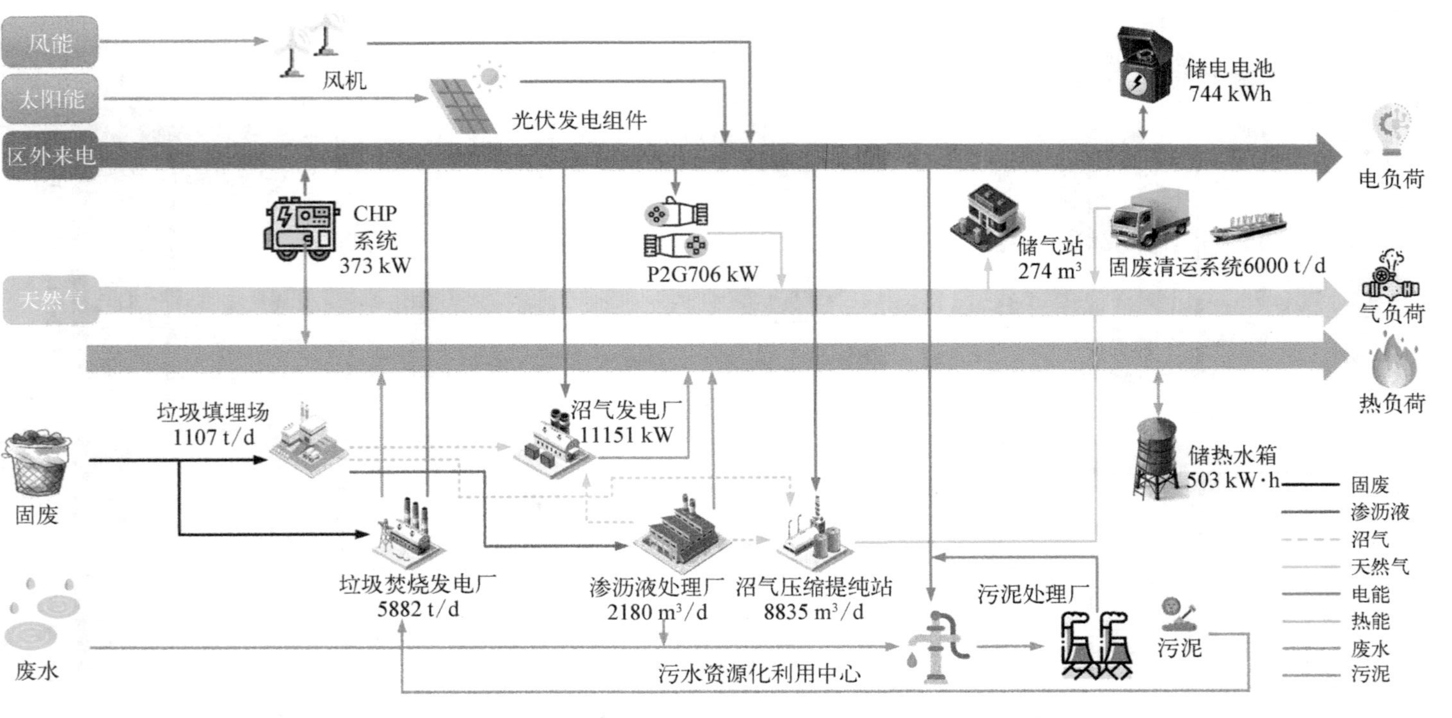

图 4-11 场景 3 规划结果

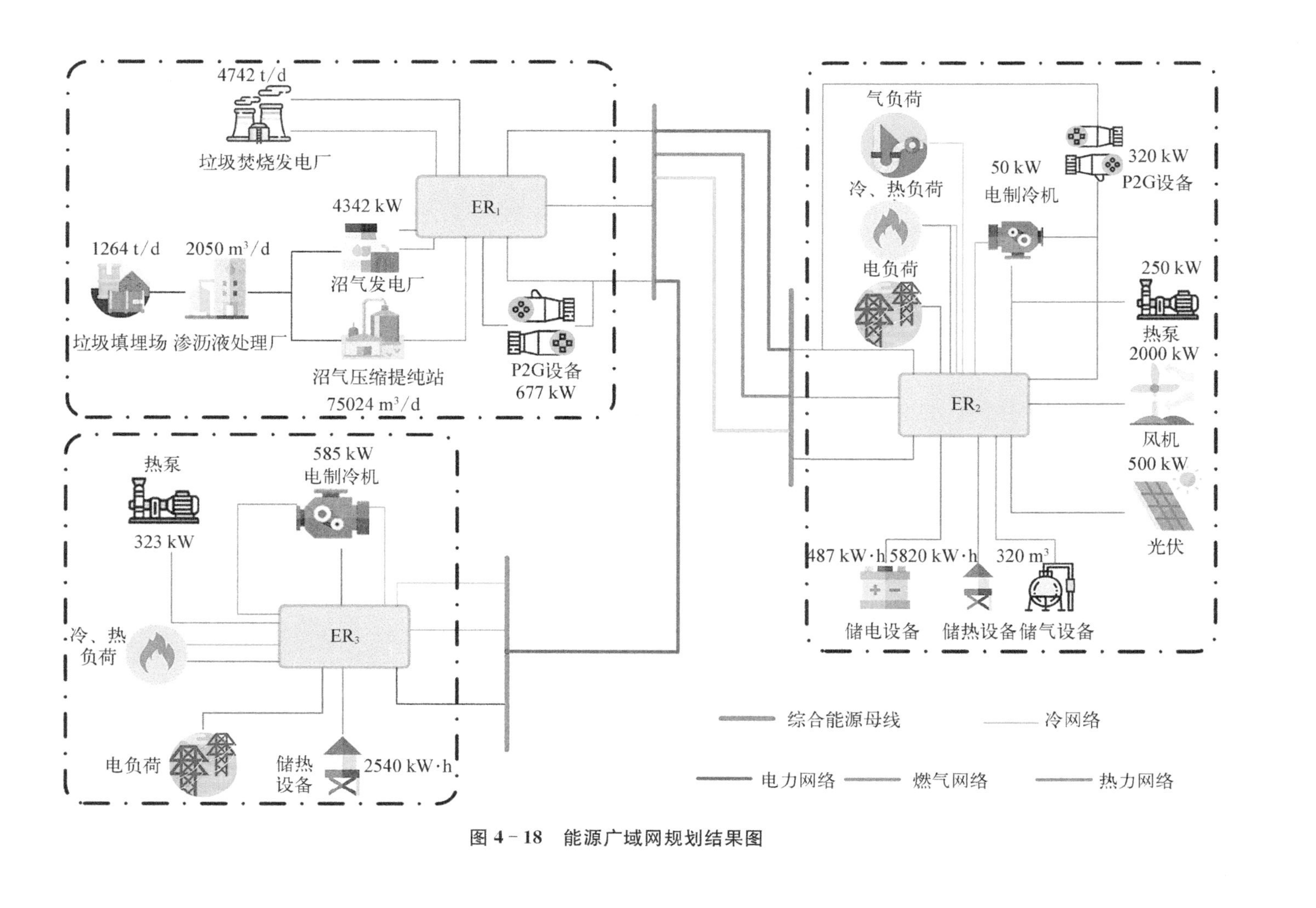

图 4-18 能源广域网规划结果图

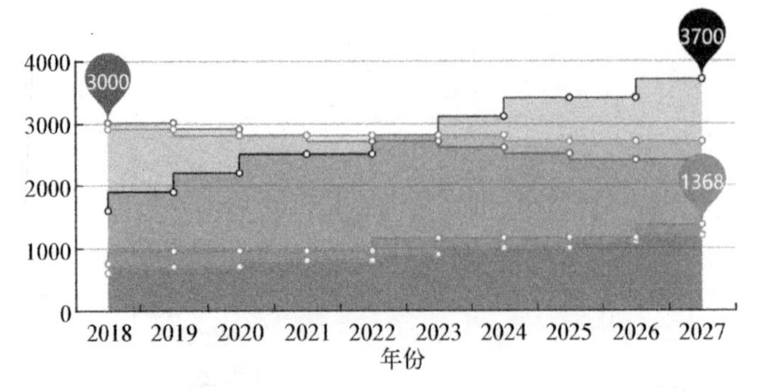

图 4-31　单一输入固废基地物质-能源系统规划结果 1

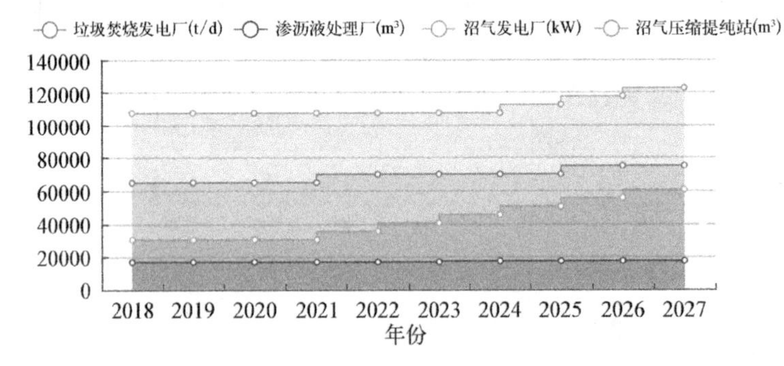

图 4-32　单一输入固废基地物质-能源系统规划结果 2

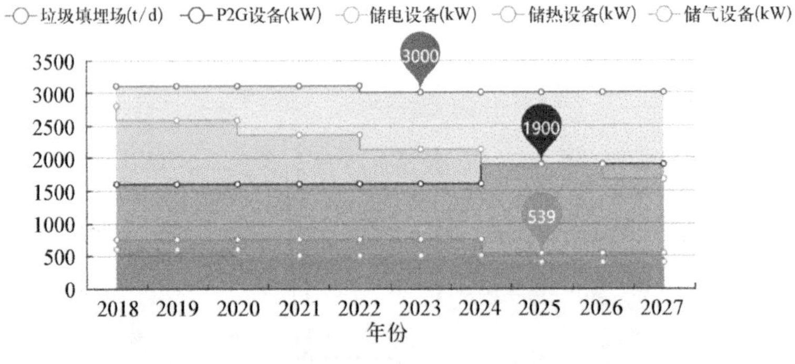

图 4-33　多输入固废基地物质-能源系统规划结果 1

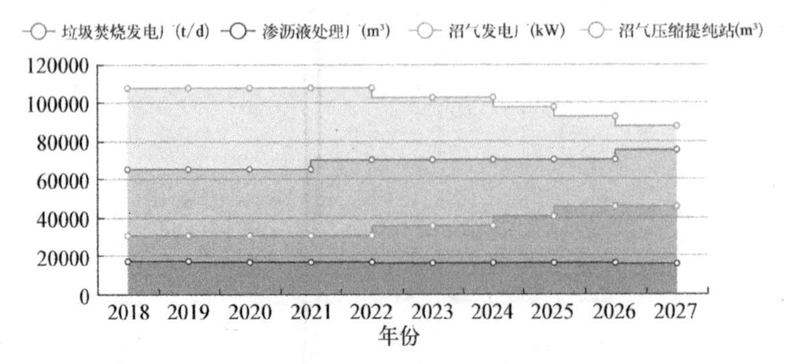

图 4-34　多输入固废基地物质-能源系统规划结果 2